6-07-05-06 职业技能鉴定指导书

● 职业标准·试题库

农网配电营业工

电力行业职业技能鉴定指导中心　编

电力工程
农电专业

U0643431

中国电力出版社
CHINA ELECTRIC POWER PRESS

内 容 提 要

　　本《指导书》是按照劳动和社会保障部制定国家职业标准的要求编写的，其内容主要由职业概况、职业培训、职业技能鉴定和鉴定试题库四部分组成，分别对技术等级、工作环境和职业能力特征进行了定性描述；对培训期限、教师、场地设备及培训计划大纲进行了指导性规定。本书重点是文字试题库。

　　试题库是根据《中华人民共和国职业技能鉴定规范》和针对本职业（工种）的工作特点，选编了具有典型性、代表性的理论知识（含技能笔试）试题和技能操作试题，还编制有试卷样例和组卷方案。

　　《指导书》是职业技能培训和技能鉴定考核命题的依据，可供劳动人事管理人员、职业技能培训及考评人员使用，亦可供电力（水电）类职业技术学校和企业职工学习参考。

图书在版编目（CIP）数据

　　农网配电营业工/电力行业职业技能鉴定指导中心编.
北京：中国电力出版社，2007.6（2018.6 重印）
　　（职业技能鉴定指导书. 职业标准试题库）
　　ISBN 978-7-5083-5407-1

　　Ⅰ. 农…　Ⅱ. 电…　Ⅲ. 农村配电-职业技能鉴定-习题　Ⅳ. TM727. 1-44

　　中国版本图书馆 CIP 数据核字（2007）第 045508 号

责任编辑：张　亮　gaoliang17@126. com

中国电力出版社出版、发行
（北京市东城区北京站西街 19 号　100005　http://www.cepp.sgcc.com.cn）
北京雁林吉兆印刷有限公司印刷
各地新华书店经售

*

2007 年 6 月第一版　　2018 年 6 月北京第二十七次印刷
850 毫米×1168 毫米　32 开本　13.75 印张　362 千字
印数208001—213000 册　　定价45.00 元

电力职业技能鉴定题库建设工作委员会

本书编审人员

编写人员：王金笙　毕　强　刘　伟
　　　　　隋凤国　赵光艳

审定人员：刘嵩生　胡　宽　郭　钧

说　明

为适应开展电力职业技能培训和实施技能鉴定工作的需要，按照劳动和社会保障部关于制定国家职业标准、加强职业培训教材建设和技能鉴定试题库建设的要求，电力行业职业技能鉴定指导中心在有关发电企业、网省（直辖市、自治区）电力公司和水电工程单位的大力支持下，统一组织编写了电力职业技能鉴定指导书（以下简称《指导书》）。

《指导书》以电力行业特有工种目录各自成册，陆续出版发行。

《指导书》主要由"职业概况"、"职业技能培训"、"职业技能鉴定"和"鉴定试题库"四部分内容构成。其中"职业概况"包括职业名称、职业定义、职业道德、文化程度、职业等级、职业环境条件、职业能力特征等内容；"职业技能培训"包括对不同等级的培训期限要求，对培训指导教师的经历、任职条件、资格要求，对培训场地设备条件的要求和培训计划大纲、培训重点、难点以及对学习单元的设计等；"职业技能鉴定"的依据是《中华人民共和国国家职业标准》，其具体内容不再在本书中重复；鉴定试题库是根据《中华人民共和国国家职业标准》所规定的范围和内容，以实际技能操作为主线，按照选择题、判断题、简答题、计算题、绘图题和论述题六种题型进行选题，并以难易程度组合排列，同时汇集了大量电力生产建设过程中具有普遍代表性和典型性的实际操作试题，构成了各工种的技能鉴定试题库。试题库的深度、广度涵盖了本职业技能鉴定的全部内容。题库之后还附有试卷样例和组卷方案，为实施鉴定命题提供依据。

《指导书》力图实现以下几项功能：劳动人事管理人员可根据《指导书》进行职业介绍，就业咨询服务；培训教学人员可按照《指导书》中的培训大纲组织教学；学员和职工可按照《指导书》要求，制订自学计划，确立发展目标，走自学成才之路。《指导书》对加强职工队伍培养，提高队伍素质，保证职业技能鉴定质量将起到重要作用。

由于时间所限，《指导书》难免有不足之处，敬请各使用单位和有关人员及时提出宝贵意见。

电力行业职业技能鉴定指导中心

2006 年 7 月

目　录

1 ▽ 职业概况

1.1 职业名称

农网配电营业工（6 – 07 – 05 – 06）

1.2 职业定义

从事农网 10kV 及以下高、低压电网的运行、维护、安装，进行装表接电、电力客户的抄表、收费和服务的人员。

1.3 职业道德

爱岗敬业，钻研技术；遵纪守法，爱护公物；安全第一，文明生产；

尊师爱徒，团结协作；诚信为本，服务至上。

1.4 文化程度

初中毕业。

1.5 职业等级

本职业共设四个等级，分别为初级（国家职业资格五级）、中级（国家职业资格四级）、高级（国家职业资格三级）、技师（国家职业资格二级）。

1.6 职业环境

室内、外，常温。

1.7　职业能力特征

具有一般的计算能力和空间感，手臂、手指灵活，视觉、色觉、嗅觉、听觉正常。

2 ▽ 职业技能培训

2.1 培训期限

全日制职业学校教育，根据其培养目标和教学计划确定。晋级培训期限：初级不少于 500 标准学时；中级不少于 400 标准学时；高级不少于 300 标准学时；技师不少于 300 标准学时。

2.2 培训教师资格

2.2.1 培训初、中、高级的教师应具有本职业技师及以上职业资格证书或相关专业中级及以上专业技术职务任职资格。

2.2.2 培训技师的教师应具有本职业技师、高级技师职业资格证书或相关专业高级专业技术职务任职资格。

2.3 培训场地设备

2.3.1 理论培训场地应具有满足教学需要的标准教室，并配备必要的多媒体教学设备。

2.3.2 实际操作培训场所应具有 10kV 及以下配电线路实训场地、电工基本技能实训场地、配电装置实训场地、照明和动力实训场地、电能计量实训场地、装表接电实训场地和抄表收费实训场地等，并配备各实训场地所用的工器具和仪器仪表。

2.4 培训项目

2.4.1 培训目的：通过培训，达到《国家职业标准·农网配电营业工》对本职业（工种）的知识和技能要求。

2.4.2 培训方式：以自学和脱产相结合的方式进行。

2.4.3 培训重点。

2.4.3.1 职业道德基本知识和职业守则。

2.4.3.2 农网配电营业工相关的基础知识：包括识绘图知识；电工基础知识；电子技术；电气设备；供配电方式与电能计量；钳工知识；起重知识；安全文明生产与环境保护知识；管理知识；相关法律、法规知识。

2.4.3.3 农网配电营业工的实际技能：电工工具的使用；识读电气图；识读电能表接线图；识绘零件图和装配图；测量电流和电压；测量绝缘电阻；测量接地电阻；测量直流电阻；维护常用电气测量仪表；运行监测；巡视配电线路；填写巡线记录和检修卡片；巡视配电变压器及附属设备；巡视检查高压配电设备；维护配电线路；测试及维护配电变压器；验收配电线路；验收配电变压器；安装10kV跌落式开关；安装低压熔断器；安装避雷器；电缆施工；安装箱式配电站；安装低压开关柜；基础施工；杆塔施工；杆上作业；导线架设；编制施工方案；编制施工方案及施工说明；线路测量；简单线路设计；安装计量装置；接电；抄表；核算电费；回收电费；指导操作。

2.5 培训大纲

本职业技能培训大纲,以模块组合(MES)——模块(MU)——学习单元(LE)的结构模式进行编写（见表1），职业技能模块及学习单元对照选择见表2，学习单元名称见表3。

表1　　　　　　　　**培训大纲**

初级工

模块序号及名称	单元序号及名称	学习目标	学习内容	学习方式	参考学时
MU1 电工基础和电子技术	LE1 直流电路	使学员掌握电路和电路图的概念，掌握电流、电位、电压、电动势概念，掌握电阻、导体、绝缘体、半导体的概念。能进行电阻的串联、并联、混联连接和等值电阻计算。能运用欧姆定律、全电路欧姆定律、基尔霍夫第一定律、基尔霍夫第二定律进行简单的电工计算	1. 电路和电路图 2. 电的基本物理量 3. 电路基本定律和电路计算	自学面授	50

模块序号及名称	单元序号及名称	学习目标	学习内容	学习方式	参考学时
MU1 电工基础和电子技术	LE2 电与磁	使学员掌握有关磁的基本概念；掌握磁体和载流导体产生磁场方式；了解磁化曲线；掌握电磁力的判断方法——左手定则；掌握直导体感应电动势方向的判断方法——右手定则；掌握线圈感应电动势方向的判断方法——楞次定律；了解磁通、磁阻、磁感应强度概念；知道自感、互感和涡流现象；知道一段磁路的欧姆定律和全磁路欧姆定律	1. 磁的产生 2. 电磁感应和电磁方向的判断 3. 磁的基本物理量 4. 磁路基本定律	自学面授	50
	LE3 交流电路	使学员掌握正弦交流电的产生方式和交流电的基本物理量的概念；掌握交流电的表示方法——解析式、曲线法、向量图。掌握纯电阻、纯电感、纯电容单相交流电路的基本计算方法；掌握对称三相电路的基本计算方法；了解电路负荷平衡分析及调整的方法	1. 正弦交流电的产生及基本概念 2. 正弦交流电的表示方法 3. 纯电阻单相交流电路 4. 纯电感和纯电容单相交流电路 5. 三相交流电路	自学面授	50
MU2 识图与绘图	LE6 认识图形符号与项目代号	1. 能读懂常用的电气图形符号 2. 能读懂电气图的项目代号	1. 电气图的种类和识读常识 2. 电气图形符号、文字符号和回路标号	自学面授	10
	LE7 识读电气图	能读懂简单照明回路接线	简单照明回路接线图	自学面授	15
	LE8 识读电能表接线图	1. 能读懂单相电能表的原理图 2. 能读懂单相电能表的接线图	1. 单相电能表的原理图 2. 单相电能表的接线图	自学面授	10

模块序号及名称	单元序号及名称	学习目标	学习内容	学习方式	参考学时
MU3 电气量的测量	LE10 测量电流和电压	1. 能使用电流表测量电流 2. 能使用钳型电流表测量电流 3. 能使用电压表测量电压 4. 能使用万用表测量电压	1. 电流表的工作原理、构造及使用方法 2. 钳型电流表的工作原理、构造及使用方法 3. 电压表的工作原理、构造及使用方法 4. 万用表的使用方法	自学面授	10
	LE11 测量绝缘电阻	1. 能使用兆欧表测量绝缘子的绝缘电阻 2. 能使用兆欧表测量照明回路的绝缘电阻	1. 兆欧表的使用方法 2. 绝缘子绝缘测量方法 3. 照明回路绝缘电阻测量方法	自学面授	10
MU4 农村配电网运行与维护	LE15 运行监测	1. 能进行供电设备运行监测 2. 能填写供电设备运行记录单	1. 供电设备运行监测内容 2. 供电设备运行监测记录的填写	自学面授	10
	LE16 巡视配电线路	1. 能巡视低压配电线路的运行状况和沿线情况 2. 巡视接户线 3. 能处理配电线路简单缺陷	1. 配电线路基本知识 2. 线路运行规程，防护规程和电力设施保护条例 3. 配电线路各部件的名称、用途、型号和规格 4. 接户线相关的规程规定 5. 配电线路缺陷分类	自学面授	10
	LE17 填写巡线记录和检修卡片	1. 能填写线路巡视记录 2. 能填写线路检修卡片	1. 配电线路巡视内容和巡视记录的填写方法 2. 配电线路检修项目和检修卡片的填写方法	自学面授	10
MU5 配电设备安装	LE25 安装10kV跌落式开关	1. 能选择跌落开关 2. 能上杆安装跌落式开关 3. 能安装和更换熔体 4. 能进行10kV跌落式开关拉合操作	1. 10kV跌落式开关原理、构造、性能、型号和选择。 2. 跌落开关的安装方法 3. 跌落开关熔体的选择和更换方法 4. 10kV跌落式开关拉合方法	自学面授	10

模块序号及名称	单元序号及名称	学习目标	学习内容	学习方式	参考学时
MU5 配电设备安装	LE26 安装低压熔断器	1. 能选择低压熔断器 2. 能安装低压熔断器 3. 能安装低压熔断器的熔体	1. 低压熔断器的原理、构造、性能、型号及选择 2. 低压熔断器的安装方法 3. 低压熔体的选择和更换	自学 面授	10
	LE27 安装避雷器	1. 能选择避雷器 2. 能安装避雷器	1. 避雷器的原理、构造、性能及选择 2. 避雷器的安装方法	自学 面授	10
	LE28 安装接地线	1. 能制作和安装接地线及接地极 2. 能制作和安装接地装置	接地装置的作用、分类、制作和安装方法	自学 面授	10
MU6 配电线路施工	LE38 基础施工	1. 能挖杆坑 2. 能安装底盘 3. 能安装拉线盘 4. 能进行临时地锚的埋设 5. 能选择和实施降阻措施	1. 基础施工图 2. 基础施工相关规程 3. 挖坑方法，底盘和拉线安装方法 4. 临时地锚的埋设方法 5. 土壤参数和土壤电阻率 6. 降低接地电阻的措施	自学 面授	25
	LE39 杆塔施工	1. 能在地面组装杆塔 2. 能制作拉线 3. 能进行绳索绑扎 4. 能组装临时拉线 5. 能安装卡盘	1. 杆塔组装和杆塔组装图 2. 杆塔施工相关规程 3. 拉线金具 4. 拉线制作、拉线组装和拉线组装图 5. 绳扣的分类、绑扎和使用范围 6. 卡盘的作用和安装方法	自学 面授	25
	LE40 杆上作业	1. 能登杆安装杆上金具、横担和绝缘子 2. 能安装放线滑车 3. 能组装耐张杆绝缘子串 4. 能放线、紧线和绑扎 5. 能安装接户线	1. 杆上安全作业常识 2. 横担安装和横担安装图 3. 放线滑车安装方法 4. 耐张杆绝缘子串 5. 放线、紧线方法 6. 接户线安装标准和安装方法	自学 面授	25

模块序号及名称	单元序号及名称	学习目标	学习内容	学习方式	参考学时
MU7 装表接电	LE46 电工工具的使用	1. 能使用常用电工工具 2. 能使用电工安全用具 3. 能使用电气防火用具	1. 电工工具的使用方法 2. 电工安全用具的使用方法 3. 电气防火和灭火常识	自学面授	40
	LE47 安装计量装置	1. 能安装直接接入式单相电能表 2. 能进行直接接入式单相电能计量装置的配线	1. 单相电能表的接线 2. 直接接入式电能计量装置配线方法和标准	自学面授	25
	LE48 接电	1. 能选用和安装低压电器 2. 能选用和安装照明灯具 3. 能安装、检查和验收照明回路 4. 能安装、检查和验收照明配电箱 5. 能安装和使用剩余电流动作保护器 6. 能接通电动机单相控制回路 7. 会进行布线、安装瓷瓶、连接导线和绑扎导线	1. 低压电器的名称、用途、构造、性能和型号 2. 低压电器的选择和安装 3. 照明灯具的选择和安装 4. 照明回路的安装、检查和验收 5. 照明配电箱安装、检查和验收 6. 照明回路技术标准 7. 剩余电流动作保护器构造、原理、性能和型号 8. 电动机起动方法 9. 电动机单相旋转控制回路 10. 导线的布线、连接和绑扎方法	自学面授	25
MU8 抄表收费	LE49 抄表	1. 能读单相电能表指示数 2. 能读三相电能表指示数 3. 能填写抄表卡片 4. 能使用抄表器抄表 5. 能识别简单窃电方法	1. 营业工作常识和常用术语 2. 单相电能表和三相电能表工作原理、构造及电量指示数的读取方法 3. 抄表卡片的内容和填写方法 4. 抄表器的使用方法 5. 简单窃电方法	自学面授	20

模块序号及名称	单元序号及名称	学习目标	学习内容	学习方式	参考学时
MU8 抄表收费	LE50 核算电费	1. 能计算单一制客户的电量 2. 能计算单一制客户的电费	1. 用户用电性质和用电分类 2. 电价和电价分类 3. 低压用户电量和电费核算	自学面授	20
	LE51 回收电费	1. 能收取居民电费 2. 能收取企、事业单位电费 3. 能合理进行居民客户拖欠电费情况的处理	1. 电费通知单的填写方法 2. 电费回收程序和票据的填写 3. 电费回收财务常识 4. 电费回收相关政策规定	自学面授	20

中级工

模块序号及名称	单元序号及名称	学习目标	学习内容	学习方式	参考学时
MU1 电工基础和电子技术	LE2 电与磁	能够叙述磁通、磁连、磁阻、磁感应强度概念；能够判断自感、互感、涡流现象；能够理解磁路欧姆定律的意义	1. 磁通、磁连、磁阻、磁感应强度 2. 自感、互感、涡流 3. 磁路欧姆定律	自学面授	40
	LE3 交流电路	能够叙述纯电感电路和纯电容电路中电压与电流的关系；能够说明有功功率、无功功率、视在功率和功率因数的概念，并会计算；能够将三相负载连接成星型和三角形，说明线电压、相电压、线电流、相电流的概念，并会计算；能计算三相电路的功率和线电流	1. 纯电感电路和纯电容电路中电压与电流的关系 2. 有功功率、无功功率、视在功率、功率因数 3. 三相电路的连接 4. 三相电路的功率和线电流计算	自学面授	80
MU2 识图与绘图	LE7 识读电气图	1. 能读懂低压电器的原理图 2. 能读懂低压电器的接线图 3. 能读懂电器照明系统接线图 4. 能读懂电照系统施工图 5. 能读懂配电线路路径图 6. 能读懂配电线路施工图	1. 电器原理图 2. 照明系统接线图 3. 电照系统施工图 4. 配电线路路径图 5. 配电线路施工图	自学面授	12

模块序号及名称	单元序号及名称	学习目标	学习内容	学习方式	参考学时
MU2 识图与绘图	LE8 识读电能表接线图	1. 能读懂三相有功电能表的原理图 2. 能读懂三相有功电能表的接线图	1. 三相有功电能表原理图 2. 三相有功电能表接线图	自学面授	8
	LE9 识绘零件图和装配图	能读懂配电线路零件图	1. 三视图的识读 2. 配电线路零件图	自学面授	8
MU3 电气量的测量	LE11 测量绝缘电阻	1. 能使用兆欧表测量电气设备绝缘电阻 2. 能测量动力回路的绝缘电阻 3. 能测量电缆的绝缘电阻	1. 兆欧表的工作原理 2. 绝缘测量方法 3. 动力回路绝缘电阻测量方法 4. 电缆绝缘电阻的测量方法	自学面授	8
	LE12 测量接地电阻	能使用接地电阻测量仪测量接地装置的接地电阻	1. 接地电阻测量仪的工作原理 2. 接地电阻的测量方法	自学面授	12
MU4 农村配电网运行与维护	LE18 巡视配电变压器及附属设备	1. 能巡视检查 10kV 配电线路的运行状况 2. 能巡视运行变压器的外观及附件 3. 能判断变压器异常运行状态 4. 能巡视跌落式开关、熔断器、避雷器 5. 能检查母线、引线、电缆和接地线 6. 能调节变压器的无载分接开关	1. 10kV 配电线路的运行巡视项目 2. 变压器的工作原理、构造、种类、型号、规格和使用范围 3. 变压器异常运行状态 4. 跌落式开关、熔断器、避雷器和接地线的作用、性能及检查方法 5. 母线、引线、电缆和接地线的作用、性能和检查方法	自学面授	20

模块序号及名称	单元序号及名称	学习目标	学习内容	学习方式	参考学时
MU4 农村配电网运行与维护	LE19 巡视检查高压配电设备	1. 能巡视检查高压断路器 2. 能巡视检查隔离开关 3. 能巡视检查高压电容器 4. 能巡视检查熔断器 5. 能巡视检查避雷器 6. 能更换线路金具和绝缘子	1. 高压断路器的工作原理、构造、性能、分类、型号和巡视检查方法 2. 隔离开关的工作原理、构造、性能、分类、型号和巡视检查方法 3. 高压电容器的工作原理、构造、性能、分类、型号和巡视检查方法 4. 熔断器的作用、型号和巡视检查方法 5. 避雷器的作用、型号和巡视检查方法 6. 线路金具和绝缘子的更换方法	自学面授	20
MU5 配电设备安装	LE29 安装柱上断路器	1. 能检查测试断路器的性能 2. 能吊装柱上断路器并就位 3. 能连接断路器的引线 4. 能设备线夹的选择和安装	1. 断路器的选择、性能测试、安装、检查和验收 2. 设备线夹的构造、型号和选择 3. 简单起重方法	自学面授	8
	LE30 安装隔离开关	1. 能检查测试隔离开关的性能 2. 能吊装柱上隔离开关 3. 能连接柱上隔离开关的引线	柱上隔离开关的选择、性能测试、安装、检查和验收	自学面授	8
	LE31 安装电容器	1. 能检查测试电容器的性能 2. 吊装电容器 3. 连接电容器的引线	电容器的选择、性能测试、安装、检查和验收	自学面授	8

模块序号及名称	单元序号及名称	学习目标	学习内容	学习方式	参考学时
MU6 配电线路施工	LE39 杆塔施工	1. 能指挥吊车立杆 2. 能用叉杆立杆 3. 能找正杆位	1. 杠杆原理和计算 2. 简单拉（压）弯曲强度计算 3. 指挥旗语 4. 立杆和找正方法 5. 钢丝绳强度相关验算公式	自学 面授	24
	LE41 导线架设	1. 能指挥放线 2. 能指挥紧线 3. 能观测弧垂	1. 放线方法、种类和注意事项 2. 紧线方法、种类和注意事项 3. 弧垂观测方法	自学 面授	24
MU7 装表接电	LE47 安装计量装置	1. 能测量电流互感器的变比和极性 2. 能选择电能表的容量 3. 能选择电流互感器的变比 4. 能安装直接接入式三相电能计量装置 5. 能安装带电流互感器电能计量装置 6. 能安装预付费磁卡电能表 7. 能安装动力配电盘和配电盘配线	1. 电流互感器的工作原理、构造、分类、型号及选择 2. 电流互感器极性判断方法 3. 电能表的选择 4. 直接接入式三相电能计量装置接线 5. 带电流互感器电能计量装置的安装 6. 预付费磁卡电能表 7. 动力配电盘的安装和配线	自学 面授	32
	LE48 接电	1. 室内照明回路简单设计 2. 更换低压开关、熔断器 3. 一般内线工程的安装、检查和验收 4. 能接通电动机可逆控制回路 5. 能选择低压电动机的容量及保护熔丝	1. 照明回路简单设计 2. 低压回路开关和熔断器的安装和更换方法 3. 室内配线方法 4. 内线工程验收标准 5. 电动机可逆控制	自学 面授	40

模块序号及名称	单元序号及名称	学习目标	学习内容	学习方式	参考学时
MU8 抄表收费	LE49 抄表	1. 能读复费率电能表指示数并发现异常 2. 能现场简易测试单相电能表是否异常 3. 能处理违章用电和窃电 4. 能抄读电压监测仪指示数	1. 复费率电能表简单工作原理及指示数的读取方法 2. 单相电能表异常运行分析 3. 违章用电和窃电查处规定 4. 电压监测仪功能和指示数读取方法	自学面授	16
	LE50 核算电费	1. 能区分各种电价的使用范围和标准 2. 能计算变压器损耗电量和电费 3. 能计算带电流互感器的电量和电费 4. 能计算峰、平、谷电量和电费	1. 电价知识与相关规定 2. 变压器损耗电量计算方法 3. 带电流互感器电量和电费计算 4. 峰、平、谷电量和电费计算	自学面授	16
	LE51 回收电费	1. 能收取大工业电力用户的电费 2. 能解答各项电费的计算方法和标准 3. 能合理处置大工业电力用户拖欠电费情况	1. 电费计算方法和计费标准 2. 大工业电力用户拖欠电费处理的政策规定	自学面授	16

高级工

模块序号及名称	单元序号及名称	学习目标	学习内容	学习方式	参考学时
MU1 电工基础和电子技术	LE1 直流电路	能够运用支路电流法、回路电流法和节点电位法进行简单计算；能简要说明戴维南定理的意思；略知电流源、电压源的概念	1. 支路电流法 2. 回路电流法 3. 节点电位法 4. 戴维南定理 5. 电流源、电压源	自学面授	15
	LE3 交流电路	能够叙述电阻、电感、电容串联电路和并联电路中电压与电流的关系，并进行简单计算，说明电流三角形、电压三角形、阻抗三角形、功率三角形的意义	1. 电阻、电感、电容串联电路 2. 电阻、电感、电容并联电路	自学面授	35

模块序号及名称	单元序号及名称	学习目标	学习内容	学习方式	参考学时
MU1 电工基础和电子技术	**LE4** 三相不对称电路	能够说明不对称三相电路概念	1. 不对称三相电路 2. 正序、负序、零序	自学面授	5
	LE5 电子技术	能说明二极管和三极管的作用、特性。能画出单相半波、单相全波、单相桥式、三相桥式、滤波电路	1. 二极管构造、特性 2. 三极管构造、特性 3. 单相半波、单相全波、单相桥式、三相桥式、滤波电路	自学面授	20
MU2 识图与绘图	**LE7** 识读电气图	1. 能读懂电气一次回路图 2. 能读懂电气二次回路图 3. 能读懂电气设备安装图	1. 电气一次回路系统图 2. 电气二次回路原理图 3. 电气二次回路展开图 4. 电气平面布置图 5. 电气单元安装图 6. 电气端子排图	自学面授	9
	LE8 识读电能表接线图	1. 能读懂带电流互感器的三相有功电能表和三相无功电能表的原理图 2. 能读懂带电流互感器的三相有功电能表和三相无功电能表的接线图 3. 能读懂带电流互感器和电压互感器电能计量装置原理图 4. 能读懂带电流互感器和电压互感器电能计量装置接线图	1. 带电流互感器的三相有功电能表和三相无功电能表的原理图 2. 带电流互感器的三相有功电能表和三相无功电能表的接线图 3. 带电流互感器和电压互感器电能计量装置原理图 4. 带电流互感器和电压互感器电能计量装置接线图	自学面授	6
	LE9 识绘零件图和装配图	能读懂电气设备装配图	电器设备装配图及图例	自学面授	6

模块序号及名称	单元序号及名称	学习目标	学习内容	学习方式	参考学时
MU3 电气量的测量	LE11 测量绝缘电阻	能测量变压器的绝缘电阻	变压器绝缘测量方法	自学面授	6
	LE12 测量接地电阻	1. 能测量土壤电阻率 2. 能判定接地电阻是否合格	1. 接地电阻率的测量方法 2. 电气设备接地电阻值的限值标准	自学面授	6
	LE13 测量直流电阻	能测量变压器的直流电阻	单臂电桥和双臂电桥的原理和使用方法	自学面授	6
MU4 农村配电网运行与维护	LE20 维护配电线路	1. 能正杆及调整拉线 2. 能调整导线弧垂 3. 能补修裸导线损伤 4. 能补修架空绝缘导线损伤 5. 能修补杆塔轻度破损	1. 拉线的作用与杆塔的种类 2. 导线弧垂的调整方法 3. 裸导线损伤修补方法 4. 架空绝缘导线损伤修补方法	自学面授	12
	LE21 测试及维护配电变压器	1. 能测量变压器的负荷 2. 能根据系统电压和负载情况确定变压器二次电压	1. 变压器负荷的测量方法 2. 配电变压器二次电压的调整方法	自学面授	12
	LE22 小型发电机运行与维护	1. 能实施柴油发电机的运行与维护 2. 能实施汽油发电机的运行与维护 3. 能投运与解列用户自备电源	1. 小型发电机的构造和分类 2. 柴油发电机的运行与维护方法 3. 汽油发电机的运行与维护方法 4. 防止用户自备电源反送电措施	自学面授	12

模块序号及名称	单元序号及名称	学习目标	学习内容	学习方式	参考学时
MU5 配电设备安装	LE32 组装变压器台架	1. 能按图纸备料 2. 能确定各部件安装位置 3. 能组装变压器台架 4. 能检查和验收变压器台架	1. 变压器台架的构造和分类 2. 变压器台架安装技术规范 3. 变压器台架的组装方法	自学面授	12
	LE33 吊装配电变压器	1. 能列出配电变压器吊装工具、材料单 2. 能吊装变压器到准确位置就位	1. 变压器吊装方法 2. 配电变压器验收技术规范	自学面授	12
	LE34 制作电缆头	1. 能列出制作电缆的工器具、材料单 2. 能制作电缆头 3. 能进行电缆头工艺验收	1. 电缆头制作方法 2. 电缆头验收技术规范	自学面授	9
	LE35 电缆施工	1. 能开挖电缆槽和制作安装电缆架 2. 能敷设电力电缆 3. 能进行电力电缆试验	1. 电力电缆的敷设方法 2. 电力电缆试验方法	自学面授	12
MU6 配电线路施工	LE39 杆塔施工	1. 能指挥组立杆塔 2. 能测量杆塔倾斜、位移、迈步 3. 能测量横担扭转、偏斜 4. 能进行特殊地形杆的运输、放置和组立 5. 能操平杆坑	1. 组立杆塔的现场布置 2. 牵引工具的选用 3. 杆塔验收技术规范 4. 杆塔测量方法 5. 经纬仪常用方法	自学面授	15
	LE41 导线架设	能计算导线安装弧垂	1. 导线弧垂与档距的关系 2. 导线弧垂与温度的关系	自学面授	15
	LE42 编制施工方案	能编制小型配电线路施工工方案	1. 编制施工方案的组织措施、技术措施和安全措施 2. 安全工作规程（线路部分） 3. 施工方案的编写方法 4. 农村低压安全工作规程	自学面授	21

模块序号及名称	单元序号及名称	学习目标	学习内容	学习方式	参考学时
MU7 装表接电	LE47 安装计量装置	1. 能测量电压互感器的变比和极性 2. 能安装带电压互感器和电流互感器的电能计量装置 3. 能安装和调换多功能电能表 4. 能分析和判断电能计量装置的错误接线	1. 电压互感器的原理、构造、分类、型号、规格 2. 电压互感器的极性判断方法 3. 电压互感器的安装方法 4. 带电压互感器和电流互感器电能计量装置的安装方法 5. 多功能电能表的原理、构造、型号和安装 6. 多功能电能表的接线	自学 面授	15
	LE48 接电	1. 能安装室内动力回路 2. 能敷设动力电缆和接装控制电缆 3. 能检查和验收大型电气内线工程 4. 能编写电气内线工程验收报告	1. 室内动力回路安装和配线 2. 室内动力回路安装标准 3. 大型电气内线工程验收标准 4. 大型电气内线工程验收报告的编写方法	自学 面授	15
MU8 抄表收费	LE49 抄表	1. 能抄读全电子式电能表指示数 2. 能熟练编写例日方案 3. 能按抄表路线、用户的程度拟订抄表户数 4. 能检查抄表工作	1. 三相全电子式电能表的原理、构造和指示数的读取方法 2. 抄表工作量定额 3. 例日方案编写方法 4. 抄表工作计划编制方法 5. 计划执行情况的检查	自学 面授	12
	LE50 核算电费	1. 能计算大客户高压计量电量和电费 2. 能计算异常用电的电量和电费 3. 能使用计算机进行电量电费核算	1. 大工业电力客户电量和电费计算 2. 异常用电电量和电费计算 3. 计算机在电费核算中的应用	自学 面授	12

技师

模块序号及名称	单元序号及名称	学习目标	学习内容	学习方式	参考学时
MU1 电工基础和电子技术	LE1 直流电路	能够运用支路电流法、回路电流法和节点电位法进行简单计算；能简要说明戴维南定理的意思；略知电流源、电压源的概念	1. 支路电流法 2. 回路电流法 3. 节点电位法 4. 戴维南定理 5. 电流源、电压源	自学面授	10
	LE3 交流电路	能够叙述电阻、电感、电容串联电路和并联电路中电压与电流的关系，并进行简单计算，说明电流三角形、电压三角形、阻抗三角形、功率三角形的意义	1. 电阻、电感、电容串联电路 2. 电阻、电感、电容并联电路	自学面授	30
	LE4 三相不对称电路	能够说明不对称三相电路概念	1. 不对称三相电路 2. 正序、负序、零序	自学面授	5
	LE5 电子技术	能说明二极管和三极管的作用、特性。能画出单相半波、单相全波、单相桥式、三相桥式、滤波电路	1. 二极管构造、特性 2. 三极管构造、特性 3. 单相半波、单相全波、单相桥式、三相桥式、滤波电路	自学面授	15
MU2 识图与绘图	LE7 识读电气图	能读懂配电室施工图	配电室施工图	自学面授	9
	LE9 识绘零件图和装配图	1. 能识读和绘制机械零件加工图 2. 能绘制电气设备装配图	1. 机械零件加工图的识读和绘制 2. 电气设备装配图的绘制	自学面授	9
MU3 电气量的测量	LE14 维护常用电气测量仪表	1. 能维修钳型电流表 2. 能维修万用表 3. 能维修兆欧表 4. 能维修接地电阻测量仪	1. 钳型电流表的维修常识 2. 万用表的维修常识 3. 兆欧表的维修常识 4. 接地电阻测量仪维修常识	自学面授	15

模块序号及名称	单元序号及名称	学习目标	学习内容	学习方式	参考学时
MU4 农村配电网运行与维护	LE23 验收配电线路	1. 能监理配电线路隐蔽工程 2. 能监理配电线路施工过程各环节工程 3. 能检查验收整体竣工工程	1. 配电线路工程验收技术规范 2. 电气安装工程及施工验收规程 3. 配电线路检查验收内容和方法	自学面授	15
	LE24 验收配电变压器	1. 能检查验收变压器台架 2. 能检查验收变压器及附属设备 3. 能根据接地电阻测量值，判断接地装置是否合格	1. 配电变压器安装验收相关的技术规范 2. 配电变压器安装检查验收方法	自学面授	15
MU5 配电设备安装	LE36 安装箱式配电站	1. 能检查验收箱式配电站的基础 2. 能吊装箱式配电站就位 3. 能进行箱式配电站与外线路的连接 4. 能测试箱式配电站的性能 5. 能检查验收箱式配电站及附属设备	1. 箱式配电站的构造、分类、型号和性能 2. 箱式配电站基础相关技术规范 3. 箱式配电站吊装就位方法 4. 箱式配电站与外线路连接方法 5. 箱式配电站通电试验 6. 箱式配电站检查验收技术规范	自学面授	15
	LE37 安装低压开关柜	1. 能列出低压开关柜安装工器具和材料单 2. 能检查验收开关柜基础 3. 能进行低压开关柜就位并调整 4. 能连接柜内母线 5. 能调整柜内电气设备	1. 低压开关柜的构造、分类、型号和性能 2. 开关柜基础相关技术规范 3. 开关柜的就位方法 4. 开关柜的位置调整和紧固 5. 开关柜位置放置技术规范 6. 柜内电气设备调整方法 7. 开关柜母线连接方法 8. 低压开关柜通电试验方法	自学面授	15

模块序号及名称	单元序号及名称	学习目标	学习内容	学习方式	参考学时
	LE43 编制施工方案及施工说明	1.编制大型配电线路施工方案 2.编制施工说明	1.施工方案的编制方法 2.施工说明的编制方法	自学面授	15
MU6 配电线路施工	LE44 线路测量	1.能查勘配电线路路径 2.能确定杆位 3.能复测线路杆位及分坑 4.能使用经纬仪测量弧垂	1.经纬仪的原理、构造及使用方法 2.线路测量基础知识 3.电杆高度的确定 4.杆位的确定 5.用经纬仪操平和分坑 6.弧垂的测量	自学面授	15
	LE45 简单线路设计	1.能选择基础型号 2.能选择杆塔型号 3.能选择导线截面 4.能选择金具、拉线、三盘和绝缘子 5.能选择变压器台	1.基础类型及选择 2.杆塔型式及选择 3.导线的强度 4.导线的经济电流密度 5.金具、拉线、三盘和绝缘子 6.变压器台的形式和用途	自学面授	15
MU7 装表接电	LE47 安装计量装置	能查找带电压互感器和电流互感器电能计量装置的错误接线	带电压互感器和电流互感器电能计量装置的错误接线	自学面授	15
	LE48 接电	1.能检查客户接电回路的各种缺陷 2.能对有缺陷的用户接电回路进行改造 3.能有针对性地提出反窃电措施 4.能改造不合理的电能计量装置 5.能制作安装低压配电屏	1.客户接电电气回路的常见缺陷 2.客户接电回路的改进措施 3.反窃电措施 4.电能计量装置的改进措施 5.低压配电屏的构造、分类、型号和选用	自学面授	15

模块序号及名称	单元序号及名称	学习目标	学习内容	学习方式	参考学时
MU8 抄表收费	LE49 抄表	1. 能进行售电情况分析 2. 能处理客户电能计量装置各种异常情况 3. 能发现和处理复费率电能表指示异常情况	1. 售电量的统计与分析 2. 电能计量装置异常状况分析	自学面授	12
	LE50 核算电费	1. 能计算计量装置异常时的退补电量和电费 2. 能分析变压器和线路损耗并提出降低措施 3. 能计算平均电价 4. 能确定综合电价 5. 能分析影响平均电价的因素	1. 退补电量和电费计算 2. 变压器和线路损耗分析 3. 平均电价计算法 4. 综合电价计算法 5. 平均电价影响因素分析	自学面授	12
MU9 培训指导	LE52 理论培训	1. 能讲授本工种的专业理论知识 2. 能结合事故案例讲解安全反事故措施	理论培训基本方法	自学面授	9
	LE53 指导操作	1. 能指导本工种初、中、高级工进行实际操作 2. 能组织反事故演习	技能指导基本方法	自学面授	9
MU10 管理	LE54 质量管理	1. 能在本职岗位工作中严格贯彻相关质量标准 2. 能贯彻质量方针，能用全面质量管理的方法分析工作中的影响质量因素，能用PDCA循环控制工程过程	1. 本工种相关的质量标准 2. 全面质量管理知识	自学面授	15
	LE55 生产管理	1. 能制定工程计划，安排和调度生产 2. 能协调组织有关人员协同工作 3. 能填写各种生产记录、台帐和报表 4. 能填写用电营销记录和台帐	1. 生产管理基本知识 2. 生产记录和台帐的填写 3. 用电营销记录和台帐的填写	自学面授	15

表 2   **职业技能模块及学习单元对照选择表**

模块	MU1	MU2	MU3	MU4	MU5	MU6	MU7	MU8	MU9	MU10
内容	电工基础和电子技术	识图与绘图	电气量的测量	农村配电网运行与维护	配电设备安装	配电线路施工	装表接电	抄表收费	培训指导	管理
参考学时										
适用等级	初级 中级 高级	初级 中级 高级	初级 中级 高级	初级 中级 高级	初级 中级 高级	初级 中级 高级	初级 中级 高级	初级 中级 高级	技师	技师
适用等级	初级 中级 高级 技师	初级 中级 高级 技师	初级 中级 高级 技师	初级 中级 高级 技师	初级 中级 高级 技师	初级 中级 高级 技师	初级 中级 高级 技师	初级 中级 高级 技师	初级 中级 高级 技师	初级 中级 高级 技师
LE学习单元选择 初	1, 2, 3	6, 7, 8	10, 11,	15, 16, 17	25, 26, 27, 28	38, 39	46, 47, 48	49, 50, 51		
LE学习单元选择 中	2, 3	7, 8, 9	11, 12	18, 19	29, 30, 31	39, 41	47, 48	49, 50, 51		
LE学习单元选择 高	1, 3, 4, 5	7, 8, 9	11, 12	20, 21, 22	32, 33, 34, 35	39, 41, 42	47, 48	49, 50		
LE学习单元选择 技师	1, 3, 4, 5	7, 9	14	23, 24	36, 37	43, 44, 45	47, 48	49, 50	52, 53	54, 55

表3			学习单元名称表	

学习单元	单元名称	学习单元	单元名称
LE1	直流电路	LE29	安装柱上断路器
LE2	电与磁	LE30	安装隔离开关
LE3	交流电路	LE31	安装电容器
LE4	三相不对称电路	LE32	组装变压器台架
LE5	电子技术	LE33	吊装配电变压器
LE6	认识图形符号与项目代号	LE34	制作电缆头
LE7	识读电气图	LE35	电缆施工
LE8	识读电能表接线图	LE36	安装箱式配电站
LE9	识绘零件图和装配图	LE37	安装低压开关柜
LE10	测量电流和电压	LE38	基础施工
LE11	测量绝缘电阻	LE39	杆塔施工
LE12	测量接地电阻	LE40	杆上作业
LE13	测量直流电阻	LE41	导线架设
LE14	维护常用电气测量仪表	LE42	编制施工方案
LE15	运行监测	LE43	编制施工方案及施工说明
LE16	巡视配电线路	LE44	线路测量
LE17	填写巡线记录和检修卡片	LE45	简单线路设计
LE18	巡视配电变压器及附属设备	LE46	电工工具的使用
LE19	巡视检查高压配电设备	LE47	安装计量装置
LE20	维护配电线路	LE48	接电
LE21	测试及维护配电变压器	LE49	抄表
LE22	小型发电机运行与维护	LE50	核算电费
LE23	验收配电线路	LE51	回收电费
LE24	验收配电变压器	LE52	理论培训
LE25	安装10kV跌落式开关	LE53	指导操作
LE26	安装低压熔断器	LE54	质量管理
LE27	安装避雷器	LE55	生产管理
LE28	安装接地线		

3 ▼ 职业技能鉴定

3.1 鉴定要求

3.1.1 鉴定内容和各模块比重要按《国家职业标准 农网配电营业工》规定的基本要求、工作要求和比重表执行。

3.1.2 申报条件。从事或准备从事本职业（工种）的人员，要按《国家职业标准·农网配电营业工》规定的申报条件执行。

——初级（具备以下条件之一者）

（1）经本职业初级正规培训达规定标准学时数，并取得毕（结）业证书。

（2）本职业学徒期满。

——中级（具备以下条件之一者）

（1）取得本职业初级职业资格证书后，连续从事本职业工作3年以上，经本职业中级正规培训达规定标准学时数，并取得结业证书。

（2）取得本职业初级职业资格证书后，连续从事本职业工作4年以上。

（3）连续从事本职业工作7年以上，并经过本职业中级技术等级培训。

（4）取得经劳动保障行政部门审核认定的、以中级技能为培养目标的中等以上职业学校本职业（专业）毕业证书。

（5）取得大中专院校毕业证书，并经过本工种中级技能训练。

——高级（具备以下条件之一者）

（1）取得本职业中级职业资格证书后，连续从事本职业工作

3年以上，经本职业高级正规培训达规定标准学时数，并取得结业证书。

（2）取得本职业中级职业资格证书后，连续从事本职业工作4年以上。

（3）连续从事本职业工作13年以上，并经过本工种高级技术等级培训。

（4）取得高级技工学校或经劳动保障行政部门审核认定的、以高级技能为培养目标的高等职业学校本职业（专业）毕业证书。

——技师（具备以下条件者）

取得本职业高级职业资格证书后，连续从事本职业工作4年以上，经本职业技师正规培训达规定标准学时数，并取得结业证书。

3.1.3 鉴定方式。鉴定方式按《国家职业标准·农网配电营业工》规定的鉴定方式执行。

鉴定方式分为理论知识考试和技能操作考核。理论知识考试采用闭卷笔试方式，技能操作考核采用现场实际操作方式。理论知识考试和技能操作考核均实行百分制，成绩皆达60分及以上者为合格。技师还需进行综合评审。

3.2 考评人员

考评人员是在规定的职业（工种）、等级和类别范围内，依据国家职业标准和国家职业技能鉴定试题库试题，对职业技能鉴定对象进行考核、评审工作的人员。

3.2.1 考评员可承担初、中、高级技能等级鉴定；高级考评员可承担初、中、高级和技师资格鉴定。

3.2.2 考评员的任职资格。考评员必须具备高级工、技师或者中级专业技术职务及以上任职资格，并取得考评员资格证；高级考评员必须具备高级技师或者高级专业技术职务任职资格，并取得高级考评员资格证。

3.2.3 考评人员与考生配比。理论知识考试考评人员与考生配比为1:20,每个标准教室不少于2名考评人员;技能操作考核考评员与考生配比为1:5,且不少于3名考评员。

3.2.4 鉴定时间。理论知识考试为120分钟,技能操作考核按操作考核项目确定。

3.2.5 鉴定场所设备。理论知识考试在标准教室进行。技能操作考核在10kV及以下配电线路(含配电变压器)实训场地、装表接电实训场地和抄表收费等实训场地进行。

鉴定试题库

4

4.1 理论知识（含技能笔试）试题

4.1.1 选择题

下列每题都有 4 个答案，其中只有 1 个正确答案，将正确答案填在括号里。

La5A1001 电力系统中以"kWh"作为（B）的计量单位。

(A) 电压；(B) 电能；(C) 电功率 ；(D) 电位。

La5A1002 当参考点改变时，电路中的电位差是（C）。
(A) 变大的；(B) 变小的；(C) 不变化的；(D) 无法确定。

La5A1003 一个实际电源的端电压随着负载电流的减小将（B）。
(A) 降低；(B) 升高；(C) 不变；(D) 稍微降低。

La5A1004 我国交流电的标准频率为 50Hz,其周期为(B)s。
(A) 0.01；(B) 0.02；(C) 0.1；(D) 0.2。

La5A1005 电路由（A）和开关四部分组成。
(A) 电源、负载、连接导线；(B) 发电机、电动机、母线；(C) 发电机、负载、架空线路；(D) 电动机、灯泡、连接导线。

La5A2006　参考点也叫零电位点，它是由（A）的。

（A）人为规定；（B）参考方向决定的；（C）电压的实际方向决定的；（D）大地性质决定的。

La54A2007　线圈磁场方向的判断方法用（B）。

（A）直导线右手定则；（B）右手螺旋定则；（C）左手电动机定则；（D）右手发电机定则。

La54A2008　正弦交流电的幅值就是（B）。

（A）正弦交流电最大值的 2 倍；（B）正弦交弦电最大值；（C）正弦交流电波形正负振幅之和；（D）正弦交流电最大值的$\sqrt{2}$倍。

La54A2009　运动导体切割磁力线而产生最大电动势时，导体与磁力线间的夹角应为（D）。

（A）0°；（B）30°；（C）45°；（D）90°。

La43A3010　涡流是一种（A）现象。

（A）电磁感应；（B）电流热效应；（C）化学效应；（D）电流化学效应。

La43A3011　交流电阻和电感串联电路中，用（C）表示电阻、电感及阻抗之间的关系。

（A）电压三角形；（B）功率三角形；（C）阻抗三角形；（D）电流三角形。

La43A3012　星形连接时三相电源的公共点叫三相电源的（A）。

（A）中性点；（B）参考点；（C）零电位点；（D）接地点。

La43A3013 电阻和电感串联的单相交流电路中的无功功率计算公式是（**C**）。

（A）$P = UI$；（B）$P = UI\cos\varphi$；（C）$Q = UI\sin\varphi$；（D）$P = \sqrt{3}S\sin\varphi$

La43A3014 电阻和电容串联的单相交流电路中的有功功率计算公式是（**B**）。

（A）$P = UI$；（B）$P = UI\cos\varphi$；（C）$P = UI\sin\varphi$；（D）$P = \sqrt{3}S\sin\varphi$。

La43A3015 一电感线圈接到 $f = 50\text{Hz}$ 的交流电路中，感抗 $X_L = 50\Omega$，若改接到 $f = 150\text{Hz}$ 的电源时，则感抗 X_L 为（**A**）Ω。

（A）150；（B）250；（C）10；（D）60。

La43A3016 一电容接到 $f = 50\text{Hz}$ 的交流电路中，容抗 $X_C = 240\Omega$，若改接到 $f = 150\text{Hz}$ 的电源电路中，则容抗 X_C 为（**A**）Ω。

（A）80；（B）120；（C）160；（D）720。

La43A3017 无论三相电路是 Y 接或 △ 接，当三相电路对称时，其总有功功率为（**C**）。

（A）$P = 3UI\cos\varphi$；（B）$P = \sqrt{3}P_U + P_V + P_W$；（C）$P = \sqrt{3}UI\cos\varphi$；（D）$P = \sqrt{2}UI\cos\varphi$。

La43A3018 无论三相电路是 Y 接或 △ 接，也无论对称与否，其总有功功率为（**B**）。

(A) $P = 3UI\cos\varphi$；(B) $P = P_U + P_V + P_W$；(C) $P = \sqrt{3}UI\cos\varphi$；(D) $P = UI\cos\varphi$。

La43A4019 纯电感电路的电压与电流频率相同，电流的相位滞后于外加电压 u 为 **(A)**。

(A) $\pi/2$；(B) $\pi/3$；(C) $\pi/2f$；(D) $\pi/3f$。

La43A4020 纯电感电路的电压与电流频率相同，电流的相位滞后于外加电压 u 为 **(C)**。

(A) $60°$；(B) $30°$；(C) $90°$；(D) $180°$。

La43A4021 纯电容电路的电压与电流频率相同，电流的相位超前于外加电压 u 为 **(A)**。

(A) $\pi/2$；(B) $\pi/3$；(C) $\pi/2f$；(D) $\pi/3f$。

La43A4022 纯电容电路的电压与电流频率相同，电流的相位超前于外加电压 u 为 **(C)**。

(A) $60°$；(B) $30°$；(C) $90°$；(D) $180°$。

La43A4023 三相电动势的相序为 **U—V—W**，称为 **(B)**。
(A) 负序；(B) 正序；(C) 零序；(D) 反序。

La43A4024 在变电站三相母线应分别涂以 **(B)** 色，以示区别。

(A) 红、黄、绿；(B) 黄、绿、红；(C) 绿、黄、红；(D) 绿、黄、红。

La3A4025 正序的顺序是 **(A)**。

(A) U、V、W；(B) V、U、W；(C) U、W、V；(D) W、V、U。

La2A4026 电阻、电感、电容串联电路中，电路中的总电流与电路两端电压的关系是（B）。

（A）电流超前于电压；（B）总电压可能超前于总电流，也可能滞后于总电流；（B）电压超前于电流；（D）电流与电压同相位。

La2A4027 电阻、电感、电容串联电路中，当电路中的总电流滞后于电路两端电压的时候（A）。

（A）$X = X_L - X_C > 0$；（B）$X = X_L - X_C < 0$；（C）$X = X_L - X_C = 0$；（D）$X = X_L = X_C$。

La2A4028 电阻、电感、电容并联电路中，当电路中的总电流滞后于电路两端电压的时候（B）。

（A）$X = X_L - X_C > 0$；（B）$X = X_L - X_C < 0$；（C）$X = X_L - X_C = 0$；（D）$X = X_L = X_C$。

La2A5029 用一个恒定电动势 E 和一个内阻 R_0 串联组合来表示一个电源。用这种方式表示的电源称为（A）。

（A）电压源；（B）电流源；（C）电阻源；（D）电位源。

La2A5030 用一个恒定电动势 E 和一个内阻 R_0 串联组合来表示一个电源。用这种方式表示的电源称为电压源，$R_0 = 0$ 时称为（C）。

（A）电位源；（B）理想电流源；（C）理想电压源；（D）电阻源。

La2A5031 用一个恒定电流 I_S 和一个电导 G_0 并联表示一个电源，这种方式表示的电源称（B）。

（A）电压源；（B）电流源；（C）电阻源；（D）电位源。

La2A5032 用一个恒定电流 I_S 和一个电导 G_0 并联表示一个电源，这种方式表示的电源称电流源，$G_0 = 0$ 时则称为 **(D)**。

(A) 电位源；(B) 理想电压源；(C) 电阻源；(D) 理想电流源。

La2A5033 在半导体中掺入微量的有用杂质，制成掺杂半导体。掺杂半导体有 **(B)**。

(A) W 型；(B) N 型有 P 型；(C) U 型；(D) V 型。

La2A5034 N 型半导体自由电子数远多于空穴数，这些自由电子是多数载流子，而空穴是少数载流子，导电能力主要靠自由电子，称为电子型半导体，简称 **(D)**。

(A) W 型半导体；(B) U 型半导体； (C) P 型半导体；(D) N 型半导体。

La2A5035 P 型半导体空穴数远多于自由电子数，这些空穴是多数载流子，而自由电子是少数载流子，导电能力主要靠空穴，称为空穴型半导体，简称 **(C)**。

(A) W 型半导体；(B) U 型半导体； (C) P 型半导体；(D) N 型半导体。

La2A5036 将 P 型半导体和 N 型半导体经过特殊工艺加工后，会有机地结合在一起，就在交界处形成了有电荷的薄层，这个带电荷的薄层称为 **(A)**。

(A) PN 节；(B) N 型节；(C) P 型节；(D) V 型节。

La2A5037 在 P N 节之间加 **(C)**，多数载流子的扩散增强，有电流通过 PN 节，就形成了 PN 节导电。

(A) 前向电压；(B) 后向电压；(C) 正向电压；(D) 反向电压。

La2A5038 在 PN 节之间加（**D**），多数载流子扩散被抑制，反向电流几乎为零，就形成了 PN 节截止。

（A）前向电压；（B）后向电压；（C）正向电压；（D）反向电压。

La2A5039 三极管内部由三层半导体材料组成，分别称为发射区、基区和集电区，结合处形成两个 PN 结，分别称为发射结和（**C**）。

（A）集中结；（B）集成结；（C）集电结；（D）集合结。

La2A5040 三极管集电极电流的变化量 ΔI_c 与基极电流变化量 ΔI_b 的比值称为三极管共发射极接法（**B**）。

（A）电流系数；（B）电流放大系数；（C）电流常数；（D）电压系数。

La2A5041 当三极管集电极与发射极之间的电压 U_{ce} 为一定值时，基极与发射极间的电压 U_{be} 与基极电流 I_b 之间的关系，称为三极管的（**A**）。

（A）输入特性；（B）输出特性；（C）放大特性；（D）机械特性。

La2A5042 当三极管基极电流为某一定值时，集电极电压 U_{ce} 与集电极电流 I_e 之间的关系曲线称为三极管的（**B**）输出特性。

（A）输入特性；（B）输出特性；（C）放大特性；（D）机械特性。

Lb5A1043 安全带试验周期为（**B**）试验一次。

（A）一年；（B）半年；（C）两年；（D）三年。

Lb5A1044 高压验电器绝缘部分长度，对 **10kV** 及以下不小于 **(B) m**。

(A) 0.8；(B) 0.4；(C) 1；(D) 0.9。

Lb5A1045 绝缘夹钳只允许使用在额定电压为 **(C) kV** 及以下的设备上。

(A) 10；(B) 20；(C) 35；(D) 55。

Lb5A1046 用于 **1kV** 及以下的绝缘垫的厚度应不小于 **(B) mm**。

(A) 7~8；(B) 3~5；(C) 1~2；(D) 2~3。

Lb5A1047 三相短路接地线，应采用多股软铜绞线制成，其截面应符合短路电流的要求，但不得小于 **(C) mm²**。

(A) 10；(B) 20；(C) 25；(D) 35。

Lb5A1048 A 级绝缘材料最高允许工作温度为 **(C)℃**。

(A) 100；(B) 90；(C) 105；(D) 120。

Lb5A1049 铝芯聚氯乙烯绝缘导线的型号是 **(B)**。

(A) BV；(B) BLV；(C) BVV；(D) BLVV。

Lb5A1050 DG 型导电膏涂敷于导电排搭接处和电气设备连接处，可以降低接触电阻 **(C)**。

(A) 10%~20%；(B) 20%~25%；(C) 25%~95%；(D) 30%~50%。

Lb5A1051 散热涂料能增强导电排的散热能力，一般可使温升下降 **(D)**。

(A) 10%~20%；(B) 20%~25%；(C) 25%~95%；

（D）36%～45%。

Lb5A1052 气干型散热涂料需在涂敷晾干（**A**）**h** 后使用。

（A）24；（B）14；（C）4；（D）34。

Lb5A1053 磁电系仪表只能用于（**A**）。

（A）直流电路；（B）交流电路；（C）交直流两用；（D）主要用于交流电路。

Lb5A1054 电磁系仪表可用于（**C**）。

（A）直流电路；（B）交流电路；（C）交直流两用；（D）主要用于交流电路。

Lb5A1055 磁电系电流表扩大量程的办法是：与测量机构（**B**）电阻。

（A）串联分流；（B）并联分流；（C）串联分压；（D）并联分压。

Lb5A1056 磁电系电压表扩大量程的办法是：与测量机构（**C**）电阻。

（A）串联分流；（B）并联分流；（C）串联分压；（D）并联分压。

Lb5A1057 兆欧表应根据被测电气设备的（**B**）来选择。

（A）额定功率；（B）额定电压；（C）额定电阻；（D）额定电流。

Lb5A1058 锥型杆的杆梢直径一般分为（**B**）两种。

（A）130mm 和 170mm；（B）150mm 和 190mm；（C）170mm 和 210mm；（D）130mm 和 170mm。

Lb5A1059 锥形电杆的锥度为 **(C)**。

(A) 1/25；(B) 1/50；(C) 1/75；(D) 1/100。

Lb5A1060 分支杆也是分支线路的 **(A)**。

(A) 终端杆；(B) 转角杆；(C) 直线杆；(D) 跨越杆。

Lb5A1061 占全线路电杆基数最多的杆型是 **(C)**。

(A) 终端杆；(B) 转角杆；(C) 直线杆；(D) 分支杆。

Lb5A1062 直线转角杆在线路转角角度小于 **(B)** 时才能采用。

(A) 10°；(B) 15°；(C) 20°；(D) 30°。

Lb5A1063 目前常用的裸导线型号为 **(C)** 两大类。

(A) LJ 和 GJ；(B) GJ 和 TJ；(C) LJ 和 LGJ；(D) LGJ 和 TJ。

Lb5A1064 铜的导电率比铝的导电率 **(A)**。

(A) 大得多；(B) 小得多；(C) 差不多；(D) 一样。

Lb5A1065 铜的密度比铝 **(A)**。

(A) 大得多；(B) 小得多；(C) 差不多；(D) 一样。

Lb5A1066 低压架空线路导线最小允许截面积为 **(B)** mm^2。

(A) 10；(B) 16；(C) 25；(D) 35。

Lb5A1067 低压针式绝缘子的型号为 **(D)**。

(A) CD10—1；(B) XP—7C；(C) ED—3；(D) PD—1T。

Lb5A1068 悬式绝缘子的型号为 **(B)**。

(A) CD10—1；(B) XP—7C；(C) ED—3；(D) PD—1T。

Lb5A1069 蝶式绝缘子的型号为 **(C)**。

(A) CD10—1；(B) XP—7C；(C) ED—3；(D) P—1T。

Lb5A1070 当拉线发生断线时，其拉线绝缘子距地面不得小于 **(C)** m。

(A) 1.5；(B) 2；(C) 2.5；(D) 3。

Lb5A1071 拉线棒通常采用直径不小于 **(C)** mm 的圆钢制作。

(A) $\phi20$；(B) $\phi18$；(C) $\phi16$；(D) $\phi10$。

Lb5A1072 一般情况下拉线与电杆的夹角不应小于 **(D)**。

(A) 15°；(B) 45°；(C) 60°；(D) 30°。

Lb5A1073 配电线路要做到有序管理和维护，必须对线路和设备进行 **(A)**

(A) 命名和编号；(B) 巡视和检查；(C) 检查和试验；(D) 维护和检修。

Lb5A1074 配电线路的相序排列，按 A、B、C 顺序，用 **(B)** 颜色表示。

(A) 红、绿、黄；(B) 黄、绿、红；(C) 绿、黄、红；(D) 红、黄、绿。

Lb5A1075 线路名称及编号若采用悬挂标志牌，悬挂高度为距地面 **(C)** 左右。

(A) 1.5m；(B) 2 m；(C) 2.5 m；(D) 3 m。

Lb5A1076 电杆偏离线路中心线不应大于（**A**）m。

（A）0.1；（B）0.2；（C）0.25；（D）0.3。

Lb5A2077 电杆的倾斜度不应大于杆长的（**A**）。

（A）1.5%；（B）2%；（C）2.5%；（D）3%。

Lb5A2078 钢筋混凝土电杆横向裂纹不宜超过1/3周长，裂纹宽度大于（**C**）mm者应及时处理。

（A）1.5；（B）1；（C）0.5；（D）0.2。

Lb5A2079 铁横担锈蚀面积不宜超过截面的（**A**），否则应进行更换。

（A）1/2；（B）1/3；（C）1/4；（D）1/5。

Lb5A2080 横担上下倾斜、左右偏歪不应大于其长度的（**D**）。

（A）5%；（B）4%；（C）3%；（D）2%。

Lb5A2081 低压接户线两悬挂点的间距不宜大于（**B**）m，若超过就应加装接户杆。

（A）15；（B）25；（C）30；（D）40。

Lb5A2082 低压接户线从电杆上引下时的线间距离最小不得小于（**A**）mm。

（A）150；（B）200；（C）250；（D）300。

Lb5A2083 低压接户线应采用绝缘铝线，档距在10～25m，其最小截面不得小于（**B**）mm²。

（A）4；（B）6；（C）10；（D）16。

Lb5A2084 低压接户线至通车道路中心的垂直距离不得小于（**D**）m。

（A）2；（B）3；（C）5；（D）6。

Lb5A2085 低压接户线不允许跨越建筑物。如果必须跨越，则接户导线在最大弧垂时距建筑物的垂直距离不应小于（**C**）m。

（A）1.5；（B）2；（C）2.5；（D）3。

Lb5A2086 自电杆上引下的低压接户线，其导线截面大于或等于（**C**）mm²者，应装在低压蝶式绝缘子上，线间距离不应小于150mm。

（A）6；（B）10；（C）16；（D）25。

Lb5A2087 低压接户线最大风偏时与烟筒、拉线、电杆距离不得小于（**A**）mm。

（A）200；（B）300；（C）350；（D）400。

Lb5A2088 开启式负荷刀开关俗称（**A**）。

（A）胶盖刀闸；（B）空气开关；（C）铁壳开关；（D）石板刀闸。

Lb5A2089 开启式负荷刀开关的安装方向应为合闸时手柄（**D**），不准倒装或平装，以防误操作。

（A）向左推；（B）向右推；（C）向下推；（D）向上推。

Lb5A2090 开启式负荷刀开关的电源进线应接在（**C**）。

（A）左侧接线柱；（B）右侧接线柱；（C）静触座上；（D）熔丝接头。

Lb5A2091 封闭式负荷开关俗称（**B**）。

(A) 胶盖刀闸；(B) 空气开关；(C) 铁壳开关；(D) 石板刀闸。

Lb5A2092 封闭式负荷开关操动机构有（**D**），以确保操作安全，避免发生触电的危险。

(A) 延时装置；(B) 综合闭锁装置；(C) 电气连锁装置；(D) 机械连锁装置。

Lb5A2093 容量小于（**A**）的交流接触器，一般采用的灭弧方法是双断口触头和电动力灭弧。

(A) 10A；(B) 15A2；(C) 20A；(D) 30A。

Lb5A2094 刀开关起（**D**）的作用，有明显绝缘断开点，以保证检修人员安全。

(A) 切断过负荷电流；(B) 切断短路电流；(C) 隔离故障；(D) 隔离电压。

Lb5A2095 熔断器式刀开关适用于交流 50Hz、380V 或 440V，负荷电流 100～600A 的配电网中，作为电器设备的（**C**）保护。

(A) 过负荷；(B) 短路；(C) 过负荷和短路；(D) 低电压。

Lb5A2096 刀开关的定期检修期限为每年（**A**）次。

(1) 1～2；(B) 3～4；(C) 3；(D) 4。

Lb5A2097 刀开关三相连动的刀闸应同时闭合，不同时闭合的偏差不应超过（**D**）。

(A) 4mm；(B) 2mm；(C) 2.5mm；(C) 3mm。

Lb5A2098 接触器的辅助触头，通常由（**A**）对及以上的常开常闭辅助触头构成。

（A）2；（B）3；（C）4；（D）5。

Lb5A2099 接触器的头一般采用（**B**）。

（A）插入式或桥式；（B）桥式或指形；（C）指形或对接；（D）对接或插入式。

Lb5A2100 接触器的辅助触头，接于控制电路中，其额定电流为（**C**）A。

（A）2；（B）3；（C）5；（D）10。

Lb5A2101 测量接触器相间绝缘电阻，绝缘电阻值不应低于（**B**）MΩ。

（A）5；（B）10；（C）20；（D）50。

Lb54A3102 自耦变压器的三相绕组采用 Y 接线，各相绕组在总匝数的（**D**）处有抽头。

（A）25%和50%；（B）35%和60%；（C）50%和70%；（D）65%和80%。

Lb54A3103 在电动机的规格代号中，S 表示（**C**）机座。

（A）长；（B）中；（C）短；（D）加长。

Lb54A3104 异步电动机的型号为 Y355M2 – 4，数字 4 代表（**C**）。

（A）中机座；（B）4号铁心长度；（C）4极；（D）设计序号。

Lb54A3105 三相异步电动机转子的转速（**A**）同步转速。

（A）低于；（B）高于；（C）等于；（D）可以低于，也可以高于。

Lb54A3106 可按（C）倍电动机的额定电流来选择单台电动机熔丝或熔体的额定电流。

（A）0.5～0.6；（B）0.6～1.0；（C）1.5～2.5；（D）2.5～3.5。

Lb54A3107 感应式电能表可用于（B）。

（A）直流电路；（B）交流电路；（C）交直流两用；（D）主要用于交流电路。

Lb54A3108 在电能表型号中，表示电能表的类别代号是（D）。

（A）N；（B）L；（C）M；（D）D。

Lb54A3109 在电能表组别代号中，**D** 表示单相；**S** 表示三相三线；（C）表示三相四线；**X** 表示无功；**B** 表示标准。

（A）M；（B）J；（C）T；（D）K。

Lb54A3110 在电能表的用途代号中，**Z** 表示最大需量；（B）表示分时计费；**S** 表示电子式；**Y** 表示预付费；**D** 表示多功能；**M** 表示脉冲式。

（A）M；（B）F；（C）T；（D）K。

Lb54A3111 DD862 型电能表，含义为单相电能表，设计序号为（D）。

（A）8；（B）6；（C）2；（D）862。

Lb54A3112 DT862 型电能表，含义为（A）有功电能表，设计序号为 **862**。

（A）三相四线；（B）三相三线；（C）三相五线；（D）两相三线。

Lb54A3113　DS862 型电能表，含义为（B）有功电能表，设计序号为 862。

（A）三相四线；（B）三相三线；（C）三相五线；（D）两相三线。

Lb54A3114　DX 型是（C）电能表。

（A）三相四线；（B）三相有功；（C）三相无功；（D）单相。

Lb54A3115　DT 型是（A）电能表。

（A）三相四线；（B）三相有功；（C）三相无功；（D）单相。

Lb54A3116　DS 型是（B）电能表。

（A）三相四线；（B）三相三线有功；（C）三相无功；（D）单相。

Lb54A3117　DD 型是（D）电能表。

（A）三相四线；（B）三相有功；（C）三相无功；（D）单相。

Lb54A3118　1kWh 电能可供"220V、40W"的灯泡正常发光时间是（D）h。

（A）100；（B）200；（C）95；（D）25。

Lb54A3119　电能表常数的正确单位是（B）。

（A）度/小时；（B）r/kWh；（C）R/kWh；（D）度/kWh。

Lb54A3120 三只单相电能表测三相四线电路有功电能时，电能消耗等于三只电能表读数的 **(B)**。

(A) 几何和；(B) 代数和；(C) 分数值；(D) 绝对值之和。

Lb54A3121 220V 单相供电的，供电电压允许偏差上限值为额定电压的 **(B)**。

(A) +5%；(B) +7%；(C) +10%；(D) −5%。

Lb4A3122 两耐张杆之间间距不得超过 **(D)** m。

(A) 500；(B) 1000；(C) 1500；(D) 2000。

Lb4A3123 高压杆两杆之间的间距一般为 **(B)** m。

(A) 30~50；(B) 50~100；(C) 80~100；(D) 30~100。

Lb43A3124 跌落式熔断器主要用于架空配电线路的支线、用户进口处，以及被配电变压器一次侧、电力电容器等设备作为 **(D)**。

(A) 过载或接地保护；(B) 接地或短路保护；(C) 过载或低电压保护；(D) 过载或短路保护。

Lb43A3125 架空配电线路装设重合式熔断器的目的是提高被保护设备的 **(B)**，防止被保护线路设备因瞬时故障而停电。

(A) 过载能力；(B) 供电可靠性；(C) 供电电压；(D) 负荷电流。

Lb43A3126 跌落式熔断器的额定电流必须 **(A)** 熔丝元件的额定电流。

(A) 大于或等于；(B) 小于或等于；(C) 小于；(D) 大于。

Lb43A3127 当柱上电力电容器容量在 30kvar 及以下时，熔丝元件按电力电容器额定电流的（**B**）倍选择。

（A）1~1.3；（B）1.5~2；（C）2~3；（D）3~4。

Lb43A3128 当配电变压器容量在 100kVA 及以下时，配电变压器一次侧熔丝元件按变压器额定电流的（**C**）倍选择。

（A）1~1.3；（B）1.5~2；（C）2~3；（D）3~4。

Lb43A3129 当配电变压器容量在 100kVA 以上时，配电变压器一次侧熔丝元件按变压器额定电流的（**B**）倍选择。

（A）1~1.3；（B）1.5~2；（C）2~3；（D）3~4。

Lb43A3130 10kV 用户进口处，熔丝元件按用户最大负荷电流的（**D**）倍选择。

（A）1~1.3；（B）1.5~2；（C）2~3；（D）1.5。

Lb43A3131 柱上断路器是一种担负（**C**）任务的开关设备。

（A）控制；（B）保护；（C）控制和保护；（D）过负荷。

Lb43A3132 DW5—10G 代表的是（**A**）开关。

（A）柱上多油式；（B）柱上真空式；（C）柱上六氟化硫式；（D）柱上负荷闸刀。

Lb43A3133 ZW—10 代表的是（**B**）开关。

（A）柱上多油式；（B）柱上真空式；（C）柱上六氟化硫式；（D）柱上负荷闸刀。

Lb43A3134 LW11—10 代表的是（**C**）开关。

（A）柱上多油式；（B）柱上真空式；（C）柱上六氟化硫

式；（D）柱上负荷闸刀。

Lb43A3135　FW7—10/400 代表的是（D）开关。

（A）柱上多油式；（B）柱上真空式；（C）柱上六氟化硫式；（D）柱上负荷闸刀。

Lb43A3136　柱上 SF$_6$ 断路器的开断能力约是多油式断路器的（D）倍。

（A）1～1.3；（B）1.5～2；（C）2～3；（D）2～4。

Lb43A3137　变压器油主要起（A）作用。

（A）冷却和绝缘；（B）消弧；（C）润滑；（D）支撑。

Lb43A3138　变压器温度升高，绝缘电阻值（B）。

（A）升高；（B）降低；（C）不变；（D）成比例增大。

Lb43A3139　电源频率增加一倍，变压器绕组感应电动势也（A）。

（A）增加一倍；（B）不变；（C）减小一半；（D）略有增加。

Lb43A3140　互感器的二次绕组必须一端接地，其目的是（B）。

（A）防雷；（B）保护人身和设备安全；（C）连接牢固；（D）防盗。

Lb43A3141　绝缘套管表面的空气发生放电，叫（D）。

（A）气体放电；（B）气体击穿；（C）瓷质击穿；（D）沿面放电。

Lb43A3142 电压互感器一次绕组的匝数（**A**）二次绕组匝数。

（A）远大于；（B）略大于；（C）等于；（D）小于。

Lb43A3143 变压器的电压比是指变压器在（**B**）运行时，一次电压与二次电压的比值。

（A）负载；（B）空载；（C）满载；（D）欠载。

Lb43A3144 变压器运行时，油温最高的部位是（**A**）。

（A）铁心；（B）绕组；（C）上层绝缘油；（D）下层绝缘油。

Lb43A3145 变压器正常运行的声音是（**B**）。

（A）断断续续的嗡嗡声；（B）连续均匀的嗡嗡声；（C）时大时小的嗡嗡声；（D）无规律的嗡嗡声。

Lb43A3146 配电系统电压互感器二次侧额定电压一般都是（**D**）V。

（A）36；（B）220；（C）380；（D）100。

Lb43A3147 配电系统电流互感器二次侧额定电流一般都是（**B**）A。

（A）220；（B）5；（C）380；（D）100。

Lb43A3148 变压器一次电流随二次电流的增加而（**B**）。

（A）减少；（B）增加；（C）不变；（D）不能确定。

Lb43A3149 电流互感器二次回路所接仪表或继电器线圈，其阻抗必须（**B**）。

（A）高；（B）低；（C）高或者低；（D）即有高也有低。

Lb43A3150 一台配电变压器的型号为 S9—630/10，该变压器的额定容量为 **(B)**。

(A) 630MVA；(B) 630kVA；(C) 630VA；(D) 630kW。

Lb43A3151 无励磁调压的配电变压器高压绕组上一般都带有 **(B)** 个抽头。

(A) 6；(B) 3；(C) 4；(D) 5。

Lb43A3152 造成配电变压器低压侧熔丝熔断的原因可能是 **(B)**。

(A) 变压器内部绝缘击穿；(B) 变压器负载侧短路；(C) 高压引线短路；(D) 低压侧断路。

Lb43A3153 变压器一次绕组的 1 匝导线与二次绕组的 1 匝导线所感应的电势 **(A)**。

(A) 相等；(B) 不相等；(C) 大；(D) 小。

Lb43A3154 变压器正常运行时，油枕油位应在油位计的 **(D)** 位置。

(A) 1/5；(B) 1/4 ~ 1/2；(C) 1/2；(D) 1/4 ~ 3/4。

Lb43A3155 测量变压器铁心对地的绝缘电阻，应先拆开 **(B)**。

(A) 绕组间的引线；(B) 铁心接地片；(C) 外壳接地线；(D) 穿芯螺栓。

Lb43A3156 配电变压器的大修又称为 **(A)**。

(A) 吊芯检修；(B) 不吊芯检修；(C) 故障性检修；(D) 临时检修。

Lb43A3157 变压器的变比等于一、二次绕组的（C）之比。

（A）功率；（B）电流；（C）匝数；（D）频率。

Lb43A3158 无励磁调压的配电变压器的调压范围是（D）。

（A）+5%；（B）-5%；（C）±10%；（D）±5%。

Lb43A3159 变压器油枕的容积大约是油箱容积的（B）。

（A）1/12；（B）1/10；（C）1/6；（D）1/5。

Lb43A3160 电压互感器的一次绕组应与被测电路（B）。

（A）串联；（B）并联；（C）混联；（D）串并联。

Lb43A3161 电流互感器的二次绕组应与各交流电表的（A）线圈串联连接。

（A）电流；（B）电容；（C）电压；（D）功率。

Lb43A3162 安装互感器的作用是（C）。

（A）准确计量电量；（B）加强线损管理；（C）扩大电能表量程；（D）计算负荷。

Lb43A3163 电流互感器二次侧（B）。

（A）装设保险丝；（B）不装保险丝；（C）允许短时间开路；（D）允许长时间开路。

Lb43A3164 抄表的实抄率为（C）。

（A）抄表的全部数量；（B）抄表的全部电量；（C）实抄户数除以应抄户数的百分数；（D）应抄户数除以实抄户数。

Lb43A3165 三相四线有功电能表有（C）。

（A）一组元件；（B）二组元件；（C）三组元件；（D）四组元件。

Lb43A3166 大工业用户的受电变压器容量在 **（D）**。

（A）100kVA 以上；（B）100kVA 以下；（C）160kVA 以上；（D）315kVA 及以上。

Lb43A3167 路灯用电应执行 **（C）**。

（A）居民生活电价；（B）商业电价；（C）非居民照明电价；（D）工业电价。

Lb43A3168 两部制电价把电价分成两部分：一部分是以用户用电容量或需量计算的基本电价；另一部分是用户耗用的电量计算的 **（C）**。

（A）有功电价；（B）无功电价；（C）电度电价；（D）调整电价。

Lb43A3169 抄表卡片是供电企业每月向用户采集用电计量计费信息、开具发票、收取电费必不可少的 **（A）**。

（A）基础资料；（B）原始资料；（C）存档资料；（D）结算资料。

Lb43A3170 抄表是 **（C）** 工作的第一道工序，直接涉及到计费电量和售电收入，工作性质十分重要。

（A）电价管理；（B）售电量管理；（C）电费管理；（D）电能表管理。

Lb43A3171 铁道、航运等信号灯用电应按 **（B）** 电价计费。

（A）普通工业；（B）非居民照明；（C）非工业；（D）大

工业。

Lb43A3172 工业用单相电热总容量不足 **2kW** 而又无其他工业用电者，其计费电价应按（**C**）电价计费。

（A）普通工业；（B）非工业；（C）非居民照明；（D）大工业。

Lb43A3173 用电容量是指（**D**）的用电设备容量的总和。

（A）发电厂；（B）变电所；（C）供电线路；（D）用户。

Lb43A3174 电力销售收入是指（**A**）。

（A）应收电费；（B）实收电价；（C）临时电价；（D）实收电费和税金。

Lb43A3175 三元件电能表用于（**C**）供电系统测量和记录电能。

（A）二相三线制；（B）三相三线制；（C）三相四线制；（D）三相五线制。

Lb43A3176 感应式单相电能表驱动元件由电流元件和（**C**）组成。

（A）转动元件；（B）制动元件；（C）电压元件；（D）齿轮。

Lb43A3177 电能表的电压小钩松动会使电能表转盘不转或微转，导致记录电量（**B**）。

（A）增加，（B）减少；（C）正常；（D）有时增加、有时减少。

Lb43A3178 三相四线制电能表的电压线圈应（**B**）在电源端的相线与中性线之间。

（A）串接；（B）跨接；（C）连接；（D）混接。

Lb43A3179 两耐张杆之间间距不得超过 **(D) m**。
（A）500；（B）1000；（C）1500；（D）2000。

Lb43A3180 高压杆两杆之间的间距一般为 **(B) m**。
（A）30～50；（B）50～100；（C）80～100；（D）30～100。

Lb43A3181 跌落式熔断器主要用于架空配电线路的支线、用户进口处，以及被配电变压器一次侧、电力电容器等设备作为 **(D)**。
（A）过载或接地保护；（B）接地或短路保护；（C）过载或低电压保护；（D）过载或短路保护。

Lb43A3182 架空配电线路装设重合式熔断器的目的是提高被保护设备的 **(B)**，防止被保护线路设备因瞬时故障而停电。
（A）过载能力；（B）供电可靠性；（C）供电电压；（D）负荷电流。

Lb43A3183 跌落式熔断器的额定电流必须 **(A)** 熔丝元件的额定电流。
（A）大于或等于；（B）小于或等于；（C）小于；（D）大于。

Lb43A3184 当柱上电力电容器容量在 30kvar 及以下时，熔丝元件按电力电容器额定电流的 **(B)** 倍选择。
（A）1～1.3；（B）1.5～2；（C）2～3；（D）3～4。

Lb43A3185 当配电变压器容量在 100kVA 及以下时，配电变压器一次侧熔丝元件按变压器额定电流的（**C**）倍选择。

(A) 1~1.3；(B) 1.5~2；(C) 2~3；(D) 3~4。

Lb43A3186 当配电变压器容量在 100kVA 以上时，配电变压器一次侧熔丝元件按变压器额定电流的（**B**）倍选择。

(A) 1~1.3；(B) 1.5~2；(C) 2~3；(D) 3~4。

Lb43A3187 10kV 用户进口处，熔丝元件按用户最大负荷电流的（**D**）倍选择。

(A) 1~1.3；(B) 1.5~2；(C) 2~3；(D) 1.5。

Lb43A3188 柱上断路器是一种担负（**C**）任务的开关设备。

(A) 控制；(B) 保护；(C) 控制和保护；(D) 过负荷。

Lb32A3189 埋入土壤中的接地线，一般采用（**B**）材质。

(A) 铜；(B) 铁；(C) 铝；(D) 镁。

Lb32A4190 水平接地体相互间的距离不应小于（**B**）m。

(A) 3；(B) 5；(C) 7；(D) 8。

Lb32A4191 TN—C 系统中的中性线和保护线是（**A**）。

(A) 合用的；(B) 部分合用，部分分开；(C) 分开的；(D) 少部分分开。

Lb32A4192 接地电阻测量仪是用于测量（**D**）的。

(A) 小电阻；(B) 中值电阻；(C) 绝缘电阻；(D) 接地电阻。

Lb32A4193 用四极法测量土壤电阻率一般取极间距离 a

为；**(B)** m 左右。

(A) 30；(B) 20；(C) 50；(D) 40。

Lb32A4194 用四极法测量土壤电阻率电极埋深要小于极间距离 *a* 的 **(B)**。

(A) 1/30；(B) 1/20；(C) 1/50；(D) 1/40。

Lb32A4195 用四极法测量土壤电阻率应取 **(A)** 次以上的测量数据的平均值作为测量值。

(A) 3~4；(B) 1~2；(C) 5~6；(D) 6~8。

Lb32A4196 配电变压器低压侧中性点的工作接地电阻，一般不应大于 **(B)** Ω。

(A) 3；(B) 4；(C) 7；(D) 8。

Lb32A4197 配电变压器容量不大于 100kVA 时，接地电阻可不大于 **(D)** Ω。

(A) 4；(B) 5；(C) 8；(D) 10。

Lb32A4198 非电能计量的电流互感器的工作接地电阻，一般可不大于 **(D)** Ω。

(A) 4；(B) 5；(C) 8；(D) 10。

Lb32A4199 用电设备保护接地装置，接地电阻值一般不应大于 **(B)** Ω。

(A) 3；(B) 4；(C) 7；(D) 8。

Lb32A4200 当用电设备由容量不超过 100kVA 配电变压器供电时，接地电阻可不大于 **(D)** Ω。

(A) 4；(B) 5；(C) 8；(D) 10。

Lb32A4201 中性点直接接地的低压电力网中，采用保护接零时应将零线重复接地，重复接地电阻值不应大于（**D**）Ω。

（A）4；（B）5；（C）8；（D）10。

Lb32A4202 当变压器容量不大于 100kVA 且重复接地点不少于 3 处时，允许接地电阻不大于（**C**）Ω。

（A）40；（B）50；（C）30；（D）100。

Lb32A4203 高压与低压设备共用接地装置，接地电阻值不应大于（**A**）Ω。

（A）4；（B）5；（C）8；（D）10。

Lb32A4204 高压与低压设备共用接地装置，当变压器容量不大于 100kVA 时，接地电阻不应大于（**D**）Ω。

（A）4；（B）5；（C）8；（D）10。

Lb32A4205 高压设备独立的接地装置，接地电阻值不应大于（**D**）Ω。

（A）4；（B）5；（C）8；（D）10。

Lb32A4206 对已运行的电缆中间接头电阻与同长度同截面导线的电阻相比，其比值不应大于（**B**）。

（1）1；（B）1.2；（C）1.4；（D）1.5。

Lb32A4207 制作好的电缆头应能经受电气设备交接验收试验标准规定的（**A**）耐压实验。

（A）直流；（B）交流；（C）过电压；（D）工频。

Lb32A4208 电缆头制作安装应避免在雨天、雾天、大风天及湿度在（**A**）以上的环境下进行工作。

（A）80％；（B）85％；（C）90％；（D）95％。

Lb32A5209 异步电动机的（**B**）保护，一般用于定子绕组的相间短路保护。

（A）过时负荷；（B）短路；（C）缺相；（D）失压。

Lb32A5210 100kVA 以下变压器其一次侧熔丝可按额定电流的 **2 ~ 3** 倍选用，考虑到熔丝的机械强度，一般不小于（**C**）A。

（A）40；（B）30；（C）10；（D）20。

Lb32A5211 100kVA 以上的变压器高压侧熔丝额定电流按变压器额定电流的（**D**）倍选用。

（A）1 ~ 1.5；（B）2 ~ 2.5；（C）1 ~ 0.5；（D）1.5 ~ 2。

Lb32A5212 互感器的二次绕组必须一端接地，其目的是（**B**）。

（A）防雷；（B）保护人身和设备安全；（C）连接牢固；（D）防盗。

Lb32A5213 绝缘套管表面的空气发生放电，叫（**D**）。

（A）气体放电；（B）气体击穿；（C）瓷质击穿；（D）沿面放电。

Lb32A5214 配电系统电流互感器二次侧额定电流一般都是（**B**）A。

（A）220；（B）5；（C）380；（D）100。

Lb32A5215 对变压器绝缘影响最大的是（**B**）。

（A）温度；（B）水分；（C）杂质；（D）纯度。

Lb32A5216 电流互感器二次回路所接仪表或继电器线圈，其阻抗必须 **（B）**。

（A）高；（B）低；（C）高或者低；（D）即有高也有低。

Lb32A5217 为变压器安装气体继电器时，外壳上箭头方向，应 **（A）**。

（A）从油箱指向油枕方向；（B）从油枕指向油箱方向；（C）从储油柜指向油箱方向；（D）为油枕和油箱连线的垂直方向。

Lb32A5218 无励磁调压的配电变压器高压线圈上一般都带有 **（B）** 个抽头。

（A）6；（B）3；（C）4；（D）5。

Lb32A5219 造成配电变压器低压侧熔丝熔断的原因可能是 **（B）**。

（A）变压器内部绝缘击穿了；（B）变压器过负荷；（C）高压引线短路；（D）低压侧开路。

Lb32A5220 测量变压器铁心对地的绝缘电阻，应先拆开 **（B）**。

（A）绕组间的引线；（B）铁心接地片；（C）外壳接地线；（D）穿心螺栓。

Lb32A5221 配电变压器的大修又称为 **（A）**。

（A）吊心检修；（B）不吊心检修；（C）故障性检修；（D）临时检修。

Lb32A5222 街道两侧的变压器的安装形式大多选择 **（C）**。

（A）单杆台架式；（B）地台式；（C）双杆台架式；（D）

落地式。

Lb32A5223 为用电设备选择配电变压器时，应根据用电设备的（**A**）来决定变压器容量的大小。

（A）视在功率；（B）有功功率；（C）最大负荷电流；（D）最高电压。

Lb32A5224 无励磁调压的配电变压器的调压范围是（**D**）。

（A）+5%；（B）-5%；（C）±10%；（D）±5%。

Lb32A5225 测量变压器穿心螺栓的绝缘电阻，应用（**C**）测定。

（A）万用表；（B）500V兆欧表；（C）2500V兆欧表；（D）双臂电桥。

Lb32A5226 双杆台架式变压器台适于安装（**B**）kVA的配电变压器。

（A）≤30；（B）50~315；C≤315；（D）≥315。

Lc5A1227 胸外按压要以均匀速度施行，一般每分钟（**C**）次左右。

（A）30；（B）50；（C）80；（D）100。

Lc5A1228 对成年人施行触电急救时，口对口（鼻）吹气速度每分钟（**B**）次。

（A）5；（B）12；（C）18；（D）20。

Lc5A1229 触电急救胸外按压与口对口（鼻）人工呼吸同时进行。操作频率为：单人抢救时，每按压；（**D**）次后吹气2次（15:2），反复进行。

（A）5；（B）12；（C）18；（D）15。

Lc5A1230 双人抢救触电者时，每按压（A）次后再吹气 1 次（5:1），反复进行。

（A）5；（B）12；（C）18；（D）15。

Lc5A1231 英制长度单位与法定长度单位的换算关系是 1in =（A）mm。

（A）25.4；（B）25；（C）24.5；（D）24.4。

Lc4A2232 锯条锯齿的粗细是以锯条；（B）mm 长度内的齿数来表示的。

（A）20；（B）25；（C）30；（D）35。

Lc43A2233 碳素钢是含碳量小于（B）的铁碳合金。

（A）2%；（B）2.11%；（C）3.81%；（D）1.41%。

Lc43A2234 临时用电器的剩余电流保护动作电流值不大于（A）mA。

（A）30；（B）35；（C）50；（D）75。

Lc43A2235 剩余电流动作保护器安装时应避开邻近的导线和电气设备的（A）干扰。

（A）磁场；（B）电场；（C）电磁场；（D）电磁波。

Lc43A2236 组合式保护器的剩余电流继电器安装时一般距地面（C）mm。

（A）600～800；（B）800～1000；（C）800～1500；（D）600～1500。

Lc43A2237　安装剩余电流动作保护器的低压电网，其正常漏电电流不应大于保护器剩余动作电流值的（A）。

（A）50%；（B）60%；（C）70%；（D）80%。

Lc43A2238　一般工作场所移动照明用的行灯采用的电压是（C）V。

（A）80；（B）50；（C）36；（D）75。

Lc43A2239　在锅炉等金属容器内工作场所用的行灯采用（D）V。

（A）36；（B）50；（C）36；（D）12。

Lc43A2240　手握式用电设备漏电保护装置的动作电流数值选为（D）mA。

（A）36；（B）50；（C）38；（D）15。

Lc43A2241　环境恶劣或潮湿场所用电设备剩余电流保护装置的动作电流值选为（D）mA。

（A）3~6；（B）4~5；（C）5~6；（D）6~10。

Lc43A2242　医疗电气设备剩余电流保护装置的动作电流值选为（A）mA。

（A）6；（B）10；（C）8；（D）15。

Lc43A2243　建筑施工工地的用电设备剩余电流保护装置的动作电流值选为（B）mA。

（A）3~6；（B）15~30；（C）50~60；（D）16~100。

Lc43A2244　家用电器回路剩余电流保护装置的动作电流数选为（B）mA。

(A) 36；(B) 30；(C) 36；(D) 15。

Lc43A2245　成套开关柜、配电盘等剩余电流保护装置的动作电流值选为 **(B)** mA 以上。

(A) 10；(B) 100；(C) 15；(D) 50。

Lc43A2246　防止电气火灾剩余电流保护装置的动作电流值选为 **(D)** mA。

(A) 50；(B) 100；(C) 200；(D) 300。

Lc3A3247　锉刀的粗细等级为 1、2、3、4、5 号纹共五种，其中 3 号纹用于 **(B)**。

(A) 粗锉刀；(B) 细锉刀；(C) 双细锉刀；(D) 油光锉。

Lc32A3248　在工程开工前，及时向施工小组下达任务书，进行 **(A)** 交底。

(A) 安全和质量；(B) 施工进度；(C) 人员分工；(D) 领导意图。

Lc32A3249　电气工程在工程开工前，要根据施工图纸制定；**(D)** 计划。

(A) 检查；(B) 验收；(C) 停电；(D) 材料。

Lc32A3250　施工临时供电一般采用 **(A)** 供电。

(A) 架空线路；(B) 地埋线；(C) 变电站；(D) 室内线路。

Lc32A3251　电缆施工前应用 1kV 兆欧表测量电缆的 **(B)**。

(A) 绝缘电压；(B) 绝缘电阻；(C) 负荷电流；(D) 工作频率。

Lc32A4252 电气施工图的构成有（C）部分。

（A）四；（B）六；（C）八；（D）九。

Lc32A4253 电气施工图中的（A）最为重要，是电气线路安装工程主要图纸。

（A）平面图和系统图；（B）图纸目录；（C）施工总平面图；（D）二次接线图。

Lc32A4254 电动机在接线前必须核对接线方式，并测试绝缘电阻。（D）及以上电动机应安装电流表。

（A）10kW；（B）20kW；（C）30kW；（D）40kW。

Lc32A4255 在高压设备上工作必须填写（A）。要严格按配电线路修理工作票格式认真填写并执行。

（A）工作票；（B）操作票；（C）停电作业票；（D）带电作业票。

Lc32A4256 安装电动机时，在送电前必须用手试转，送电后必须核对（C）。

（A）电压；（B）频率；（C）转向；（D）转述。

Lc32A4257 工程竣工后，要及时组织（B）。

（A）检查；（B）验收；（C）实验；（D）投运。

Lc32A5258 质量管理工作中的 PDCA 循环中"P"是指（A）。

（A）计划；（B）执行；（C）检查；（D）总结。

Lc32A5259 质量管理工作中的 PDCA 循环中"C"是指（C）。

（A）计划；（B）执行；（C）检查；（D）总结。

Lc2A5260 表示金属材料的坚硬程度叫金属的（**A**）。
（A）硬度；（B）强度；（C）力度；（D）温度。

Lc2A5261 公制普通螺纹的牙型角为（**B**）。
（A）55°；（B）60°；（C）65°；（D）70°。

Jd5A1262 某配电室一条分路出线断路器检修，同时该分路线路上也进行检修，此时在隔离开关的操作把手上应悬挂（**C**）标示牌。
（A）"禁止合闸，有人操作"；（B）"禁止合闸，线路有人工作"；（C）"禁止合闸，有人工作。"和"禁止合闸，线路有人工作"；（D）"在此工作"。

Jd5A1263 在二次回路接线中，把线头弯成圆圈，应该用（**B**）。
（A）钢丝钳；（B）尖嘴钳；（C）斜口钳；（D）剥线钳。

Jd5A1264 斜削法需先用电工刀以（**A**）角倾斜切入绝缘层，当切近芯线时，即停止用力。
（A）45°；（B）35°；（C）25°；（D）15°。

Jd5A1265 工作人员在直梯子上作业时，必须登在距梯顶不少于（**C**）m 的梯蹬上工作。
（A）0.4；（B）0.5；（C）1；（D）0.6。

Jd5A1266 对升降板进行检验，试验时将其系于混凝土杆上，离地（**B**）m 左右。
（A）0.8；（B）0.5；（C）1；（D）0.9。

Jd5A1267　对脚扣作人体冲击试验，试验时将脚扣系于混凝土杆离地（B）m 左右处。

（A）0.8；（B）0.5；（C）1；（D）0.9。

Jd5A1268　测量 380V 以下电气设备的绝缘电阻，一般应选用（B）V 的兆欧表。

（A）380；（B）500；（C）1000；（D）2500。

Jd5A1269　测量时，兆欧表必须放平，以（D）r/min 的恒定速度转动兆欧表手柄，使指针逐渐上升，直到达到稳定值后，再读取绝缘电阻值。

（A）50；（B）500；（C）60；（D）120。

Jd5A1270　测量绝缘电阻使用的仪表是（B）。

（A）接地电阻测试仪；（B）兆欧表；（C）万用表；（D）功率表。

Jd5A1271　一般测量 100V 以下低压电气设备或回路的绝缘电阻时，应使用（D）V 电压等级的兆欧表。

（A）380；（B）500；（C）1000；（D）250。

Jd5A1272　一般测量 380V 以下低压电气设备或回路的绝缘电阻时，应使用（B）V 电压等级的兆欧表。

（A）380；（B）500；（C）1000；（D）250。

Jd5A1273　一般测量额定电压为 100～500V 电气设备或回路的绝缘电阻时，应选用（B）V 电压等级的兆欧表。

（A）380；（B）500；（C）1000；（D）2500。

Jd5A1274　测量 500～1000V 电气设备或回路的绝缘电阻

时，应采用（C）V 兆欧表。

（A）380；（B）500；（C）1000；（D）2500。

Jd5A1275 测量 1000 ~ 3000V 电气设备或回路的绝缘电阻时，应采用（D）V 兆欧表。

（A）380；（B）500；（C）1000；（D）2500。

Jd5A1276 测量 10000V 及以上电气设备或回路的绝缘电阻时，应采用（D）V 及以上的兆欧表。

（A）380；（B）500；（C）1000；（D）2500。

Jd5A1277 测量 500V 以下线圈的绝缘电阻，选择兆欧表的额定电压应为（A）V。

（A）500；（B）1000；（C）1500；（D）2500。

Jd5A1278 测量绝缘子的绝缘电阻，选择兆欧表的额定电压应为（D）V。

（A）500；（B）1000；（C）1500；（D）2500 或 5000。

Jd54A2279 单股铜芯导线的直线连接，将每个线头在另一芯线上紧贴并绕（B）圈。

（A）3；（B）5；（C）8；（D）10。

Jd54A2280 多股铝芯导线的连接主要采用（C）。

（A）缠绕连接；（B）浇锡焊接；（C）压接管压接和并沟线夹螺栓压接；（D）铜铝接头压接。

Jd54A2281 铜（导线）、铝（导线）之间的连接主要采用（C）。

（A）直接缠绕连接；（B）铝过渡连接管压接；（C）铜铝

过渡连接管压接；（D）铜过渡连接管压接。

Jd54A2282 绝缘带包缠时，将黄蜡带从导线左边完整的绝缘层上开始，包缠（**D**）带宽后就可进入连接处的芯线部分。

（A）一个；（B）半个；（C）一个半；（D）两个。

Jd54A2283 包缠绝缘时，绝缘带与导线应保持约55°的倾斜角，每圈包缠压叠带宽的（**A**）。

（A）1/2；（B）1/3；（C）1/4；（D）1/5。

Je54A2284 使用外线用压接钳每压完一个坑后持续压力（**C**）min 后再松开。

（A）4；（B）5；（C）1；（D）6。

Je54A2285 插接钢丝绳套的破头长度 m 为（**D**）d（d 为钢丝绳直径）。

（A）13~24；（B）20~24；（C）24~45；（D）45~48。

Je54A2286 插接钢丝绳套的插接长度 h 为（**B**）d（d 为钢丝绳直径）。

（A）13~20；（B）20~24；（C）24~45；（D）45~48。

Je54A2287 插接钢丝绳套的绳套长度 L 为（**A**）d（d 为钢丝绳直径）。

（A）13~24；（B）24~34；（C）34~45；（D）45~48。

Je54A2288 在编插钢丝绳套时，除了要按规定的尺寸要求外，各股插接的穿插次数不得少于（**C**）次。

（A）2；（B）3；（C）4；（D）5。

Je54A2289 在编插钢丝绳套时，为了防止每股钢丝绳松散，应用 **(B)** 将各股钢丝绳头缠绕。

(A) 黄蜡带；(B) 黑胶布；(C) 铝绑线；(D) 铁绑线。

Je54A2290 架空低压配电线路的导线在绝缘子上的固定，普遍采用 **(C)** 法。

(A) 金具连接；(B) 螺栓压紧；(C) 绑线缠绕；(D) 线夹连接。

Je54A2291 绑扎导线用铝绑线的直径应在 **(A)** mm 范围内。

(A) 2.6～3；(B) 3～3.3；(C) 3.3～3.6；(D) 2.2～2.6。

Je54A2292 绑扎导线用铜绑线的直径应在 **(D)** mm 范围内，使用前应做退火处理。

(A) 2.6～3；(B) 3～3.3；(C) 3.3～3.6；(D) 2.2～2.6。

Je54A2293 在绑扎铝导线时，应在导线与绝缘子接触处缠绕 **(A)**。

(A) 铝包带；(B) 黑胶布；(C) 绝缘胶布；(D) 黄蜡带。

Je54A2294 在绑扎铝导线中，铝包带应超出绑扎部分或金具外 **(B)** mm。

(A) 10；(B) 30；(C) 40；(D) 50。

Je54A2295 对于 45°拉线长度可按地面杆高的 **(C)** 倍来计算，并加上回头缠绕长度。

(A) 2；(B) 1.828；(C) 1.414；(D) 1.114。

Je54A2296 导线穿越楼板时，应将导线穿入钢管或塑料管内保护，保护管上端口距地面不应小于（**B**）m，下端到楼板下出口为止。

（A）1；（B）2；（C）2.5；（D）3。

Je54A2297 瓷夹板（瓷卡）敷设适合于导线截面在（**D**）mm^2以下的室内照明线路。

（A）2.5；（B）4；（C）6；（D）10。

Je54A2298 瓷鼓配线适合于导线截面在（**A**）mm^2以下的室内照明线路。

（A）25；（B）16；（C）10；（D）6。

Je54A2299 瓷鼓配线的敷设要求，导线距地面高度一般不低于（**B**）m。

（A）3；（B）2.3；（C）2；（D）1。

Je54A2300 绝缘子配线线路一般均为水平敷设，导线距地高度不应低于（**C**）m。

（A）1.7~2；（B）2~2.5；（C）2.7~3；（D）4。

Je54A2301 绝缘子配线线路导线必须用绑线牢固地绑在绝缘子上，中间绝缘子均用（**A**）。

（A）顶绑法；（B）侧绑法；（C）回绑法；（D）花绑法。

Je54A2302 绝缘子配线线路导线必须用绑线牢固地绑在绝缘子上，转角绝缘子均用（**B**）。

（A）顶绑法；（B）侧绑法；（C）回绑法；（D）花绑法。

Je54A2303 绝缘子配线线路导线必须用绑线牢固地绑在

绝缘子上，终端绝缘子用（C）。

（A）顶绑法；（B）侧绑法；（C）回绑法；（D）花绑法。

Je54A2304 槽板配线适合于导线截面在（B）mm² 以下的室内照明线路。

（A）2.5；（B）4；（C）6；（D）10。

Je54A2305 钢管配线时钢管弯曲处的弯曲半径，不得小于该管直径的（C）倍。

（A）3；（B）5；（C）6；（D）10。

Je54A2306 护套线在同一墙面上转弯时，弯曲半径不应小于护套线宽度的（C）倍。

（A）1~2；（B）2~3；（C）3~4；（D）4~5。

Je54A2307 照明线截面选择，应满足（A）和机械强度的要求。

（A）允许载流量；（B）电压降低；（C）平均电流；（D）经济电流。

Je54A2308 一般车间，办公室、商店和住房等处所使用的电灯，离地距离不应低于（C）m。

（A）1.5；（B）1.8；（C）2；（D）2.5。

Je54A2309 住宅采用安全插座时安装高度可为（A）m。

（A）0.3；（B）1.5；（C）1.8；（D）2。

Je54A2310 单相三孔插座安装时，必须把接地孔眼（大孔）装在（A）。

（A）上方；（B）下方；（C）左方；（D）右方。

Je4A2311 挖坑挖出的土，应堆放在离坑边（**B**）m 以外的地方。

（A）0.3；（B）0.5；（C）1；（D）2。

Je4A2312 在超过 1.5m 深的坑内工作时，抛土要特别注意防止（**A**）。

（A）土石回落坑内；（B）土石塌方；（C）坑内积水；（D）打到行人。

Je4A2313 石坑、冻土坑打眼时，应检查锤把、锤头及钢钎子，打锤人应站在扶钎人（**C**）。

（A）前面；（B）后面；（C）侧面；（D）对面。

Je4A2314 坑深超过 1.5m 时，坑内工作人员必须戴（**D**）。

（A）护目镜；（B）绝缘手套；（C）安全带；（D）安全帽。

Je4A2315 行人通过地区，当坑挖完不能马上立杆时，应设置围栏，在夜间要装设（**C**）信号灯。

（A）黄色；（B）绿色；（C）红色；（D）白色。

Je4A3316 重量大于 300kg 及以上的底盘、拉线盘一般采用（**C**）法吊装。

（A）吊车；（B）人力推下；（C）人字扒杆；（D）简易方法。

Je4A3317 固定式人字抱杆适用于起吊（**A**）m 及以下的拔稍杆。

（A）18；（B）15；（C）12；（D）10。

Je4A3318　使用叉杆立杆，一般只限于木杆和（D）m 及以下质量较轻的水泥杆。

（A）18；（B）15；（C）12；（D）10。

Je4A3319　汽车吊立杆时，起吊电杆的钢丝绳，一般可拴在电杆（D）以上 0.2~0.5m 处。

（A）杆长的 1/3；（B）中间；（C）杆长的 3/4；（D）重心。

Je43A3320　若一个耐张段的档数为 7~15 档时，应在两端分别选择（C）观测档。

（A）四个；（B）三个；（C）两个；（D）一个。

Je43A321　施工中最常用的观测弧垂的方法为（A），对配电线路施工最为适用，容易掌握，而且观测精度较高。

（A）等长法；（B）异长法；（C）档内法；（D）档端法。

Je43A3322　测量 800V 电机的绝缘电阻，选择兆欧表的额定电压应为（B）V。

（A）500；（B）1000；（C）1500；（D）2500。

Je43A3323　测量变压器铁心对地的绝缘电阻，应先拆开（B）。

（A）绕组间的引线；（B）铁心接地片；（C）外壳接地线；（D）穿芯螺栓。

Je43A3324　接地电阻测量仪是用于测量（D）的。

（A）小电阻；（B）中值电阻；（C）绝缘电阻；（D）接地电阻。

Je43A3325　兆欧表应根据被测电气设备的**（B）**来选择。

（A）额定功率；（B）额定电压；（C）额定电阻；（D）额定电流。

Je43A3326　测量绝缘电阻使用的仪表是**（B）**。

（A）接地电阻测试仪；（B）兆欧表；（C）万用表；（D）功率表。

Je43A3327　用兆欧表遥测绝缘电阻时，摇动转速为**（B）** r/min。

（A）380；（B）120；（C）220；（D）50。

Je43A3328　配电箱安装高度在暗装时底口距地面为**(B)m**。

（A）1.2；（B）1.5；（C）1.6；（D）1.8。

Je43A3329　配电箱内连接计量仪表、互感器等的二次侧导线，应采用截面积不小于**（C）**mm²的铜芯绝缘导线。

（A）6；（B）4；（C）2.5；（D）1.5。

Je43A3330　配电箱安装高度在明装时为**（D）** m。

（A）1.2；（B）1.4；（C）1.6；（D）1.8。

Je43A3331　选择居民住宅用单相电能表时，应考虑照明灯具和其他家用电器的**（D）**。

（A）额定电压；（B）用电时间；（C）平均负荷；（D）耗电量。

Je43A3332　电能表箱内熔断器的熔断电流最大应为电能表额定电流的**（A）**倍。

（A）0.9~1.0；（B）1.0~1.2；（C）1.2~1.4；（D）1.4~2.0。

Je43A3333 住宅配电盘上的开关一般采用**(A)**或闸刀开关。

（A）空气断路器；（B）封闭式负荷开关；（C）隔离刀开；（D）组合开关。

Je43A3334 单相电能表一般装在配电盘的 **(B)**。

（A）左边或下方；（B）左边或上方；（C）右边或下方；（D）右边或上方。

Je43A3335 电能表应安装平直。电能表（中心尺寸）应装在离地面 **(D)** m 的位置上。

（A）0.9～1.0；（B）1.0～1.2；（C）1.2～1.4；（D）1.6～1.8。

Je43A3336 配电箱的落地式安装以前，一般应预制一个高出地面约 **(B)** mm 的混凝土空心台。

（A）50；（B）100；（C）150；（D）200。

Je43A3337 电动机采用联轴器传动时,两联轴器应保持**(B)**。

（A）30°；（B）同一轴线；（C）垂直；（D）平行。

Je43A3338 电动机铭牌上的接法标注为 **380V/220V**，Y/△，当电源线电压为 **380V** 时，电动机就接成 **(A)**。

（A）Y；（B）△；（C）Y/△；（D）△/Y。

Je43A3339 电动机铭牌上的接法标注为 **380V/220V**，Y/△，当电源线电压为 **220V** 时，电动机就接成 **(B)**。

（A）Y；（B）△；（C）Y/△；（D）△/Y。

Je43A3340 电动机铭牌上的接法标注为 **380V**，△，当电源线电压为 **380V** 时，电动机就接成 **(B)**。

（A）Y；（B）△；（C）Y/△；（D）△/Y。

Je43A3341　电动机铭牌上的接法标注为 **380V/220V**，Y/△，说明该电动机的相绕组额定电压是（C）V。

（A）380；（B）380/220；（C）220；（D）220/380。

Je43A3342　电动机铭牌上的接法标注为 **380V**，△，说明该电动机的相绕组额定电压是（B）V。

（A）220；（B）380；（C）380/220；（D）220/380。

Je43A3343　**500V** 以下使用中的电动机的绝缘电阻不应小于（A）MΩ。

（A）0.5；（B）5；（C）0.05；（D）50。

Je32A4344　直线杆偏离线路中心线大于（A）m，应进行位移正杆。

（A）0.1；（B）0.15；（C）0.2；（D）0.3。

Je32A4345　直线杆倾斜度大于杆身长度的（B），应进行正杆。

（A）5/1000；（B）15/1000；（C）20/1000；（D）25/1000。

Je32A4346　在终端杆上对导线弧垂进行调整时，应在（D）导线反方向做好临时拉线。

（A）横担上方；（B）横担下方；（C）横担中间；（D）横担两端。

Je32A4347　钢芯铝绞线断股损伤截面积不超过铝股总面积的（A），应缠绕处理。

（A）7%；（B）10%；（C）17%；（D）20%。

Je32A4348 钢芯铝绞线铝股损伤截面超过铝股总面积的 (**C**)，应切断重接。

(A) 7%；(B) 10%；(C) 17%；(D) 25%。

Je32A4349 架空绝缘导线的绝缘层损伤深度在 (**C**) 及以上时应进行绝缘修补。

(A) 0.1mm；(B) 0.3mm；(C) 0.5mm；(D) 0.8mm。

Je32A4350 如果是直埋电缆中间头，制作完后，外面还要 (**D**)。

(A) 缠黑胶布；(B) 缠塑料带；(C) 缠高压胶带；(D) 浇沥青。

Je32A4351 电缆埋地敷设是埋入一条深度 (**C**) 左右，宽度 **0.6m** 左右的沟内。

(A) 0.4m；(B) 0.6m；(C) 0.8m；(D) 1.0m。

Je32A4352 电缆终端头在施工时要预留出 (**B**) 的长度，将来维修用。

(A) 1m；(B) 2m；(C) 3m；(D) 4m。

Je32A4353 电缆穿过铁路、公路、城市街道、厂区道路时，应穿钢管保护，保护管两端宜伸出路基两边各 (**B**)。

(A) 1m；(B) 2m；(C) 3m；(D) 4m。

Je32A4354 电缆沟（隧道）内的支架间隔 (**A**)。

(A) 1m；(B) 2m；(C) 3m；(D) 4m。

Je32A4355 电缆进入建筑物和穿过建筑物墙板时，都要加 (**C**) 保护。

（A）硬塑料管；（B）PVC 管；（C）钢管；（D）铝管。

Je32A4356 电缆沟（隧道）内应每隔（D）应设一个 **0.4m×0.4m×0.4m** 的积水坑。

（A）20m；（B）30m；（C）40m；（D）50m。

Je32A4357 额定电压为 **380V** 的电动机，在干燥过程中，当绕组绝缘达到（D）MΩ 以上时，干燥便可结束。

（A）10；（B）8；（C）6；（D）5。

Je32A4358 清洗拆卸下的电动机轴承时，应使用（D）。

（A）甲苯；（B）绝缘漆；（C）清水；（D）煤油。

Je32A5359 容量为（C）kW 以下的电动机一般采用热继电器作为过载保护。

（A）10；（B）20；（C）30；（D）40。

Je32A5360 双层绕组主要用于（A）kW 以上电动机。

（A）10；（B）20；（C）30；（D）40。

Je32A5361 容量在（C）kW 及以上的电动机需装设失压（零压）和欠压（低电压）保护。

（A）10；（B）20；（C）30；（D）40。

Je32A5362 电动机失压和欠压保护，当电源电压降低到额定电压的（D）%时动作切除电路。

（A）10～20；（B）20～30；（C）30～40；（D）35～70。

Je32A5363 变压器台的倾斜度不应大于变压器台高的（C）%。

（A）4；（B）5；（C）1；（D）2。

Je32A5364 安装变压器，油枕一侧可稍高一些，坡度一般为（A）%。

（A）1~1.5；（B）2~2.5；（C）1~0.5；（D）1.5~2。

Je32A5365 变压器高、低压侧均应装设熔断器，（C）kVA 以上变压器低压侧应装设隔离开关。

（A）220；（B）380；（C）100；（D）360。

Je32A5366 户外落地变压器台周围应安装固定围栏，围栏高度不低于（D）m。

（A）1.4；（B）1.5；（C）1.6；（D）1.7。

Je32A5367 户外落地变压器外廓距围栏和建筑物的外墙净距离不应小于（C）m。

（A）0.4；（B）0.5；（C）0.8；（D）1.0。

Je32A5368 户外落地变压器与相邻变压器外廓之间的距离不应小于（B）m。

（A）2.4；（B）1.5；（C）2.6；（D）1.9。

Je32A5369 户外落地变压器底座的底面与地面距离不应小于（C）m。

（A）0.4；（B）0.5；（C）0.3；（D）0.2。

Je32A5370 户外落地变压器外廓与建筑物外墙距离小于（B）m 时，应考虑对建筑物的防火要求。

（A）4；（B）5；（C）1；（D）2。

Je32A5371 户外落地变压器油量在（C）kg 及以上时，应设置能容纳全部油量的设施。

（A）400；（B）500；（C）1000；（D）2000。

Jf5A1372 常用的管柄弯管器，适用于弯直径（D）mm 以下小批量的管子。

（A）30；（B）20；（C）10；（D）50。

Jf54A2373 用管螺纹板套丝，与接线盒、配电箱连接处的套丝长度，不宜小于管外径的（B）倍；

（A）0.5；（B）1.5；（C）2.5；（D）3.5。

Jf54A2374 管与管相连接部位的套丝长度，不得小于管接头长的 1/2 加（A）扣。

（A）2～4；（B）4～5；（C）5～6；（D）6～7。

Jf4A3375 滚动法搬运设备时，放置滚杠的数量有一定要求，如滚杠较少，则所需要的牵引力（A）。

（A）增大；（B）减小；（C）不变；（D）增减都可能。

Jf4A4376 起重用的钢丝绳的安全系数为（B）。

（A）4.5；（B）5～6；（C）8～10；（D）17。

Jf3A5377 起重用的钢丝绳的静力试验荷重为工作荷重的（A）倍。

（A）2；（B）3；（C）1.5；（D）1.8。

Jf2A5378 亚弧焊时，要保持电弧（C）。

（A）越大越好；（B）越小越好；（C）稳定；（D）不稳定抖动。

4.1.2　判断题

判断下列描述是否正确，对的在括号内打"√"，错的在括号内打"×"。

La5B1001　根据欧姆定律可得：导体的电阻与通过它的电流成反比。　　　　　　　　　　　　　　（×）

La5B1002　纯电阻单相正弦交流电路中的电压与电流，其瞬时值遵循欧姆定律。　　　　　　　　　（√）

La5B1003　右手螺旋定则是：四指表示电流方向，大拇指表示磁力线方向。　　　　　　　　　　（√）

La5B1004　短路电流很大，产生的电动力就一定很大。

　　　　　　　　　　　　　　　　　　　　（×）

La5B1005　电位高低的含义，是指该点对参考点间的电流大小。　　　　　　　　　　　　　　　　（×）

La5B1006　直导线在磁场中运动一定会产生感应电动势。

　　　　　　　　　　　　　　　　　　　　（×）

La5B1007　最大值是指正弦交流电压或电流在变化过程中出现的最大瞬时值。　　　　　　　　　　（√）

La5B1008　电动势的实际方向规定为从正极指向负极。

　　　　　　　　　　　　　　　　　　　　（×）

La5B1009　两个同频率正弦量相等的条件是最大值相等。

　　　　　　　　　　　　　　　　　　　　（×）

La54B2010　在均匀磁场中，磁感应强度 B 与垂直于它的截面积 S 的乘积，叫做该截面的磁同密度。　　（×）

La54B2011　自感电动势的方向总是与产生它的电流方向相反。　　　　　　　　　　　　　　　　（×）

La54B2012　一段电路的电压 $U_{ab} = -10V$，该电压实际上是 a 点电位高于 b 点电位。　　　　　　　　（×）

La54B2013　正弦量可以用相量表示，所以正弦量也等于

相量。 （×）

La54B2014 没有电压就没有电流，没有电流也就没有电压。 （×）

La54B2015 如果把一个 24V 的电源正极接地，则负极的电位是 –24V。 （√）

La54B2016 同一电路中两点的电位分别是 $V_1 = 10V$、$V_2 = -5V$，则 1 点对 2 点的电压是 15V。 （√）

La54B2017 将一根条形磁铁截去一段仍为条形磁铁，它仍然具有两个磁极。 （√）

La54B2018 电和磁之间有一定的内在联系，凡有电荷存在，周围都存在有磁场。 （×）

La54B2019 磁场是用磁力线来描述的，磁铁中的磁力线方向始终是从 N 极到 S 极。 （×）

La54B2020 在电磁感应中，感应电流和感应电动势是同时存在的；没有感应电流，也就没有感应电动势。 （×）

La54B2021 正弦交流电的周期与角频率的关系是互为倒数。 （×）

La54B2022 电阻两端的交流电压与流过电阻的电流相位相同，在电阻一定时，电流与电压成正比。 （√）

La54B2023 视在功率就是有功功率加上无功功率。 （×）

La54B2024 正弦交流电中的角频率就是交流电的频率。 （×）

La54B2025 负载电功率为正值表示负载吸收电能，此时电流与电压降的实际方向一致。 （√）

La54B2026 人们常用"负载大小"来指负载电功率大小，在电压一定的情况下，负载大小是指通过负载的电流的大小。 （√）

La54B2027 通过电阻上的电流增大到原来的 2 倍时，它所消耗的电功率也增大到原来的 2 倍。 （×）

La54B2028 加在电阻上的电压增大到原来的 2 倍时，它

所消耗的电功率也增到原来 2 倍。　　　　　　　　　（×）

La54B2029　若干电阻串联时，其中阻值愈小的电阻，通过的电流也愈小。　　　　　　　　　　　　　　　　（×）

La54B2030　电阻并联时的等效电阻值比其中最小的电阻值还要小。　　　　　　　　　　　　　　　　　（√）

La43B2031　电容 C 是由电容器的电压大小决定的。

　　　　　　　　　　　　　　　　　　　　　　　（×）

La43B3032　电容器 C_1 与 C_2 两端电压均相等，若 $C_1 >$
C_2，则 $Q_1 > Q_2$。　　　　　　　　　　　　　（√）

La43B3033　在电容器串联电路中，电容量较小的电容器所承受的电压较高。　　　　　　　　　　　　　（√）

La43B3034　对称三相 Y 接法电路，线电压最大值是相电压有效值的 3 倍。　　　　　　　　　　　　　（×）

La43B3035　电阻两端的交流电压与流过电阻的电流相位相同，在电阻一定时，电流与电压成正比。　　　　（√）

La43B3036　电压三角形、阻抗三角形、功率三角形都是相量三角形。　　　　　　　　　　　　　　　（×）

La43B3037　在 R—L 串联电路中，总电压超前总电流的相位角就是阻抗角，也就是功率因数角。　　　　（√）

La43B3038　三相电路中，相线间的电压叫线电压。（√）

La43B3039　三相电路中，相线与中性线间的电压叫相电压。　　　　　　　　　　　　　　　　　　　　（√）

La43B3040　三相负载作星形连接时，线电流等于相电流。　　　　　　　　　　　　　　　　　　　　（√）

La43B3041　三相负载作三角形连接时，线电压等于相电压。　　　　　　　　　　　　　　　　　　　　（√）

La43B3042　在对称三相电路中，负载作星形连接时，线电压是相电压的 $\sqrt{3}$ 倍，线电压的相位超前相应的相电压 30°。

　　　　　　　　　　　　　　　　　　　　　　　（√）

La43B3043　在对称三相电路中，负载作三角形连接时，线电流是相电流的$\sqrt{3}$倍，线电流的相位滞后相应的相电流30°。

（√）

La43B3044　交流电的超前和滞后，只能对同频率的交流电而言，不同频率的交流电，不能说超前和滞后，也不能进行相量运算。

（√）

La43B3045　纯电感线圈对直流电来说，相当于短路。

（√）

La43B3046　在低压配电系统中，三相对称电源接成三相四线制，可向负载提供线电压为380V，相电压为220V两种电压。

（√）

La43B3047　在三相四线制低压供电网中，三相负载越接近对称，其中性线电流就越小。

（√）

La43B3048　在负载对称的三相电路中，无论是星形还是三角形连接，当线电压 U 和线电流 I 及功率因数已知时，电路的有功功率 $P = \sqrt{3}\,UI\cos\varphi$。

（√）

La43B3049　三相电流不对称时，无法由一相电流推知其他两相电流。

（√）

La43B3050　三相电路中，每相负载的端电压叫负载的相电压。

（√）

La43B3051　电器设备功率大，功率因数当然就大。（×）

La43B3052　降低功率因数，对保证电力系统的经济运行和供电质量十分重要。

（×）

La43B3053　三相电动势达到最大值的先后次序叫相序。

（√）

La43B3054　从中性点引出的导线叫中性线，当中性线直接接地时称为零线，又叫地线。

（√）

La43B3055　从各相首端引出的导线叫相线，俗称火线。

（√）

La43B3056　有中性线的三相供电方式称为三相四线制，它常用于低压配电系统。

（√）

La43B3057 不引出中性线的三相供电方式叫三相三线制，一般用于高压输电系统。　　　　　　　　　（√）

La43B4058 由线圈本身的电流变化而在线圈内部产生电磁感应的现象，叫做互感现象，简称互感。　　　（×）

La43B4059 当一个线圈电流变化而在另一线圈产生电磁感应的现象，叫做自感现象，简称自感。　　　（×）

La43B4060 在铁心内部产生的环流称为涡流，涡流所消耗的电功率，称为涡流损耗。　　　　　　　　　（√）

La2B5061 半导体自由电子数远多于空穴数称为电子型半导体，简称 N 型半导体。　　　　　　　　　　（√）

La2B5062 P 型半导体空穴数远多于自由电子数。（√）

La2B5063 在 PN 节之间加正向电压，多数载流子的扩散增强，有电流通过 PN 节，就形成了 PN 节导电。　（√）

La2B5064 在 PN 节之间加反向电压，多数载流子扩散被抑制，反向电流几乎为零，就形成了 PN 节截止。（√）

La2B5065 无功功率就是不作功的功率，所以不起任何作用。　　　　　　　　　　　　　　　　　　　（×）

La2B5066 在由多种元件组成的正弦交流电路中，电阻元件上的电压与电流同相，说明总电路电压与电流的相位也同相。　　　　　　　　　　　　　　　　　　　　（×）

La2B5067 在 LC 振荡电路中，电容器极板上的电荷达到最大值时，电路中的磁场能全部转变成电场能。（√）

Lb5B1068 用交流电流表、电压表测量的数值都是指最大值。　　　　　　　　　　　　　　　　　　　（×）

Lb5B1069 电压表应串联在被测电路中。　　（×）

Lb5B1070 电流表应并联在被测电路中。　　（×）

Lb54B1071 使用万用表欧姆挡可以测量小于 1Ω 的电阻。　　　　　　　　　　　　　　　　　　　　（×）

Lb54B1072 测量直流电流除将直流电流表与负载串联

外，还应注意电流表的正端钮接到电路中的电位较高的点。

（✓）

Lb54B1073　仪表的准确度等级越高其误差越小。（✓）

Lb54B1074　一般钳形电流表适用于低压电路的测量，被测电路的电压不能超过钳形电流表所规定的使用电压。（✓）

Lb54B1075　无特殊附件的钳形电流表，严禁在高压电路中直接使用。

（✓）

Lb54B1076　为了提高测量的准确性，被测导线应放在钳形电流表钳口中央。

（✓）

Lb54B1077　钳形铁心不要靠近变压器和电动机的外壳以及其他带电部分，以免受到外界磁场的影响。（✓）

Lb54B1078　使用钳形电流表时，应戴绝缘手套，穿绝缘鞋。观测表针时，要特别注意人体、头部与带电部分保持足够的安全距离。

（✓）

Lb54B1079　钳形电流表的钳口必须钳在有绝缘层的导线上，同时要与其他带电部分保持足够的安全距离，防止发生相间短路事故。

（✓）

Lb54B1080　钳形电流表在测量中选择量程要先张开铁心动臂，必须在铁心闭合情况下更换电流档位。（✕）

Lb54B1081　使用万用表时，红色表笔应插入有"＋"号的插孔，黑色表笔插入有"－"号的插孔，以避免测量时接反。

（✓）

Lb54B1082　万用表使用前，应检查指针是否指在零位上，如不在零位，可调整表盖上的机械零位调整器，使指针恢复至零位。

（✓）

Lb54B1083　测电压时，应把万用表串联接入电路。（✕）

Lb54B1084　测电流时，应把万用表并联接入电路。（✕）

Lb54B1085　用万用表测直流电路时，应注意"＋""－"极性。

（✓）

Lb54B1086　用万用表测交直流 2500V 高电压时，应将红

表笔插入专用的 2500V 插孔中。 （∨）

Lb54B1087 用万用表测量电阻前，应先调"零"，但调整时间要短，以减少电池损耗。 （∨）

Lb54B1088 在"Ω"档，万用表如无法使指针调到零位时，则说明万用表内的电池电压太低，应更换新电池。 （∨）

Lb54B1089 用电压表测量负载电压时，要求表的内阻远远大于负载电阻。 （∨）

Lb54B1090 不可在设备带电情况下使用兆欧表测量绝缘电阻。 （∨）

Lb54B1091 万用表在接入电路进行测量前，需先检查转换开关是否在所测档位上。 （∨）

Lb54B1092 用万用表测量电阻时，不必将被测电阻与电源断开。 （×）

Lb54B1093 万用表量程的选择，可先将量程放到最低档，然后再转换到合适的档位。 （×）

Lb54B1094 万用表必须带电转换量程，以免电弧损坏开关。 （×）

Lb54B1095 不准用万用表欧姆档去直接测量微安表表头、检流计、标准电池等的电阻，以免损坏仪器。 （∨）

Lb54B1096 万用表使用完毕后，应将转换开关旋至交流电压最低档或空档。 （×）

Lb54B1097 万用表是一种比较精密的仪表，应谨慎使用，要注意防振、防潮和防高温。不用时应存放在干燥的地方。 （∨）

Lb54B2098 兆欧表有"线"（L）、"地"（E）和"屏"（G）三个接线柱，进行一般测量时，只要把被测绝缘电阻接在"L"和"E"之间即可。 （∨）

Lb54B2099 测量电缆的绝缘电阻时，需将屏蔽"G"柱接到电缆的绝缘层上。 （∨）

Lb54B2100 测量绝缘时，应先将被测设备脱离电源，进

行充分对地放电，并清洁其表面。 （✓）

Lb54B2101 测量绝缘前，先对兆欧表做开路和短路检验，短路时看指针是否指到"∞"位；开路时看指针是否指到"0"位。 （✕）

Lb54B2102 用兆欧表测量绝缘电阻时，手柄要忽快忽慢，否则会影响测量精度。 （✕）

Lb54B2103 测量绝缘时，若被测物短路，表针摆到"0"位时，应立即停止摇动，以避免烧坏兆欧表。 （✓）

Lb54B2104 对于电容量大的设备，在测量完毕后，就不必将被测设备对地进行放电了。 （✕）

Lb54B2105 禁止用兆欧表遥测带电设备。 （✓）

Lb54B2106 用兆欧表遥测带电设备时，带电设备的电压不能高于500V。 （✕）

Lb54B2107 双回路线路或双母线，当一路带电时，不得测量另一路的绝缘电阻。 （✓）

Lb54B2108 雷电时，可以用兆欧表在停电的高压线路上测量绝缘电阻。 （✕）

Lb54B2109 严禁在有人工作的线路上进行绝缘测量工作。 （✓）

Lb54B2110 在兆欧表没有停止转动或被测设备没有放电之前，切勿用手去触及被测设备或兆欧表的接线柱。 （✓）

Lb54B2111 使用兆欧表遥测设备绝缘电阻时，应由两人操作。 （✓）

Lb54B2112 遥测绝缘用的导线应使用绝缘线，两根引线最好绞在一起。 （✕）

Lb54B2113 测电容器、电力电缆、大容量变压器及电机等电容较大的设备时，兆欧表必须在额定转速状态下将测电笔接触或离开被测设备，以避免因电容放电而损坏兆欧表。（✓）

Lb54B2114 锥形杆必须装设拉线。 （✕）

Lb54B2115 采用锥形电杆的直线杆必须装设卡盘。 （✕）

Lb54B2116　金具是用来连接导线和绝缘子的。　　（√）

Lb54B2117　BLV 型表示塑料绝缘导线。　　（√）

Lb54B2118　导线截面积的大小是决定导线通过最大允许电流的重要因素。　　（√）

Lb54B2119　导线截面越小，发生在线路中的电压损失和功率损失就越小。　　（×）

Lb54B2120　陶瓷横担主要用于农村 6～35kV 电压等级的输送容量较小，导线截面积在 120mm² 及以下的线路中。（×）

Lb54B2121　瓷拉棒绝缘子主要用于配电线路的耐张、转角等承力杆塔上，替代了悬式绝缘子串。　　（√）

Lb54B2122　拉线的经济夹角是 30°。　　（×）

Lb54B2123　拉线棒圆钢一定要经过镀锌处理。　　（√）

Lb54B2124　单人巡线时，可以攀登杆塔，但与带电部分保持足够的安全距离。　　（×）

Lb54B2125　拉线盘只有混凝土拉线盘。　　（×）

Lb54B2126　必须对所有线路和断路器、隔离开关等供电设备进行命名和编号。　　（√）

Lb54B2127　配电线路上所配用的开关类设备，可以随线路名称而同时命名。　　（√）

Lb54B2128　对于多电源的配电线路，可以从线路两端向中间按照顺序逐杆编号。　　（×）

Lb54B2129　分支线路应以分支处以外第一基杆开始，直到分支终端为止进行编号。　　（√）

Lb54B2130　线路巡视的形式只有正常巡视、故障巡视、登杆检查三种。　　（×）

Lb54B2131　故障巡视主要是在节日以及气候骤变，如导线覆冰、大雾、台风、暴风雨等特殊气象情况以及河水泛滥、山洪爆发、地震等自然灾害发生时进行。　　（√）

Lb54B2132　巡线工作应由有电力线路工作经验的人担任。新人员可以一人单独巡线。　　（×）

Lb54B2133 带有杠杆操动机构的刀开关，可用来切断不大于额定电流的负荷电流。 （√）

Lb54B2134 接触器是利用机械机构及弹簧等构成的一种低压发热电器。 （×）

Lb54B2135 接触器不仅能接通和断开电路，而且还能远距离控制，连锁控制，还具有低电压释放功能，因此，在电气控制系统中应用十分广泛。 （√）

Lb54B2136 接触器的控制对象只是电动机。 （×）

Lb54B2137 开启式负荷刀开关的熔丝只有在过负荷时熔断，而短路故障时不熔断。 （×）

Lb54B2138 HK 型开启式负荷开关，常用作照明电源开关，也可用于 15kW 及以下三相异步电动机非频繁起动的控制开关。 （×）

Lb54B2139 封闭式负荷开关保证壳盖打开时不能合闸，而手柄处于闭合位置时，不能打开壳盖，以确保操作安全。 （√）

Lb54B2140 带有杠杆操动机构的刀开关，可用来切断不大于额定电流的负荷电流。 （√）

Lb54B2141 刀开关和断路器配合使用时，运行中可先断开刀开关后断开断路器。 （×）

Lb54B2142 组合开关可用作交流 50Hz、380V 和直流 220V 以下的电源开关，5kW 以下电动机直接起动和正反转控制，以及机床照明电路的控制。 （√）

Lb54B2143 低压短路器又称自动开关，它是一种既可以接通、分断电路，又能对电路进行自动保护的低压电器。（√）

Lb54B2144 自耦降压起动器又称起动补偿器，利用它降压后起动电动机，以达到限制起动电流的目的。 （√）

Lb54B2145 三相电动机在起动时，其定子绕组接成三角形，正常运行时改接成星形，电动机的这种起动方法称为星三角起动法。 （×）

Lb54B2146 电磁起动器又称磁力起动器。它由交流接触器和热继电器等组合而成，具有失压和过载保护性能。　（√）

Lb54B2147 交流接触器线圈的电阻较大，故铜损引起的发热也较小。　（×）

Lb54B2148 三相异步电动机铭牌上的额定功率是指从电源吸收的电功率。　（×）

Lb54B2149 三角形接法的三相异步电动机若误接成星形，当负荷转矩不变时，则电动机转速将会比三角形接法时稍有增加或基本不变。　（×）

Lb54B2150 笼型异步电动机的转子回路两端是通过端环短路的。　（√）

Lb54B3151 额定功率相同的三相异步电动机，转速低的转矩大，转速高的转矩小。　（√）

Lb54B3152 小容量的电动机一般用熔断器作过载保护装置。　（×）

Lb54B3153 熔断器的额定电流应小于熔断体的额定电流。　（×）

Lb54B3154 电能表的型号是用字母和数字的排列来表示的。一般由类别代号、组别代号、用途代号、设计序号组成。　（√）

Lb43B3155 测量接地电阻时，应先将接地装置与电源断开。　（√）

Lb43B3156 绝不允许用兆欧表测量带电设备的绝缘电阻。　（√）

Lb43B3157 测量电气设备的绝缘电阻之前，必须切断被测量设备的电源。　（√）

Lb43B3158 任何被测设备，当电源被切断后就可以立即进行绝缘测量了。　（×）

Lb43B3159 有可能感应产生高电压的设备，未放电之前不得进行绝缘测量。　（√）

Lb43B3160 测量电容器绝缘电阻后，先停止摇动，然后取下测量引线。 （×）

Lb43B3161 测量接地电阻之前应将接地电阻测量仪指针调整至中心线零位上。 （√）

Lb43B3162 架空配电线路用跌落式熔断器主要由熔丝、支持绝缘子和消弧管构成。 （×）

Lb43B3163 单相用电设备的额定电流一般按"一千瓦二安培"原则进行估算。 （×）

Lb43B3164 熔丝熔断时间与电流的大小有关，电流大，熔丝熔断时间短，反之熔断时间就长，这一特性称为熔丝反时限特性。 （√）

Lb43B3165 双尾式熔断器较纽扣式熔断器有更好的开断能力。 （×）

Lb43B3166 跌落式熔断器的遮断容量应大于安装地点的短路容量的上限，并小于其下限。 （×）

Lb43B3167 跌落式熔断器的作用是保护下一级线路、设备不会因为上一级线路设备的短路故障或过负荷而引起断路器跳闸停电、损坏。 （×）

Lb43B3168 重合式跌落式熔断器，每相装有两个熔丝管，一个常用，一个备用。 （√）

Lb43B3169 容量在 30kvar 以下的柱上电力电容器一般采用跌落式熔断器保护。熔丝元件一般按电力电容器额定电流的 2～3 倍选择。 （×）

Lb43B3170 分支线路安装跌落式熔断器，熔丝元件一般不应小于所带负荷电流的 1.2 倍。 （×）

Lb43B3171 用户入口的熔丝元件，其额定电流一般不应小于用户最大负荷电流的 1.5 倍。 （√）

Lb43B3172 对柱上断路器的性能要求主要是：工作可靠、动作时间快、有足够的开断能力。 （√）

Lb43B3173 柱上断路器的最高工作电压是指配电线路可

能出现的最高过电压。 （×）

Lb43B3174 真空断路器的主要特点是能进行频繁操作，可连续多次重合闸。 （√）

Lb43B3175 柱上自动分段断路器一般是由柱上断路器、电源降压变压器和自动控制设备三部分组成。 （√）

Lb43B3176 高压柱上负荷开关由隔离开关和灭弧室组成，它可以切断较大的短路电流。 （×）

Lb43B3177 高压隔离开关是一种没有专门灭弧装置的开关设备，所以不允许切断负荷电流或短路电流。 （√）

Lb43B3178 管形避雷器主要用来保护架空线路中的绝缘薄弱环节和变、配电室进线段的首端以及雷雨季节经常断开而电源侧又带电压的隔离开关或油断路器等。 （√）

Lb43B3179 如果避雷器安装处的短路电流低于下限，管形避雷器就有可能发生爆炸。 （×）

Lb43B3180 目前架空配电线路设备多使用有间隙氧化锌避雷器。 （×）

Lb43B3181 箱式变电站采用的变压器必须是干式变压器。 （×）

Lb43B3182 经高低压配电线路、高低压控制设备到用电器的整个网络称为动力系统。 （×）

Lb43B3183 在选择电动机时，应根据负载机械特性选择电动机的容量。 （√）

Lb43B3184 额定功率相同的三相异步电动机，转速低的转矩大，转速高的转矩小。 （√）

Lb43B3185 小容量的电动机一般用熔断器作过载保护装置。 （×）

Lb43B3186 电源的电压降低时，若负载不变将造成电动机的转速降低。 （√）

Lb43B3187 安装电动机的轴承时应将有型号的一面朝内，以方便维修和更换。 （×）

Lb43B3188 为了防止配电变压器绝缘老化，一般上层油温不要经常超过 85℃。 （√）

Lb43B3189 当变压器储油柜或防爆管发生喷油时，应立即停止运行。 （√）

Lb43B3190 当变压器储油柜或防爆管发生喷油时，应先派专人前去检查，请示批准后停止运行。 （×）

Lb43B3191 变压器一、二次绕组的功率基本相等。（√）

Lb43B3192 加在变压器的电源电压应不超过其额定电压的 ±10%。 （×）

Lb43B3193 减少降压变压器二次绕组的匝数，可提高二次侧的输出电压。 （×）

Lb43B3194 环境温度为 44℃，变压器上层油温为 99℃，则上层油的温升 55℃。 （√）

Lb43B3195 变压器只能传递能量，而不能产生能量。

（√）

Lb43B3196 单相变压器的额定容量是指变压器二次侧输出额定电压与额定电流的乘积。 （√）

Lb43B3197 普通三相配电变压器内部是由三个单相变压器组成的。 （×）

Lb43B3198 变压器空载损耗仅是在变压器空载运行时产生的。 （×）

Lb43B3199 变压器油箱密封处渗漏，可能是由于螺丝松紧不均匀或螺丝太松。 （√）

Lb43B3200 变压器既可以变交流也可以变直流。 （×）

Lb43B3201 三相配电变压器的额定电流一般是指绕组的线电流。 （√）

Lb43B3202 变压器利用电磁感应原理，能把交流变为不同频率的交流电压输出。 （×）

Lb43B3203 变压器套管不仅作为引线对地的绝缘，而且还起着固定引线的作用。 （√）

Lb43B3204 变压器油枕的油位是随气温和负荷变化而变化的。 （√）

Lb43B3205 变压器高电压侧电流，比低电压侧电流小。 （√）

Lb43B3206 对于长期空载运行的变压器，应切断变压器的电源。 （√）

Lb43B3207 变压器顶部的水银温度计指示的是绕组温度。 （×）

Lb43B3208 变压器二次侧带有负荷时，其空载损耗为零。 （×）

Lb43B3209 电压互感器二次侧不允许短路。 （√）

Lb43B3210 电流互感器二次侧不允许开路。 （√）

Lb43B3211 电压互感器二次侧不允许开路。 （×）

Lb43B3212 电流互感器二次侧不允许短路。 （×）

Lb43B3213 二次绕组的额定电压 U_{2N} 指的是分接开关放在额定电压位置，一次侧加额定电压时，二次侧开路的电压值。 （√）

Lb43B3214 三相变压器总容量的表达式为：$S_N = \sqrt{3} U_N I_N \cos\varphi$。 （×）

Lb43B4215 阻抗电压（百分数）也叫短路电压（百分数）。 （√）

Lb43B4216 分接范围又称调压范围，是调节电压的最大、最小值的范围。 （√）

Lb43B4217 负载损耗又称铜损耗，是变压器负载电流流过一、二次绕组时，在绕组电阻上消耗的功率。 （√）

Lb43B4218 变压器在额定电压下，二次侧空载时，一次侧测得的功率称为空载损耗。 （√）

Lb43B4219 空载损耗实为铁损，包括铁心产生的磁滞损耗和涡流损耗。 （√）

Lb43B4220 当变压器二次空载时，在一次侧加额定电压

所测的电流 I_0 为空载电流。因它仅起励磁用，故又称励磁电流，基本为无功性质。 （∨）

Lb43B4221 电流互感器通常一次绕组的端子用字母 L1、L2（或 S1、S2）表示，二次绕组端子用字母 K1、K2 表示，则 L1 与 K1、L2 与 K2 分别为同极性端。 （∨）

Lb43B4222 绕越供电企业用电计量装置用电的行为是窃电行为。 （∨）

Lb43B4223 三相电路中，B—C—A 是正相序。 （∨）

Lb43B4224 容量为 100kVA 的用户要执行两部制电价。
（×）

Lb43B4225 居民用户的电能表既能计量有功电能也能计量无功电能。 （×）

Lb43B4226 收费形式只有走收和储蓄两种。 （×）

Lb43B4227 最大需量的计算，以用户在 15min 内的月平均最大负荷为依据。 （∨）

Lb43B4228 仪用互感器的变比是一次电压（电流）与二次电压（电流）之比。 （∨）

Lb43B4229 电能表的驱动元件主要作用是产生转动力矩。 （∨）

Lb43B4230 大工业用户的生产照明用电应执行大工业电价。 （∨）

Lb43B4231 改变计量装置的接线，致使电能计量装置不准的行为是窃电行为。 （∨）

Lb43B4232 执行商业电价的用户执行灯力分算。 （×）

Lb43B4233 居民用户一般使用的是 2.0 级电能表。 （∨）

Lb43B4234 抄表卡片的内容可以随时更改。 （×）

Lb43B4235 抄表日期不必固定。 （×）

Lb32B4236 带中性线的三相交流电路构成的供电系统，称为三相三线制。 （×）

Lb32B4237 低压配电网 TN—S 系统是指电源中性点直接

接地，系统内中性线与保护线是合用的。　　　　　（×）

Lb32B4238　接地有正常接地和故障接地之分。正常接地是设备正常运行时的接地。　　　　　　　　　　（×）

Lb32B4239　电气的"地"就是指地球，没有别的意思。

（×）

Lb32B4240　距接地体越近，接地电流通过此处产生的电压降就越大，电位就越高。　　　　　　　　　　（√）

Lb32B4241　距接地体越远，接地电流通过此处产生的电压降就越小，电位就越低。　　　　　　　　　　（√）

Lb32B4242　在离接地点 20m 以外的地方，电位趋近于零，称为电气的"地"。　　　　　　　　　　　　（√）

Lb32B4243　接地装置是接地体与接地线的统称。　（√）

Lb32B4244　接地体是指埋入地下直接与土壤接触有一定流散电阻的金属导体。　　　　　　　　　　　　（√）

Lb32B4245　连接接地体与电气设备的接地部分的金属导线称为接地线（PE 线）。　　　　　　　　　　　（√）

Lb32B4246　因接地装置本身电阻较大，一般不可忽略不计。　　　　　　　　　　　　　　　　　　（×）

Lb32B4247　接地电阻主要是指流散电阻，它等于接地装置对地电压与接地电流之比。　　　　　　　　　　（√）

Lb32B4248　接地电阻主要是指流散电阻，它等于接地装置接地电流与对地电压之比。　　　　　　　　　　（×）

Lb32B4249　保护接零就是没接地。　　　　　（×）

Lb32B4250　规范规定接地电阻每年测量两次。发现数值过大，就要采取降阻措施。　　　　　　　　　　　（×）

Lb32B4251　精电 200—N 为普通型防腐降阻剂适用于大多数接地工程。　　　　　　　　　　　　　　（√）

Lb32B4252　精电 200—G 为保证型防腐降阻剂，适用于特别重要的接地工程。　　　　　　　　　　　　（√）

Lb32B4253　精电 200—SB 型防腐降阻剂特别抗盐型，适

用于严重的盐碱地条件下的接地工程。 （√）

Lb32B4254 精电 200—D 为特别抗干旱型防腐降阻剂，适用于严重干旱地区。 （√）

Lb32B4255 精电 200—M 为特别防水型防腐降阻剂，适用于特别潮湿的场合。 （√）

Lb32B4256 精电 200—K 为物理型防腐降阻剂，适用于对金属腐蚀严重的地区。 （√）

Lb32B4257 与电缆本体比较，电缆头的绝缘是薄弱环节。 （√）

Lb32B4258 新装的电缆头的电阻与同长度同截面导线的电阻相比，其比值应大于 1。 （×）

Lb32B4259 热缩电缆头是用 PVC 塑料材料制成。 （×）

Lb32B4260 热缩电缆头的适应性广，可以用于室内、外，可用于各种电缆，可用于各种环境条件及狭小的空间。 （√）

Lb32B4261 冷缩式电缆头套管用辐射交联热收缩材料制成。 （×）

Lb32B4262 安装变压器与建筑物要保持足够距离，建筑物屋檐雨水不得落到变压器上。 （√）

Lb32B4263 变压器室应设置能容纳全部油量的贮油池或排油设施。 （√）

Lb32B4264 变压器室空间较大时，可以不设置通风窗。 （×）

Lb32B4265 变压器低压侧熔丝的额定电流按变压器额定电流选择。 （√）

Lb32B4266 杆上变压器台应满足在高压线路不停电的情况下检修、更换变压器时，有足够的安全距离。 （√）

Lb32B4267 变压器联结组标号（联结组别）不同时，才可以并联运行。 （×）

Lb32B4268 10kV 电力变压器气体继电器重瓦斯动作时，

会立即作用于跳闸。 （√）

Lb32B4269 由于铁心需要接地，因此铁心垫脚绝缘损坏对变压器运行无影响。 （×）

Lb32B4270 高压跌落式熔断器是变压器的一种过电压保护装置。 （×）

Lb32B4271 一般电动机产生轻微的振动是正常的，是可避免的。 （×）

Lb32B4272 电动机转动时转子与定子内圆相碰摩擦，称为电动机扫膛。 （√）

Lb32B4273 定子绕组是交流电动机的核心部分，也是最容易产生故障的部分。 （√）

Lb32B4274 异步电动机短路保护，一般用于定子绕组的相间短路保护。 （√）

Lb32B4275 电压一定，异步电动机正常运行，电流的大小直接反映负载情况。 （√）

Lb32B4276 额定功率相同的三相异步电动机，转速低的转矩大，转速高的转矩小。 （√）

Lb32B4277 小容量的电动机一般用熔断器作过载保护装置。 （×）

Lb32B4278 熔断器的额定电流应小于熔断体的额定电流。 （×）

Lb32B4279 异步电动机的电压降低，若负载不变将造成电动机的转速降低。 （√）

Lb2B5280 绝缘材料又称电介质。它与导电材料相反，在施加直流电压下，除有极微小泄露的电流通过外，实际上不导电。 （√）

Lb2B5281 10kV 电力变压器过负荷保护动作后，发出警报信号，不作用于调闸。 （√）

Lb2B5282 10kV 电力变压器气体继电器保护动作时，重瓦斯动作会作用于跳闸。 （√）

Jd5B1283 电力电缆由线芯和绝缘层组成。 （×）

Jd5B1284 用试电笔在低压导线上测试，氖管不亮后就可用电工刀剥绝缘。 （×）

Jd5B1285 剥线钳能剥任一种导线绝缘。 （×）

Jd5B1286 电工钳主要用来刻断导线和连接导线时拧紧编辩。 （√）

Jd5B1287 使用剥线钳应注意宜选大于线芯直径一级的刃口剥线，防止损伤芯线。 （√）

Jd5B1288 使用克丝钳时要注意握钳的手用力要适当，若用力过猛，将会勒断芯线。 （√）

Jd5B1289 螺钉旋具的刃口应与螺钉槽配合得当，不要凑合使用，以免损坏刃口或螺钉头部的槽口。 （√）

Jd5B1290 一般螺钉旋具能用于带电作业。 （×）

Jd5B1291 使用电烙铁时，不应随意放置在可燃物体上，使用完毕应待冷却后再放入工具箱内，以防止发生火灾。（√）

Jd5B1292 使用电烙铁时，应防止电源线搭在发热部位上，以免损伤导线绝缘层发生漏电。 （√）

Jd54B2293 为了解救触电人员，可以不经允许，立即断开电源，事后立即向上级汇报。 （√）

Jd54B2294 装、拆接地线的工作必须由两人进行。（√）

Jd54B2295 触电急救一开始就要马上给吃镇痛药物。

（×）

Jd54B2296 发现触电呼吸停止时，要采用仰头抬颏的方法保持触电者气道通畅。 （√）

Jd54B2297 在医务人员来接替救治前，不能放弃现场抢救触电者。 （√）

Jd54B2298 如果发现触电者触电后当时已经没有呼吸或心跳，就可以放弃抢救了。 （×）

Jd54B2299 为使触电者迅速脱离电源；不用考虑安全事项，赶紧拖出触电者。 （×）

Jd54B2300 电气火灾和爆炸，是指由于电气方面的原因而引起的火灾和爆炸。 （√）

Jd43B3301 剩余电流中级保护可根据网络分布情况装设在分支配电箱的电源线上。 （√）

Jd43B3302 装设接地线，应先接导线端后接接地端。

（×）

Jd43B3303 为了解救触电人员，可以不经允许断开电源，事后立即向上级汇报。 （√）

Jd43B3304 装、拆接地线的工作必须由两人进行。 （√）

Jd43B3305 用试电笔在低压导线上测试，氖管不亮后就可用电工刀剥绝缘。 （×）

Jd43B3306 电气连接点接触不良时，会产生电火花。

（√）

Jd43B3307 停电作业就开第一种工作票，不停电作业就开第二种工作票。 （×）

Jd43B3308 每年至少对剩余电流动作保护器用试跳器试验一次。 （×）

Jd43B3309 停用的剩余电流动作保护器使用前应试验一次。 （√）

Jd43B3310 剩余电流动作保护器动作后，若经检查未发现事故点，允许试送电两次。 （×）

Je5B1311 对于一般中小型铝绞线或钢芯铝绞线，不可用紧线器紧线。 （×）

Je5B1312 安全带是高处作业时预防高处坠落的安全用具。 （√）

Je5B1313 杆上作业时，要准确地上、下抛掷传送工具和物品。 （×）

Je5B1314 使用验电笔时验电前要先到有电的带电体上检验一下验电笔是否正常。 （√）

Je5B1315 绝缘手套进行外观检查时如发现穿孔或漏气、

损坏应停止使用。 （√）

Je54B2316 LJ 表示铝绞线。 （√）

Je54B1317 LGJ 表示钢芯铝绞线。 （√）

Je54B2318 绝缘导线连接前，应先剥去导线端部的绝缘层，并将裸露的导体表面清擦干净。 （√）

Je54B2319 塑料软线绝缘层只能用电工刀剖削，不可用剥线钳或钢丝钳来剖。 （×）

Je54B2320 花线绝缘层只有一层。 （×）

Je54B2321 19 股铜芯导线的直线连接，由于 19 股铜芯导线的股数较多，可剪去中间的几股。 （√）

Je54B2322 软线与单股硬导线的连接时，连接软线和硬导线上相互缠绕 7~8 圈。 （×）

Je54B2323 导线绝缘层破损和导线接头连接后均应恢复绝缘层，恢复后绝缘层的绝缘强度不应低于原有绝缘层的绝缘强度 50%。 （×）

Je54B2324 绳扣的系法应保证受重力时，不致自动滑脱，但在起重完毕后，应易于解开。 （√）

Je54B2325 登杆时要身体上身前倾，臀部后座，双手搂抱电杆。 （×）

Je54B2326 拉线主线应在 UT 线夹的凸肚侧。 （×）

Je54B2327 同组拉线线夹的尾线应在同一侧。 （√）

Je54B2328 穿在管内的导线只能有一个接头。 （×）

Je54B2329 瓷卡配线不得隐蔽在吊顶上敷设。 （√）

Je54B2330 瓷卡配线，当采用 4~10mm² 截面的导线时，瓷卡间距为 100cm。 （×）

Je54B2331 绝缘子配线适用于容量较大、机械强度较高，环境又比较潮湿的场合。 （√）

Je54B2332 蝶式绝缘子只用于线路档距较大的转角处。

（×）

Je54B2333 槽板配线，每个线槽内只许敷设两条导线。

（×）

Je54B2334 钢管配线时，管身及接线盒需连接成为一个不断的导体，并接地。 （√）

Je54B2335 护套线线路特点是电路容量大。 （×）

Je54B2336 移动式照明灯，无安全措施的车间或工地的照明灯，各种机床的局部照明灯，以及移动式工作手灯（也叫行灯），都必须采用 60V 以下的低电压安全灯。 （×）

Je54B2337 单相两孔插座两孔平列安装，左侧孔接火线，右侧孔接零线，即"左火右零原则"。 （×）

Je54B2338 三相四孔插座上孔接地，左孔接 L1，下孔接 L2，右孔接 L3。 （√）

Je54B2339 白炽灯照明线路接线原则是将中性线接入开关，相线接入灯头。 （×）

Je54B2340 电源电压的变化太大，将影响灯的光效和寿命，所以电压波动不宜超过 ±5%。 （√）

Je54B2341 抄表员抄表时不必按例日抄表。 （×）

Je54B2342 应该用感应式电能表计量 380V 单相电焊机消耗的电量。 （√）

Je54B2343 电能表总线应为铜线，中间不得有接头。

（√）

Je54B2344 抄表卡片的内容，应由抄表员按实际情况任意改动。 （×）

Je54B2345 抄表器不仅有抄表功能，而且有防止估抄功能及纠错功能。 （√）

Je54B2346 感应式电能表铝盘的转速与负载的有功功率成正比。 （√）

Je4B2347 挖坑时坑内工作人员可以坐在坑内休息。

（×）

Je4B2348 在居民区及交通道路附近挖坑，应设坑盖或

可靠围栏，夜间挂红灯。 （√）

Je4B2349 在松软土地挖坑，若有防止塌方措施，可以由下部掏挖土层。 （×）

Je4B2350 线路施工图是线路施工的依据和技术语言，也是对所建线路投运后长期运行维护的重要技术资料。 （√）

Je4B2351 配电线路的基础主要是底盘。 （×）

Je4B2352 找正底盘的中心，一般可将基础坑两侧副桩的圆钉上用线绳连成一线找出中心点，再用垂球的尖端来确定中心点是否偏移。 （√）

Je43B2353 找拉线盘的中心，一般可将基础坑两侧副桩的圆钉上用线绳连成一线找出中心点，再用垂球的尖端来确定中心点是否偏移。 （×）

Je43B2354 一般上、下卡盘的方向分别在电杆横线路方向。 （×）

Je43B2355 找正底盘的中心，一般将拉线盘拉棒与基坑中心花杆底段及拉线副桩对准成一条直线。 （×）

Je43B2356 立杆时侧拉绳的长度可取电杆高度的 1.2 ~ 1.5 倍。 （√）

Je43B2357 18m 电杆单点起吊时，由于预应力杆有时吊点处承受弯矩较大，因此必须采取加绑措施来加强吊点处的抗弯强度。 （√）

Je43B2358 叉杆立杆所使用的滑板取长度为 2.5 ~ 3m 左右，宽度为 250 ~ 300mm 的坚固木板为滑板。 （√）

Je43B2359 立杆时，专人指挥，在立杆范围以内应禁止行人走动，非工作人员须撤离到距杆根距离 8m 范围之外。

（×）

Je43B2360 交叉跨越档中不得有接头。 （√）

Je43B2361 放线时的旗号，一面红旗高举，表示危险，已发现问题，应立即停止工作。 （√）

Je43B2362 考虑导线的初伸长，一般应在紧线时使导线

104

增大一些计算弧垂以补偿施工时的初伸长。　　　　　　（×）

Je43B2363　　配电箱安装的垂直偏差不应大于 3mm，操作手柄距侧墙的距离不应小于 200mm。　　　　　　　（√）

Je43B2364　　配电箱一般有上、下两个固定螺栓。　　（×）

Je43B2365　　配电箱在支架上的安装固定与在墙上的安装固定方法相同。　　　　　　　　　　　　　　　　　（√）

Je43B2366　　配电箱盘面上的电气元器件、出线口、瓷管头等距盘面边缘均不得小于 80mm　　　　　　　　（×）

Je43B2367　　配电箱盘后配线要横平竖直，排列整齐，绑扎成束，用卡钉固定牢固。　　　　　　　　　　　　（√）

Je43B2368　　零线端子板上各支路的排列位置，应与各支路的熔断器位置相对应。　　　　　　　　　　　　（√）

Je43B2369　　住宅电能表箱内开关的规格应与单相电能表的额定电流相匹配。　　　　　　　　　　　　　（√）

Je43B2370　　常用单相电能表接线盒内有四个接线端，自左向右按"1"、"2"、"3"、"4"编号。接线方法为"1"接火线进线、"2"接零线进线，"3"接火线出线、"4"接零线出线。　　　　　　　　　　　　　　　　　　　（×）

Je43B2371　　住宅电能表箱内如果需并列安装多只电能表，则两表之间的中心距不得小于 20mm。　　　　（×）

Je32B3372　　位移正杆可在线路带电情况下进行。　（×）

Je32B3373　　"小面歪"的正杆工作，必须停电作业，将导线和绝缘子之间的绑线拆掉后进行。　　　　　　（√）

Je32B3374　　电杆在线路的垂直方向发生的倾斜，若使用牵引工具正杆时，采取可靠安全措施，也可在线路不停电的情况下进行。　　　　　　　　　　　　　　　　（√）

Je32B3375　　转角杆向外角倾斜、终端杆向拉线侧倾斜 15/1000 时，均应进行正杆。　　　　　　　　　（×）

Je32B3376　　由于杆塔倾斜而需要调整拉线，必须先调整或更换拉线，然后再正杆。　　　　　　　　　（×）

Je32B3377 在终端杆上对导线弧垂进行调整时，应在横担两端导线侧做好临时拉线，防止横担因受力不均而偏转。

（×）

Je32B3378 铝绞线和铜绞线的断股损伤截面积超过总面积的17%应切断重接。 （√）

Je32B3379 辐射交联收缩管护套安装的加热工具可使用丙烷喷枪，火焰呈蓝色火焰。 （×）

Je32B3380 预扩张冷缩绝缘套管的安装，其端口不用热熔胶护封。 （√）

Je32B3381 电缆头制作安装工作中，安装人员在安装时不准抽烟。 （√）

Je32B3382 气温低于﹣10℃时，要将电缆预先加热后方可进行制作电缆头。 （×）

Je32B3383 制作冷缩式电缆终端头时，将三叉分支手套套到电缆根部，抽掉衬圈。先收缩分支，再收缩颈部。 （×）

Je32B3384 如果是直埋电缆中间头，制作完后，外面还要浇一层沥青。 （√）

Je32B3385 电缆埋地敷设，在电缆下面应铺混凝土板或黏土砖。 （×）

Je32B3386 直埋电缆要用铠装电缆。 （√）

Je32B3387 电缆排管敷设方法，可以用多根硬塑料管排成一定形式。 （√）

Je32B3388 电缆排管敷设，排管对电缆人孔井方向有不小于1%的坡度。 （√）

Je32B3389 直埋电缆进入建筑物时，由于室内外湿差较大，电缆应采取防水、防燃的封闭措施。 （√）

Je32B3390 电动机外壳漏电，一般可用验电笔检查。

（√）

Je32B3391 安装电动机的轴承时应将有型号的一面朝内，以方便维修和更换。 （×）

106

Je32B4392 对于一台电动机，其熔体的额定电流可等于2倍电动机额定电流。 （√）

Je32B4393 对于一台重负载电动机，其熔体的额定电流可等于1.5倍电动机额定电流。 （×）

Je32B4394 对于一台轻负载电动机，其熔体的额定电流可等于2.5倍电动机额定电流。 （×）

Je32B4395 过负荷保护是将热继电器的三相主触头串入电动机接线主回路中，将热继电器的动开触点（常开触点）串入到电动机起动控制回路中。 （×）

Je32B4396 变压器油箱密封处渗漏，可能是由于螺丝松紧不均匀或螺丝太松。 （√）

Je32B4397 变压器的铁心必须只能有一点接地。 （√）

Je32B4398 测量变压器绕组绝缘电阻时若电阻值接近于0，说明存在接地或短路。 （√）

Je32B4399 变台上的配电变压器，其低压引出线可采用绝缘引线，也可采用裸引线。 （×）

Je32B4400 变压器套管不仅作为引线对地的绝缘，而且还起着固定引线的作用。 （√）

Je32B4401 变压器检修时，对绕组进行重绕或局部更换绝缘后，需要对器身进行干燥处理。 （√）

Je32B4402 测量变压器各相绕组的直流电阻时，若某相阻值与其他两相相差过大，则说明该绕组存在故障。 （√）

Je32B4403 变压器安装后，其外壳必须可靠接地。 （√）

Je32B4404 如果施工临时电源是低压三相四线供电，可以采用三芯电缆另加一根导线当零线供电。 （×）

Je32B4405 动力设备必须一机一闸，不得一闸多用。

（√）

Je32B4406 电气安装工程与土建的配合在不同施工阶段的要求是相同的。 （×）

Je32B4407 安装电动机时，在送电前必须用手试转，送

电后必须核对转向。 （√）

Je32B4408 在电气施工前，就要把工程中可能出现的习惯性违章行为明确提醒出来。 （√）

Je32B4409 动力设备外壳要有接地或接零保护措施。

（√）

Jf5B1410 使用电钻应注意电源线和外壳接地线应用铜芯橡皮软电缆，外壳应可靠接地。 （√）

Jf5B1411 使用电钻禁止操作人员戴纱线手套。 （√）

Jf5B1412 使用冲击电钻要选用符合要求的钻头，其钻头应锋利，冲击时用力一定要猛，不得使冲击电钻超负荷工作。

（×）

Jf5B1413 在使用电锤钻孔时，要选择无暗配电线处，并应避开钢筋。 （√）

Jf5B1414 使用喷灯时不能戴手套，在有火的地方加油。要防止喷射的火焰燃烧到易燃易爆物。 （×）

Jf4B2415 使用管螺纹板套丝应注意套丝板开始转动时要稳而慢。 （√）

Jf4B2416 使用管子割刀要注意每次进刀不要用力过猛，深度以不超过螺杆半转为宜。 （√）

Jf4B2417 在使用射钉枪时，都必须使枪与紧固件保持垂直位置，且紧靠基体。 （√）

Jf4B2418 三爪拉马是用于拆卸轴承、更换皮带轮的。

（√）

Jf32B3419 因果图是分析产生质量问题的一种分析图。

（√）

Jf2B3420 "PDCA" 循环，是组织质量改进工作的基本方法。 （√）

Jf2B4421 利用散布图和排列图法可以找出影响质量问题的原因。 （√）

4.1.3 简答题

La5C1001 什么叫电流？什么叫电流强度？电流强度的简称又叫什么？

答：（1）电荷在电路中有规则地定向运动叫电流。

（2）单位时间内流过导体横截面的电荷量叫做电流强度。

（3）电流强度的简称又叫电流。

La5C1002 在电路计算时，电流的方向是怎样规定的？与计算结果的正负又是什么关系？

答：（1）电流的方向规定为正电荷移动的方向。

（2）计算时先假定参考方向，计算结果为正说明实际方向与参考方向相同；反之，计算结果为负说明实际方向与参考方向相反。

La5C1003 什么叫电位？什么叫电位差？什么叫电压？电位与电压是什么关系？电压的方向是怎样规定的？

答：（1）电场中某点电场力对单位正电荷具有的做功能力称为这点的电位能，简称电位。

（2）电场力将单位正电荷从 a 点移动到 b 点所做功的能力称为这两点的电位差能，简称电位差。

（3）电场力将单位正电荷从 a 点移动到 b 点所做的功称为这两点间的电压，或者说电场中两点的电位差称为这两点的电压。

（4）电位与电压关系是：电场中两点的电压等于电场中这两点的电位之差。

（5）电压的方向规定为从高电位到低电位的方向，也就是电位降的方向。

La5C1004　什么叫电源？什么叫电动势？电动势的方向是怎样规定的？

答：（1）电源是将其他形式的能转换成电能的一种转换装置。

（2）电源力将单位正电荷从电源负极移动到正极所做的功称为电源的电动势。电动势也叫电势。

（3）电动势的方向规定为低电位到高电位的方向，也就是电位升的方向。

La5C1005　什么叫静电感应？

答：把一个带电体移近一个原来不带电的用绝缘架支撑的另一导体时，在原不带电体的两端将出现等量异性电荷。接近带电体的一端出现的电荷与移近的带电体上的电荷相异，远离带电体的一端出现的电荷与移近的带电体上的电荷相同，这种现象叫做静电感应。

La5C1006　什么叫导体？什么叫导体的电阻？

答：（1）容易通过电流的物体叫导体。

（2）导体对电流的阻碍作用称为导体的电阻。

La5C1007　什么叫绝缘体？什么叫半导体？

答：（1）不导电的物体叫绝缘体。

（2）导电能力介于导体和绝缘体之间的物质叫做半导体。

La5C1008　什么叫电路？什么叫电路图？

答：（1）电流的通路称为电路。

（2）用理想元件代替实际电器设备而构成的电路模型，叫电路图。

La54C2009　叙述欧姆定律的内容，并列出一种表达公式。

答：（1）流过电阻的电流，与加在电阻两端的电压成正比，与电阻值成反比，这就是欧姆定律。

（2）$I = \dfrac{U}{R}$。

La54C2010　叙述全电路欧姆定律的内容，并列出一种表达公式。

答：（1）在闭合的电路中，电路中的电流与电源的电动势成正比，与负载电阻及电源内阻之和成反比，这就是全电路欧姆定律。

（2）$I = \dfrac{E}{R + R_0}$。

La54C2011　叙述基尔霍夫第一定律（节点电流定律 KCL）的内容，并列出一种表达公式。

答：（1）对于电路中的任一节点，流入节点的电流之和等于流出该节点的电流之和。

（2）$\Sigma I_入 = \Sigma I_出$。

La54C2012　叙述基尔霍夫第二定律（回路电压定律 KVL）的内容，并列出一种表达公式。

答：（1）对于电路中的任一回路，沿任一方向绕行一周，各电源电动势的代数和等于各电阻电压降的代数和。

（2）$\Sigma E = \Sigma IR$。

La54C2013　什么叫电阻的串联？串联电路总电阻的阻值与各电阻的阻值是什么关系？请列出表达式。

答：（1）几个电阻头尾依次相接，没有分支地连成一串，叫做电阻的串联。

（2）串联电路的总电阻等于各电阻之和。

（3）$R_\Sigma = R_1 + R_2 + \cdots = \Sigma R_i$。

La54C2014　串联电路有什么特点？

答：（1）电路各电阻上流过的电流相等；

（2）总电压等于各电阻上电压降之和；

（3）电路的总电阻等于各电阻之和。

La54C2015　什么叫电阻的并联？并联电路总电阻的阻值与各电阻的阻值是什么关系？请列出表达式。

答：（1）将几个电阻的头与头接在一起，尾与尾接在一起的连接方式叫做电阻的并联。

（2）并联电路等效电阻的倒数等于各支路电阻的倒数之和。

（3）$\dfrac{1}{R_\Sigma} = \dfrac{1}{R_1} + \dfrac{1}{R_2} + \cdots$。

La54C2016　并联电路具有什么特点？

答：（1）各电阻两端间的电压相等；

（2）总电流等于各支路电流之和；

（3）电路的总电阻的倒数等于各支路电阻倒数之和。

La54C2017　什么叫电功？请列出求解表达式。

答：（1）电源力或电场力在电路中移动正电荷所做的功叫做电功。

（2）$W = IUt = I^2Rt = \dfrac{U^2}{R}t$。

La54C2018　什么叫电功率？请列出求解表达式。

答：（1）电功率简称功率，即单位时间内电源力（或电场力）所做的功。

（2）$P = \dfrac{W}{t} = IU = I^2R = \dfrac{U^2}{R}$。

La54C2019　什么叫电流的热效应？请列出求解表达式。

答：（1）电流通过电阻会产生热的现象，称为电流的热效应。

（2）$Q = Pt = I^2 Rt = IUt = \dfrac{U^2}{R} t$。

La54C2020　什么叫趋肤效应？

答：当交流电流通过导线时，其横截面中心处的电流密度较小，表面附近的电流密度较大，这种电流分布不均匀的现象叫做趋肤效应。

La54C2021　什么叫电器设备的额定电压、额定电流、额定功率？

答：允许电器设备在一定时间内安全工作的最大电压、电流或功率，分别叫做额定电压、额定电流或额定功率，用 U_N、I_N 或 P_N 表示。

La54C2022　电器设备的额定工作状态（满负荷）、轻负荷（欠负荷）和过负荷（超负荷）状态的概念。

答：（1）用电设备在额定功率下的工作状态叫额定工作状态（满负荷）。

（2）低于额定功率的工作状态叫做轻负荷（欠负荷）。

（3）高于额定功率的工作状态叫做过负荷（超负荷）。

La54C2023　磁体具有哪些性质？

答：（1）吸铁性。

（2）具有南北两个磁极，即 N 极（北极）和 S 极（南极）。

（3）不可分割性。

（4）磁极间有相互作用。

（5）磁化性。

La54C2024　什么叫磁通？什么叫磁感应强度（磁通密度）？

答：（1）磁通是表示穿过某一截面 S 的磁力线数量的物理量。

（2）磁感应强度也称为磁通密度，简称磁密，是指穿过垂直于磁力线方向单位面积上磁力线的数量。

La54C3025　叙述右手螺旋定则（也叫安培定则）的内容。

答：（1）对于单根通电导线，右手螺旋定则可以叙述为：用右手握导线，大拇指伸直，指向电流的方向，其余四指的方向就是磁力线的方向。

（2）对于通电的螺旋管线圈，右手螺旋定则可叙述为：右手握螺旋管线圈，让四指和线圈中电流方向一致，伸直的大拇指所指的方向就是螺旋管内部磁力线的方向。

La54C3026　叙述左手定则（也叫左手电动机定则）的内容。

答：平伸左手，让大拇指和其余四指垂直，磁力线垂直穿入掌心，四指指向电流方向，则大拇指的指向就是电磁力的方向。

La54C3027　叙述右手定则（也叫右手发电机定则）的内容。

答：右手平伸，大姆指和其他四指垂直，让磁力线垂直穿过掌心，且大姆指的指向和导线运动方向一致，则其余四指所指的方向就是感应电动势的方向。

La54C3028　叙述楞次定律的内容。

答：线圈中感应电动势的方向可用楞次定律来判断。该定律可叙述为：感应电动势的方向总是企图产生感应电流来阻碍原磁通的变化。

La54C3029　什么叫交流电？

答：所谓交流电，是指电动势、电压或电流的大小和方向都随时间而变化的。

La54C3030　在纯电阻电路中，电流与电压的关系是怎样的？

答：在纯电阻电路中，外加正弦交流电压时，电路中有正弦交流电流，电流与电压的频率相同，相位也相同。

La54C3031　欧姆定律在交流电路中也适用吗？

答：在交流电路中，电压与电流的大小关系用瞬时值、有效值及最大值表示时均符合欧姆定律。

La4C3032　什么叫纯电感电路？什么叫电感？

答：在由电感线圈组成的交流电路中，若其电阻、电容可忽略不计，便可近似地看成是纯电感电路。

反映电感线圈自身功能的参数叫电感，用符号 L 表示。

La4C3033　什么叫电容器？什么叫电容？什么叫纯电容电路？

答：能够容纳电荷的容器叫电容器。它是由两个彼此绝缘而又互相接近的导体构成。

反映电容器自身容纳电荷能力的参数叫电容，用符号 C 表示。

将电容器接在交流电源上，并略去电容器中的电阻和电感，这一电路叫做纯电容电路。

La4C3034　什么叫电路图？

答：按从上到下从左到右布局，反映电气设备功能关系和配电方式的图纸为电路图。

La4C3035　什么叫一次系统图？

答：反映电气网络（如发电厂、变电站、配电所等）主回路电气设备（称为一次设备）连接关系的电路图为一次系统图。

La4C3036　什么叫二次系统图？

答：反映电气网络（如发电厂、变电站、配电所等）测量和控制回路中的测量仪表、控制开关、自动装置、继电器、信号装置（称为二次设备）等连接关系的电路图为二次系统图。

La4C3037　什么叫照明配电系统图？

答：反映照明及家电电器电源的供给及设备配置情况的电路图为照明配电系统图。包括进户线、母线、各出线所用导线及控制保护电器的规格与敷设部位、敷设方式等。

La4C3038　什么叫动力配电系统图？

答：反映动力电源的供给和电动机的安装配置情况的电路图为动力配电系统图。

La4C3039　什么叫电气照明平面图？

答：电气照明平面图是反映电气照明回路电源在平面上布置情况的图纸。

La4C3040　什么叫动力配电平面图？

答：动力配电平面图是反映动力回路电源在平面上布置情况的图纸。

La4C3041　什么叫电气剖面图？

答：反映导线、开关及灯具等电器立面连接情况的图纸为剖面图。

La4C3042　什么叫接线图？

答：反映电气设备相互连接关系的电路图为接线图。

La4C3043　结构图与构造图的区别在哪？

答：结构图是反映设备构件组成结构之间关系的图，而构造图反映的是某一构件具体形状的图。

La4C3044　什么叫安装大样图？

答：按着机械制图的方法绘制，反映设备安装方法，特别是反映局部安装明晰的图为安装大样图。

La4C3045　何为线路在平面图上的标注方法？

答：在线路的平面图上，用图形加文字符号标注，用来表示线路的用途、敷设方式、敷设部位、导线型号、截面、导线根数、穿管管径等。

La43C4046　在纯电感电路中，电压与电流的关系是怎样的？

答：（1）纯电感电路的电压与电流频率相同。

（2）电流的相位滞后于外加电压 u 为 $\pi/2$（即 90°）。

（3）电压与电流有效值的关系也具有欧姆定律的形式。

La43C4047　什么叫电感电抗？它的简称是什么？它具有什么性质？写出它的求解公式。

答：电感线圈产生的自感电动势对电流所产生的阻碍作用称为线圈的电感电抗，简称感抗。

性质是：交流电的频率越高，感抗就越大。直流容易通过电抗，交流不易通过电抗。

求解公式为 $X_L = \omega L = 2\pi f L$

式中 X_L——感抗，Ω；

ω——角频率，rad/s；

L——线圈电感，H；

f——频率，Hz。

La43C4048   在纯电容电路中，电压与电流的关系是怎样的？

答：（1）纯电容电路的电压与电流频率相同。

（2）电流的相位超前于外加电压 u 为 $\pi/2$（即 90°）。

（3）电压与电流有效值的关系也具有欧姆定律的形式，即

$$I = \frac{U}{X_C}。$$

La43C4049   什么叫电容电抗？它的简称是什么？它具有什么性质？写出它的求解公式。

答：在交流电路中，由于电容器周期性的充电和放电，电容器两极上建立的电压极性与电源电压极性总是相同的，因此电容器极板上的电压相当于反电动势，对电路中的电流具有阻碍作用，这种阻碍电流作用称为电容电抗，简称容抗。

性质是：交流电的频率越低，容抗越大。直流越不易通过电容，交流容易通过电容。

求解公式为

$$X_C = \frac{1}{\omega C} = \frac{1}{2\pi f C}$$

式中 X_C——容抗，Ω；

ω——角频率，rad/s；

C——电容，F；

f——频率，Hz。

La43C4050　什么叫有功功率？写出求解公式。

答：（1）瞬时功率在一个周期内的平均值叫有功功率。

（2）$P = UI\cos\varphi$。

La43C4051　什么叫无功？无功功率？写出求解公式。

答：（1）能够在磁场中储存，在电源与负载之间进行往复交换而不消耗的能量称为无功。

（2）单位时间内的无功交换量叫无功功率。即在电路中进行能量交换的功率。

（3）$Q = UI\sin\varphi$。

La43C4052　什么是视在功率？写出求解公式。

答：（1）视在功率就是电路中电压有效值 U 和电流有效值 I 的乘积。

（2）$S = UI$。

La43C4053　什么是功率因数？写出求解公式。

答：（1）有功功率 P 占视在功率 S 的比值定义为功率因数。

（2）$\cos\varphi = \dfrac{P}{S}$。

La43C4054　在配电系统中三相负荷和单相负荷连接的原则是什么？

答：三相负荷的连接方式，分为星形和三角形两种。当负荷的额定电压等于电源的相电压（即电源线电压的 $1/\sqrt{3}$ 倍）时，负荷应接成星形；当额定电压等于电源的线电压时，应接成三角形。对于单相负荷也是根据它的额定电压应等于电源电压的原则确定应接入相电压还是线电压。单相负荷应尽量均匀地分配在三相上，使三相电源上分配的负荷尽量平衡。

La43C4055　简要叙述一次系统图的识读方法。

答：（1）阅读标题栏。

（2）阅读进出线的方式，所内母线的布置方式。包括进线电压等级，是单回还是双回；出线电压等级，是几条线；母线是几段，怎样联系。

（3）阅读主设备的连接关系。包括避雷器、线路、变压器、开关、互感器等。

（4）阅读主设备型号，弄清容量、电压等级、构造特点。

La43C4056　简要叙述二次系统图的识读方法。

答：（1）阅读标题栏。

（2）阅读二次系统电路图和原理图。弄清二次系统都由哪些设备或元件组成，明确相互间的对应连接关系。

（3）阅读二次系统展开图。对照二次系统电路图和原理图，按二次回路的连接顺序，分别对电压回路、电流回路和信号回路进行阅读。

（4）阅读材料明细表，弄清二次设备型号。

La43C4057　简要叙述动力和照明设备在平面图上的标注方法。

答：在动力和照明设备平面图上标注图形符号，用来表示设备的相互连接关系；在图形符号旁标注文字符号，用来说明其性能和特点。如：型号、规格、数量、安装方式、安装高度等。

La43C4058　分别解释下列线路标注的含义：

答：（1）WL5—BLVV—3×2.5—AL；

（2）WL2—BV—2×2.5—G15—RE；

（3）WL4—BVV－2×2.5—G15—CE。

答：（1）第5条照明线路，铝芯塑料绝缘塑料护套导线，

3 根各为 2.5mm² 的导线，铝皮线卡明敷设。

（2）第 2 条照明线路，铜芯塑料绝缘导线，2 根各为 2.5mm² 的导线，穿入直径为 15mm 的钢管，沿构架明敷设。

（3）第 4 条照明线路，铜芯塑料绝缘塑料护套导线，2 根各为 2.5mm² 的导线，穿入直径为 15mm 的钢管，沿顶棚明敷设。

La32C5059　简述用支路电流法解题的思路。

答：用支路电流法解题的思路是以各支路电流为未知量，根据基尔霍夫定律列出所需的回路电压方程和节点电流方程，然后求得各支路电流。

La32C5060　简述用回路电流法解题的思路。

答：用回路电流法解题的思路是以网孔回路的回路电流为未知数，按基尔霍夫电压定律列出回路电压方程，并联立求解出回路电流，然后，根据回路电流与各支路电流关系求出支路电流。

La32C5061　简述用节点电位法解题的思路。

答：用节点电位法解题的思路是以电路的一组独立节点的节点电位为未知数，按基尔霍夫电流定律列方程，并联立求解出节点电位，然后，根据欧姆定律求出各支路电流。

La32C5062　解释不对称三相电路概念。

答：三相交流电的物理量（电势、电压、电流）大小不等，或相位互差不是 120°电角度，称三相电路不对称。不对称的原因可能是因为三相电源的电势不对称，三相负载不对称（复数阻抗不同）或端线复数阻抗不同。

La32C5063　解释正序、负序和零序概念。

答：（1）三相正弦量中 A 相比 B 相超前 120°、B 相比 C

相超前 120°、C 相比 A 相超前 120°，即相序为 A—B—C，这样的相序叫正序。

（2）三相正弦量中 A 相比 B 相滞后 120°（即超前 240°）、B 相比 C 相滞后 120°、C 相比 A 相滞后 120°，即相序为 A—C—B，这样的相序叫负序。

（3）三相正弦量中 A 相比 B 相超前 0°、B 相比 C 相超前 0°、C 相比 A 相超前 0°，即三者同相，这样的相序叫做零序。

La32C5064 什么叫二端网络？什么叫含源网络？什么叫无源网络？

答：较复杂的电路称为网络，只有两个输出端的网络叫二端网络。含有电源的网络，叫含源网络。不含电源叫无源网络。

La32C5065 叙述用戴维定理求某一支路电流的一般步骤。

答：（1）将原电路划分为待求支路与有源二端网络两部分。

（2）断开待求支路，求出有源二端网络开路电压。

（3）将网络内电动势全部短接，内阻保留，求出无源二端网络的等效电阻。

（4）画出等效电路，接入待求支路，由欧姆定律求出该支路电流。

La32C5066 什么叫电压源？什么叫理想电压源？

答：用一个恒定电动势 E 和一个内阻 R_0 串联组合来表示一个电源。用这种方式表示的电源称为电压源。$R_0 = 0$ 时我们称之为理想电压源。

La32C5067 什么叫电流源？什么叫理想电流源？

答：用一个恒定电流 I_S 和一个电导 G_0 并联表示一个电源，这种方式表示的电源称电流源。若 $G_0 = 0$ 则称为理想电流源。

La32C5068　电压源与电流源之间怎样进行变换？

答：（1）已知电压源的电动势 E 和内阻 R_0，若要变换成等效电流源，则电流源的电流 $I_S = E/R_0$，并联电导 $G_0 = 1/R_0$。

（2）已知电流源恒定电流 I_S 和电导 G_0，若要变换成等效电压源，则电压源的电动势 $E = I_S/G_0$，内阻 $R_0 = 1/G_0$。注意，I_S 与 E 的方向是一致的。

La32C5069　什么叫半导体？什么叫空穴？什么叫本征半导体？

答：导电能力介于导体和绝缘体之间的物质叫做半导体。这一类材料有硅、锗、硒等。

半导体受热或光照时，有少量的电子可能摆脱共价键结构的束缚而成为自由电子，在它原来位置上带电荷的空位，叫空穴。不含杂质的半导体称为本征半导体。

La32C5070　什么叫掺杂半导体？什么叫 N 型半导体？什么叫 P 型半导体？

答：在常温下受热激励所产生的自由电子和空穴的数量很少，为提高半导体的导电能力，通常在半导体中掺入微量的有用杂质，制成掺杂半导体。掺杂半导体有 N 型有 P 型。

N 型半导体自由电子数远多于空穴数，这些自由电子是多数载流子，而空穴是少数载流子，导电能力主要靠自由电子，称为电子型半导体，简称 N 型半导体。

P 型半导体空穴数远多于自由电子数，这些空穴是多数载流子，而自由电子是少数载流子，导电能力主要靠空穴，称为空穴型半导体，简称 P 型半导体。

La32C5071　什么叫 PN 节？PN 节的特性是什么？

答：将 P 型半导体和 N 型半导体经过特殊工艺加工后，会有机地结合在一起，结合交界面两边的半导体内电子与空穴浓度不同，将向对方扩散，就在交界处形成了有电荷的薄层，这个带电荷的薄层称为 PN 节。

PN 节的特性是：在 PN 节之间加正向电压，多数载流子的扩散增强，有电流通过 PN 节，就形成了 PN 节导电。加反向电压，多数载流子扩散被抑制，反向电流几乎为零，就形成了 PN 节截止。

La32C5072　点接触型二极管的 PN 节与面接触型二极管由于 PN 节有什么区别？

答： 点接触型二极管的 PN 结面积很小，不能承受高的反向电压，也不能通过大的电流，极间电容小，适用于高频信号的检波、脉冲数字电路里的开关元件和小电流整流。面接触型二极管由于 PN 结的面积较大，可以通过较大的电流，极间电容较大，这类管子适用于整流，而不适用于高频电路中。

La32C5073　解释二极管伏安特性。

答： 加在二极管两端的电压和流过二极管的电流之间的关系曲线，称为二极管的伏安特性曲线。它表明二极管具有如下特性：

（1）正向特性。当二极管两端所加正向电压较小时，正向电流几乎为零，OA 这段电压（硅管约为 0.5V，锗管约为 0.1V）称为死区电压。当外加电压超过死区电压后，电流增加很快，二极管处于导通状态，管子呈现的正向电阻很小。

（2）反向特性。在二极管加反向电压的 OC 段内，仅有少数载流子导电，数值很小，称为反向漏电流，或称为反向饱和电流。

（3）反向击穿特性。当反向电压增加到一定大小时，反向电流剧增，称为二极管的"反向击穿"，相对应的电压称为反向击穿电压。

La32C5074 叙述二极管型号表示的意义。

答： 二极管的型号由数字和字母共四部分组成，其中第一部分是阿拉伯数字 2，表示电极数目，是二极管；第二部分用汉语拼音字母表示器件的材料和特性，如 A 表示 N 型锗材料，B 表示 P 型锗材料等；第三部分用汉语拼音字母表示器件类型，如 P 表示普通管，Z 表示整流管等；第四部分用数字表示器件设计序号。如 2CP1 表示是 N 型硅材料普通二极管，它主要用于整流。

La32C5075 二极管的主要参数有哪些？

答： 二极管的过负荷能力差，在使用时必须按二极管的参数和线路的要求，正确选择。二极管的主要参数有：①最大整流电流；②最高反向工作电压；③最大反向电流；④最高工作频率；⑤最大瞬时电流；⑥最高使用温度；⑦最低工作温度。

La32C5076 什么是二极管的最大整流电流？大功率的二极管怎样提高最大整流电流？

答： 二极管的最大整流电流是指在正常工作情况下，二极管所能通过的最大正向平均电流值。若超过这一数值，管子会因发热过高而损坏。对于大功率的二极管，为了降低它的温度，以便提高最大整流电流，须在电极上装散热片。

La32C5077 什么是二极管的最高反向工作电压？它通常为反向击穿电压的多少？

答： 最高反向工作电压是指二极管工作时所允许施加的最高反向电压（又称反偏压）值，通常为反向击穿电压的 $1/2$。

La32C5078 什么是二极管的最大反向电流？

答： 最大反向电流。指二极管未击穿时的反向电流。其值愈小，则二极管的单向导电性愈好，由于温度增加，反向电流会急剧增加，所以在使用二极管时要注意温度影响。

La32C5079　如何判别和简易测试二极管的极性？

答：通常二极管的正极标有一色点。如果是透明壳二极管，可直接看出其极性：内部连触丝的一头是正极，连半导体片的一头是负极。

如果既无颜色，管壳又不透明，则可利用万用表来判别二极管的极性，还可判断其质量。

将万用表拨到欧姆挡的 $R \times 100$ 或 $R \times 1k$ 位置上，然后用红黑两表棒先后正接和反接二极管的两个极。两次测量中，数值大的是反向电阻（常为几十千欧到几兆欧），数值小的是正向电阻（常为几百欧到几千欧）。两者相差倍数越大越好。如果电阻为零，说明管子已被击穿；如果正、反向电阻均为无穷大，说明二极管内部已断路，均不能使用。

万用表的黑表棒与表内电池的正极相连，因此测得正向电阻（阻值小）时，与黑表棒相接的一端为二极管的正极（也叫阳极），与红表棒相接的一端为二极管的负极（也叫阴极）。同理，在测得反向电阻时，即可判断与黑、红表棒相接的二极管的两个极分别是负极、正极。

La32C5080　简述三极管的分类和构成。

答：晶体三极管简称为三极管。它的种类很多。按照频率分，有高频管、低频管；按照功率分，有小、中、大功率管；按照半导体材料分，有硅管、锗管等。但从它的外形看，都有三个电极，分别称为发射极、基极和集电极，用 e、b、c 表示。

三极管内部由三层半导体材料组成，分别称为发射区、基区和集电区，结合处形成两个 PN 结，分别称为发射结和集电结。根据内部结构不同，三极管又分为 PNP 和 NPN 两种类型。目前国产的三极管，锗管大多为 PNP 型，硅管大多为 NPN 型。

La32C5081　简述三极管电流放大作用的规律。

答：（1）发射极电流等于基极电流和集电极电流之和，即

$$I_e = I_b + I_c$$

（2）基极电流很小，集电极和发射极电流接近相等。

（3）基极电流的微小变化，可以引起集电极电流的较大变化。这种现象称为三极管的电流放大作用。

La32C5082　什么叫三极管共发射极接法电流放大系数？

答：集电极电流的变化量 ΔI_c 与基极电流变化量 ΔI_b 的比值称为三极管共发射极接法电流放大系数，用 β 表示，即

$$\beta = \frac{\Delta I_c}{\Delta I_b} \approx \frac{I_c}{I_b}$$

La32C5083　什么是三极管的输入特性？

答：当加于集电与发射之间的电压 U_{ce} 为一定值时，基极与发射极间的电压 U_{be} 与基极电流 I_b 之间的关系，称为三极管的输入特性。

La32C5084　什么是三极管的输出特性？

答：输出特性。当基极电流为某一定值时，集电极电压 U_{ce} 与集电极电流 I_e 之间的关系曲线称为三极管的输出特性。

La32C5085　怎样简易测试三极管的基极和管型？

答：用万用表的 $R \times 100$ 或 $R \times 1k$ 可对三极管进行简易测试。用红表棒接好一个假设的基极，黑表笔分别接另外两个极，如测得的两次电阻都很大，再将两表棒调换，测得两次电阻都很小，则第一次红表棒连接的是 NPN 管的基极。如测得的两次电阻都很小，再将两表棒调换，测得两次电阻都很大，则第一次红表棒连接的是 PNP 管的基极。如不符，则换选其

他极为基极。

La32C5086　怎样通过简易测试判别三极管的集电极和发射极？

答：用万用表的 $R \times 100$ 或 $R \times 1k$ 可对三极管进行简易测试。当基极和管型确定后，可将万用表的两根表棒分别接到集电极和发射极极上，进行正接测量和反接测量各一次。如果是PNP 型管，则在测得电阻小的一次中，与黑表棒接触的那个是发射极，另一极是集电极。如果是 NPN 管，则相反。

Lb5C1087　常用电杆分哪几类？

答：常用电杆分为直线杆、耐张杆、终端杆、转角杆、跨越杆、分支杆。电杆按其结构型式还可分为单杆结构和 II 型杆结构。

Lb5C1088　农村电网中的配电线路，主要由哪些元件组成？

答：农村电网中的配电线路，主要采用架空线路方式。它由电杆、导线、绝缘子、金具、拉线、基础等组成。

Lb5C1089　线路绝缘子主要分为哪几种类型？

答：线路绝缘子主要分为针式绝缘子、蝶式绝缘子、悬式绝缘子、瓷横担、瓷拉棒、拉线绝缘子等多种类型。

Lb5C1090　金具按使用性能可分哪几种类型？

答：可分为支持金具、固定金具、连接金具、接续金具、防护金具、拉线金具等几个类型。

Lb5C1091　瓷横担有哪些优点？

答：具有绝缘性强、节约原材料、造价低廉等优点。

Lb5C1092　设备的缺陷是怎样分类的？

答：设备的缺陷按其严重程度可分为一般缺陷、重大缺陷、紧急缺陷几类。

Lb5C1093　隔离刀开关起什么作用？

答：起隔离电压的作用，有明显绝缘断开点，以保证检修人员安全。

Lb5C1094　自动空气断路器的种类有哪些？

答：框架式低压断路器；塑料外壳式低压断路器；电动斥力自动开关；漏电保护自动开关。

Lb5C1095　交流接触器的构造主要包括哪几部分？

答：触头系统；电磁系统；灭弧装置；其他部分。

Lb5C1096　自动空气断路器有哪些作用？

答：它是一种即可以接通、分断电路，又能对电路进行自动保护的低压电器。当所控制的电路中发生短路、过载，电压过低等情况时能自动切断电路。

Lb5C2097　电动机铭牌接法标△，额定电压标 380V，表明什么含义？

答：指电动机在额定电压下定子三相绕组的连接方法。若铭牌标△，额定电压标 380V，表明电动机电源电压为 380V 时应接△形。

Lb5C2098　若电压标 380/220V，接法标 Y/△，表明什么含义？

答：若电压标 380/220V，接法标 Y/△，表明电源线电压为 380V 时应接成 Y 形；电源线电压为 220V 时应接成△形。

Lb5C2099　说明抄表卡片中的基本内容有哪些？

答：登记种别、用电分类、电能表的制造厂家、电压等级、容量、电能表编号、电流表及电压表变比、实用倍率、电价、户名、用户地址等。

Lb5C2100　简要回答触电都有哪些种类？

答：触电种类有：直接接触触电、间接接触触电、感应电压电击、雷击电击、残余电荷电击、静电电击等。

Lb5C2101　什么叫电伤？电伤有哪几种？

答：电伤是指电对人体的外部造成的局部伤害。如电灼伤、电烙印，皮肤金属化等。

Lb54C3102　配电线路导线的截面应怎样选择？

答：选择线路导线截面积时，一般是按经济电流密度来选择，按机械强度、电压损失、导线发热进行校验，经过综合分析，选用能满足上述条件的导线截面。

Lb54C3103　配电线路拉线的主要作用是什么？

答：平衡导（地）线的不平衡张力；稳定杆塔、减少杆塔的受力。

Lb54C3104　拉线按实际作用分哪几类？各有什么作用？

答：可分为普通拉线、高桩拉线、自身拉线和撑杆。

（1）普通拉线：通过连接金具连接承受电杆的各种应力。

（2）高桩拉线：用拉线将电杆与高桩连接紧固。

（3）自身拉线：在因街道狭窄或因电杆距房屋太近而无条件埋普通拉线时应使用自身拉线。

Lb54C3105　拉线主要由哪些元件组成？各元件有什么作用？

答：拉线主要由钢绞线、拉线棒、拉线盘、拉线金具、绝缘子等组成。

（1）钢绞线起承受拉线的全部拉力的作用。

（2）拉线棒起拉线与拉线盘的连接作用。

（3）拉线金具起拉线与电杆、拉线棒、绝缘子的连接作用。

（4）拉线盘分为混凝土拉线盘和石材拉线盘，它装设于拉线的最下部，深埋在土壤内。起固定拉线的作用。

（5）绝缘子在拉线的中间部位，起把拉线上把与下把绝缘作用。

Lb54C3106　线路设备巡视能达到什么目的？

答：（1）掌握线路及设备运行情况，包括观察沿线的环境状况，做到心中有数。

（2）发现并消除缺陷，预防事故发生。

（3）提供详实的线路设备检修的内容。

Lb54C3107　线路设备巡视的种类有哪些？规程对定期巡视的周期是如何规定的？

答：巡视的形式一般有正常巡视、夜间巡视、特殊巡视、故障巡视、登杆检查几种。

定期巡视：重要线路每月一次，一般线路每季一次。

Lb54C3108　缺陷管理首先要做好哪些工作？

答：缺陷管理首先要做好缺陷记录工作。巡线人员发现缺陷后，要及时做好缺陷记录，缺陷记录是巡线人员的工作记录本，通过记录情况可以考核各巡线人员的工作优劣。

Lb54C3109　线路缺陷应如何进行分级管理？

答：（1）一般缺陷，由巡线人员填写缺陷记录，交由检修班在检修时处理。

（2）重大缺陷，在巡线人员报告后，线路主管部门及有关人员对现场进行复核鉴定，提出具体技术方案，经批准后实施。

（3）紧急缺陷，应立即报生产主管部门，采取安全技术措施后迅速组织力量进行抢修。缺陷消除后，应该在缺陷记录上详细记录下缺陷的消除情况，如消除人、消除时间等，消除人本人要签字，以考核缺陷处理工作。

Lb54C3110　低压接户线的最小线间距离是如何规定的？

答：低压接户线的最小线间距离如表 C-1 所示。

表 C-1　　　　　　　　低压接户线的最小线间距离

电　压	架设方式	档距（m）	线间距离（mm）
1kV 及以下	从电杆上引下	25 及以下	150
	沿墙敷设	6 及以下	100
		6 以上	150

Lb54C3111　低压接户线的最小截面是如何规定的？

答：低压接户线的最小截面规定如表 C-2 所示。

表 C-2　　　　　　　　低压接户线的最小截面

低压接户线架设方式	档　距（m）	最小截面（mm²）	
		绝缘铜线	绝缘铝线
自电杆引下	10 以下	2.5	4
	10~25	4	6
沿墙敷设	6 以下	2.5	4

Lb54C3112　低压接户线与建筑物的最小距离是如何规定的？

答：低压接户线与建筑物的最小距离规定如表C-3所示。

表 C-3　　　　　低压接户线的最小距离

接户线接近建筑物的部位	最小距离（m）
至通车道路中心的垂直距离	6
至难通车道路、人行道中心的垂直距离	3
至屋顶的垂直距离	2
在窗户以上	0.3
至窗户或阳台的水平距离	0.75
在窗户或阳台以下	0.8
至墙壁、构架之间的距离	0.05
至树木之间的距离	0.6

Lb54C3113　有填料熔断器有哪些型式和用途？

答：（1）RT0系列。该系列熔断器用于交流50Hz，额定电压380V或直流电压440V及以下短路电流较大的电路中。

（2）RT10系列。该系列熔断器用于交流50Hz（或60Hz）额定电压在500V或直流电压500V及以下，额定电流100A以下的电路中。

（3）RT11系列。用于交流50Hz（或60Hz）额定电压500V以下，额定电流400A及以下的电路中。

（4）RL1系列，用于交流50Hz（或60Hz）额定电压380V或直流电压440V，额定电流200A及以下的电路中。

（5）RS0系列。用于交流50Hz，额定电压750V以下，额定电流480A及以下电路中，作为半导体整流元件及其成套装置的短路保护和过负荷保护。

（6）RS3系列。用于交流50Hz，额定电压1000V及以下额定电流700A及以下的电路中，作晶闸管整流元件及其成套装置的过负荷保护。

（7）RLS1螺旋式快速熔断器。用于交流50Hz、额定电压500V以下或直流额定电压380V及以下，额定电流100A及以下的电路中，作为硅整流元件及其成套装置的短路或过负荷保护。

（8）RZ1 系列。用于交流 50Hz，电压 380V，电流 800A 的电路中，与塑壳自动开关组成高分断能力，高限流型自动开关。

Lb54C3114　简述交流接触器的工作原理。

答：接触器是利用电磁机构及弹簧等构成一种低压电器。当接触器励磁线圈中通入电流，铁心被磁化而动铁心被吸动与静铁心吸合。带动主触头闭合，接通主电路。辅助动合触头闭合，辅助动开触头打开。当励磁线圈断电时，动铁心在弹簧的作用下打开。

Lb54C3115　农村井用异步电动机常用的是哪几个类型？其新代号和旧代号各是什么？

答：异步电动机，新 Y，旧 J，JO，JX，JK；绕线转子异步动机，新 YR，旧 JR，JRO，YR；大型高速异步电动机（快），新 YK，旧 JK；高起动转矩异步电动机，新 YQ，旧 JQ，JQO；多速异步电动机，新 YD，旧 JD，JDO；笼型转子立式异步电动机（大中型），新 YL，YLL，JSL；绕线转子立式异步电动机（大中型），新 YRL，旧 JRL；立式深井泵用异步电动机，新 YLB，旧 JLB；井用（充水式）潜水异步电动机，新 YQS，旧 JQS；井用（充油式）潜水异步电动机，新 YQSY，旧 JQSY。

Lb54C3116　请简要回答三相异步电动机的工作原理。

答：三相交流电动机的定子绕组通入三相交流电，就会产生一个旋转磁场，旋转磁场的磁力线通过定子铁心、气隙和转子铁心构成回路。异步电动机转子绕组导体由于相对于旋转磁场运动，就会因切割磁力线而感应电动势，因而转子绕组就会流过电流。载流的转子绕组导体在旋转磁场中会受到电磁力的作用。在电磁力形成的电磁转矩作用下，电动机转子就沿着旋转磁场的方向转动起来。

Lb54C3117　允许电动机直接起动的原则是什么?

答：电动机由变压器供电的动力回路，不经常起动的电动机，其容量不宜超过变压器容量的 30%；经常起动的电动机，其容量不宜超过变压器容量的 20%。若照明与动力混合回路，允许直接起动的电动机容量将会更小。

Lb54C3118　用熔断器作为对三相异步电动机进行短路保护时，熔丝或熔体的额定电流应怎样选择?

答：对于单台电动机，可按 1.5～2.5 倍电动机的额定电流来选用，重载起动的取值较大，轻载或降压起动的取值较小；绕线型异步电动机一般取 1.25 倍额定电流即可。对于多台电动机，熔体的额定电流应大于或等于最大一台电动机的额定电流的 1.5～2.5 倍，再加上同时使用的其他电动机额定电流之和。

Lb54C3119　简要说明抄表器有哪些主要功能?

答：抄表功能、计算功能、防止估抄功能、纠错功能、统计功能、检索功能、报警功能、通信功能。

Lb54C3120　抄表器的关机方法有几种? 说明每种关机方法的特点是什么?

答：有两种方法，分别如下：

（1）按［关机］键关机。特点：下次再开机时，可以快速进入关机前状态。这种关机方法虽然使用很方便，但是抄表的数据容易被修改。

（2）回到主控台关机。特点：再次开机时，要输入密码才能进入应用程序。使用时，虽然麻烦一些，但是抄表数据不易被改动。

Lb54C3121　什么叫电击? 对人体有什么危害?

答：电击是指人的内部器官受到电的伤害。当电流流过人的内部重要器官时，如呼吸系统、中枢神经系统、血液循环系统等，将造成损坏，内部系统工作机能紊乱，严重时会休克甚至死亡。遭电击者，一般在电流的入口和出口处留有击穿的痕迹，若接触电压较高，则击穿的伤口较大，较深，不易愈合。电击除造成人体生理性质的伤害外，神经也可能受伤。

Lb54C3122 电灼伤对人体有什么危害？

答：电灼伤一般有接触灼伤和电弧灼伤两种。接触灼伤发生在高压触电事故时，电流流通的人体皮肤进出口处，一般进口处比出口处的灼伤严重，接触灼伤的面积较小，但深度深，大多为三度灼伤。灼伤处呈现为黄色或褐黑色，并可累及皮下组织、肌腱、肌肉、神经及器官，甚至使骨骼呈现炭化状态。当发生带负荷误拉、合隔离开关、带地线合隔离开关时，所产生强烈的电弧都可能引起电弧的灼伤，其情况与火焰烧伤相似，会使皮肤发红，起泡、烧焦组织，并使其坏死。

Lb54C3123 电烙印对人体有什么危害？

答：电烙印发生在人体与带电体之间有良好的接触部位处。在皮肤表面留下与带电接触体形状相似的肿块痕迹。电烙印边缘明显，颜色多呈灰黄色。电烙印一般不发臭或化脓，但往往造成局部的麻木或失去知觉。

Lb54C3124 触电急救坚持的"八字原则"是什么？

答：迅速、就地、准确、坚持。

Lb54C3125 简要回答脱离电源的一般方法有哪些？

答：脱离电源的一般方法是：首先要使触电者迅速脱离电源。要把触电者接触的那一部分带电设备的开关，或设法将触电者与带电设备脱离。同时救护者也要注意保护自己不要触电。

Lb54C3126　发生火灾必须同时具备的条件是什么？

答：发生火灾必须同时具备三个条件，一是可燃性物质；二是助燃性物质（氧化剂、氧气）；三是火源或高温。

Lb54C3127　电气火灾和爆炸的原因是什么？

答：（1）有易燃易爆的环境，也就是存在易燃易爆物及助燃物质。

（2）电气设备产生火花、危险的高温。

Lb54C3128　引起电气设备过度发热的原因有哪些？

答：引起电气设备过度发热的原因有以下几方面：①短路；②过负荷；③接触不良；④铁心发热；⑤发光发热设备的正常运行温度，如电炉、白炽灯等的外壳表面温度；⑥通风散热不良。

Lb54C3129　线路短路引起火灾的原因是什么？

答：线路短路时由于短路电流的热效应使得温度急剧升高，从而引起绝缘材料燃烧，使线路附近的易燃物燃烧着火。

发生短路引起火灾的主要原因有：①线路安装不正确；②对运行线路未能及时发现缺陷；③使用不正确。

Lb54C3130　线路过负荷引起火灾的原因是什么？

答：造成线路过负荷的原因主要有：①导线截面选择偏小；②线路所接的用电设备增加时未能及时更换大截面导线；③过负荷保护整定值偏大，使线路长期过负荷运行。

Lb54C3131　引起变压器火灾的主要原因是什么？

答：（1）绕组匝间、层间或相间绝缘损坏发生短路，造成绕组发热、燃烧；

（2）铁心间绝缘或铁心与夹紧螺栓间绝缘损坏，引起涡流损耗增加，温度上升，可使绝缘油分解燃烧；

（3）绕组及分接头引线连接点接触电阻过大，引起高温起火；

（4）绝缘油老化、变质、杂质过多，都可引起耐压等级下降，发生闪弧；

（5）变压器渗漏油引起油面下降，散热作用减少引起绝缘材料过热和燃烧；

（6）变压器外部线路短路，严重过负荷而保护又拒动，也会引起内部起火、爆炸。

Lb54C3132　引起电动机火灾的原因有哪些？

答：（1）电动机绕组发生单相匝间短路、单相接地和相间短路，引起绕组发热，绝缘损坏而燃烧；

（2）电动机过负荷、缺相或电源电压降低，引起转速降低，绕组过电流发热，绝缘损坏，引起火灾；

（3）电动机润滑不足，或受异物卡住，堵转引起电流过大而发生火灾；

（4）接线端松动，接触电阻过大产生局部高温或火花，引起绝缘或易燃物燃烧；

（5）通风槽被粉尘或异物堵塞，散热不良引起绕组过热而起火。

Lb54C3133　引起油断路器起火爆炸的主要原因有哪些？

答：（1）断路器遮断容量不足，当断路器遮断容量小于系统的短路容量时，断路器不能及时熄弧，由于电弧的高温使油加热分解成易燃物及气体，从而引起燃烧、爆炸；

（2）油面偏低或偏高，当油面偏低，在切断电弧时油质分解的气体不能及时冷却，从而与上层空气混合，造成燃烧、爆炸；油面偏高时气体冲不出油面，内部压力过大引起爆炸；

（3）套管积垢受潮，造成相间击穿闪络引起燃烧、爆炸。

Lb54C3134　引起电缆终端盒火灾的原因有哪些?

答：（1）终端盒绝缘受潮、腐蚀、绝缘被击穿；

（2）充油电缆由于安装高度差不合要求，内中压力过大使终端盒密封破坏，引起漏油起火；

（3）电缆通过短路电流，使终端盒绝缘炸裂。

Lb54C3135　低压配电屏（盘）发生火灾的主要原因有哪些?

答：（1）装不符合要求、绝缘损坏、对地短路；

（2）绝缘受潮，发生短路；

（3）接触电阻过大或长期不清扫，积灰受潮短路。

Lb54C3136　简述电费账务的分类。

答：分类如下：①应收电费账；②实收电费账；③电费收入明细账；④银行存款明细账；⑤其他账务。

Lb54C3137　常见的收费方式有哪些?

答：常见收费方式为：①走收；②银行代收电费；③电脑储蓄；④购电制；⑤委托银行收费。

Lb4C3138　跌落式熔断器主要作用是什么?

答：用于架空配电线路的支线、用户进口处，以及配电变压器一次侧、电力电容器等设备，作为过载或短路保护。

Lb4C3139　跌落式熔断器，按其结构原理和作用，一般可分为哪几种?

答：一般可分为：①双尾式跌落式熔断器；②钮扣式跌落式熔断器；③负荷式跌落式熔断器；④重合式跌落式熔断器。

Lb4C3140　叙述双尾式跌落式熔断器的基本原理。

答：在正常工作时，熔丝管两端的上动触头和下动触头依靠双尾式熔丝元件拉紧，将上动触头推入鸭嘴凸出部分，磷铜片制成的上动触头将熔丝管牢固地卡在鸭嘴内。当短路电流通过熔断器使元件熔断时，将产生电弧，熔丝管内衬的消弧管在电弧的作用下会产生大量气体，在交流电流过零时电弧熄灭。由于熔丝管元件熔断，熔丝管的上动触头失去元件的拉力，在熔丝管自身重力和上下静触头磷铜弹簧片的作用下，熔丝管迅速跌落使电路断开。

Lb4C3141　叙述重合式跌落式熔断器的基本原理。

答：重合式跌落式熔断器，每相装有两个熔丝管，一个常用，一个备用。在备用熔丝管下面有一自合操作曲柄，当常用熔丝管跌落时会带动自合操作曲柄，使备用熔丝管自动重合。

Lb4C3142　跌落式熔断器一般可根据哪些技术条件进行选择？

答：跌落式熔断器的选择一般可根据使用环境、额定电压、额定电流、开断能力和熔丝元件的安秒特性及动作时间等技术条件进行选择。

Lb4C3143　柱上多油式断路器的特点是什么？

答：结构简单，制造方便，运行可靠，易于维护，噪声小等。但由于它采用油作为绝缘和灭弧介质，质量和体积都比较大，在开断小电流时燃弧时间长，动作速度慢，并且它的灭弧室油易劣化，需有一套油处理装置。

Lb4C3144　真空断路器的特点是什么？

答：体积小，重量轻，寿命长，能进行频繁操作，开断电容电流性能好，可连续多次重合闸，并且它的运行维护简单，无爆炸的可能性，噪声小等。

Lb4C3145　SF$_6$断路器的特点是什么？

答：体积小、重量轻、寿命长、能进行频繁操作、可连续多次重合闸、开断能力强、燃弧时间短、运行中无爆炸和燃烧的可能、噪声小等，并且它运行、维护简单，但 SF$_6$断路器价格较高。

Lb4C3146　避雷器的作用是什么？

答：主要用来保护架空线路中的绝缘薄弱环节和变、配电室进线段的首端以及雷雨季节经常断开而电源侧又带电压的隔离开关或油断路器等。

Lb4C3147　箱式变电站具有哪些优点？有哪些主要设备？

答：具有供电可靠、结构合理、安装迅速、设置灵活、操作方便、体积小、造价低等优点。是有配电变压器、高压和低压室，功能齐全的箱式整体结构。

Lb4C3148　选择电动机容量是否应留有余地？

答：选择电动机容量时应留有余地，应使电动机的额定功率比拖动的负载功率稍大一些，但也不可过大。出现"大马拉小车"的现象，不仅浪费投资还因低负荷运行使效率、功率因数下降，造成电能的浪费。

Lb4C3149　变压器有哪些主要部件？

答：电力变压器由绕组、铁心、油箱、底座、高低压套管、引线、散热器（或冷却器）、净油器、储油柜、气体继电器、安全气道、分接开关、温度计等组件和附件所构成。

Lb4C3150　变压器油箱有什么作用？

答：油箱是油浸变压器的支持部件，它们支持着器身和所有附件。油箱里装有绝缘和冷却用的变压器油。

Lb4C3151　变压器油的作用是什么？

答：起冷却和绝缘作用。

Lb4C3152　变压器防爆管采用薄膜保护的作用是什么？

答：防爆管（安全气道）顶端装有防爆膜，其作用是当变压器内部发生故障时，气体骤增能使油及气体冲破薄膜（防爆膜）喷出，防止油箱破裂或爆炸。

Lb4C3153　变压器吸湿器的作用是什么？

答：吸湿器是防止变压器油受潮的部件之一。它是一个圆形容器，吸湿器内装有吸湿剂，上端通过联管接到储油柜上，下端有孔与大气相通。在变压器运行中油变化时，它起吸气和排气作用。

Lb4C3154　变压器油枕（储油柜）的作用是什么？

答：储油柜是用来减轻和防止变压器油氧化和受潮的装置。

Lb4C3155　变压器净油器的作用是什么？

答：净油器（温差滤油器），是用钢板焊成圆桶形的小油罐，罐内也装有硅胶之类吸湿剂，当油温变化而循环流动时，经过净油器达到吸收油中水分、渣滓、酸化物的作用。

Lb4C3156　变压器气体继电器的作用是什么？

答：气体继电器安装在油箱与储油柜连接管之间，是变压器内部故障的保护装置（又叫瓦斯继电器或浮子继电器）。当内部发生故障时。它给运行人员发出信号或自动切断电源，以保护变压器。

Lb4C3157　变压器分接开关的作用是什么？

答：分接开关是用来连接和切断变压器绕组接头，实现调压的装置。

Lb4C3158　解释变压器型号 SF2—6300/220 的含义。

答：S—三相、F—风冷、2—设计序号、6300—额定容量为 6300kVA、220—高压绕组额定电压 220kV。

Lb4C3159　简述商业用电电价基本内容。

答：凡从事商品交换或提供商业性、金融性、服务性的有偿服务所需的电力，不分容量大小，不分动力照明，均实行商业用电电价。

Lb4C3160　简述农业生产电价执行范围及有关规定。

答：凡属农田排涝、灌溉、电犁、打井、打场、脱粒、饲料加工（非经营性）、防汛临时照明用电，均执行农业生产电价。

Lb43C3161　跌落式熔断器的主要技术参数有哪些内容？

答：（1）额定电压，是指熔断器分断后能长期承受的电压。

（2）额定电流，是指熔断器能长期通过的电流。

（3）开断能力，是指熔断器在被保护设备过载或故障情况下，可以可靠开断过载或短路电流的能力。极限开断能力是指熔断器能开断的最大短路电流的能力。

Lb43C4162　跌落式熔断器及熔丝的额定电流应如何选择？

答：跌落式熔断器的额定电流必须大于或等于熔丝元件的

额定电流。跌落式熔断器熔丝元件的选择，一般按以下原则进行：

（1）配电变压器一次侧熔丝元件选择。当配电变压器容量在 100kVA 及以下时，按变压器额定电流的 2～3 倍选择元件；当变压器容量在 100kVA 以上时，按变压器额定电流的 1.5～2 倍选择元件。

（2）柱上电力电容器。容量在 30kvar 以下的柱上电力电容器一般采用跌落式熔断器保护。熔丝元件一般按电力电容器额定电流的 1.5～2.5 倍选择。

（3）10kV 用户进口。用户进口的熔丝元件一般不应小于用户最大负荷电流的 1.5 倍，用户配电变压器（或其他高压设备）一次侧熔断器的熔丝元件应比进口跌落式熔断器熔丝元件小一级考虑。

（4）分支线路。分支线路安装跌落式熔断器，熔丝元件一般不应小于所带负荷电流的 1.5 倍，并且至少应比分支线路所带最大配电变压器一次侧熔丝元件大一级。

架空线路跌落式熔断器选择熔丝元件时，对于配电变压器而言，一般按计算额定电流即可；对于用户设备，一般可按最大负荷电流选择；对于电容器则计算其无功电流。

Lb43C4163　柱上断路器的主要技术参数有哪些？

答：主要技术参数包括：①额定电压；②最高工作电压；③额定电流；④额定开断电流和极限开断电流；⑤断流容量；⑥极限通过电流；⑦热稳定电流；⑧合闸时间；⑨开断时间和固有分闸时间。

Lb43C4164　什么是柱上断路器的额定开断电流和极限开断电流？

答：（1）额定开断电流。是指断路器在额定电压下能安全无损地开断的最大电流，它一般是指短路电流。

（2）极限开断电流。是指当断路器的运行电压低于额定电压时，断路器的允许开断电流可以超过额定开断电流。但它不是按电压降低成比例的无限增加，它有一个由断路器的灭弧能力和承受内部气体压力的机械强度所决定的极限值，这一极限值称为极限开断电流。

Lb43C4165　柱上断路器一般是根据哪些条件来选择？

答：根据额定电压、最高工作电压、额定电流、额定功率、绝缘水平、开断电流、短路关合电流、动稳定电流、热稳定电流和持续时间、操作循环、机械负荷、操作次数、分合闸时间、过电压、操作机构形式、操作气压或电压和相数等级技术参数进行选择的。并且对于柱上断路器的使用环境条件等还需要进行校验确定。

Lb43C4166　FW10—10/630G 高压柱上负荷闸刀的特点是什么？

答：（1）具有没有外部电弧的切合功能。

（2）使用面广，可用于线路切换、变压器切换、电缆切换等场合。

（3）有明显的断开点。

（4）免维护。

（5）安装方式可以多种多样，能满足大多数通用的配电线路设计等。

Lb43C4167　高压柱上闸刀的作用是什么？

答：它主要安装在高压配电线路的联络点、分段、分支线处及不同单位维护的线路的分界点或 10kV 高压用户变电所的入口处，用于无负荷断、合线路。这样能方便检修、缩小停电范围；利用隔离开关断口的可靠绝缘能力，使需要检修的高压设备或线路与带电设备或线路隔开，能给工作人员一个可见开断点，保证停电检修工作人身安全。

Lb43C4168　合成绝缘氧化锌避雷器的主要优点有哪些？

答：（1）绝缘性能良好。

（2）耐污性能强。

（3）合成材料成型性好，容易实现可靠的密封。

（4）合成绝缘材料具有较好的弹性，可降低避雷器爆炸成碎片的可能性。

（5）体积小、重量轻、运输安装方便。

（6）运行可靠，不易破损，平时无需维护

（7）制造工艺简单。

（8）可制成支柱型结构，可以简化配电线路结构和减少配电线路装置尺寸。

Lb43C4169　在恒定负载下怎样选择连续工作制电动机的容量？

答：在恒定负载下长期运行的电动机容量选择按下式选择

$$P_{NJ} = \frac{P}{\eta_1 \eta_2}$$

式中　P_{NJ}——根据机械负载计算出的电动机的功率，kW；

　　　P——负载的机械功率，kW；

　　　η_1——机械负载效率；

　　　η_2——传动机构的效率。

根据计算结果，选择电动机的容量 P_N 不小于但接近 P_{NJ} 值的容量为宜。

Lb43C4170　在变动负载下怎样选择连续工作制电动机的容量？

答：在变动负载下连续工作制的电动机，选择其容量时，常采用等效负载法，也就是以一个假设的恒定负载来代替实际变动的负载。代替的原则是在一时间段内恒定负载的发热量要与变动负载的发热量相同，然后按照上述恒定负载选择电动机容量的方法，来选择变动负载下连续工作制电动机的容量。一般情况下，对于采用直接传动的电动机，选择电动机的容量 P_N 为 $1 \sim 1.1 P_{NJ}$ 倍；采用皮带传动的电动机，选择电动机的容量 P_N 为 $1.05 \sim 1.15 P_{NJ}$ 倍。

Lb43C4171　怎样选择短时工作制电动机的容量？

答：短时工作制的电动机是按短时工作的条件设计的，由于电机停止运转时，处于散热冷却过程中，所以温升会得到限制。若选用连续工作制电动机，在温升不超过允许值的条件下可适当降低电动机的容量，但必须有足够的起动转矩和最大转矩。条件许可时，应尽可能选择短时定额的电动机。

Lb43C4172　怎样选择断续周期工作制（重复短时）电动机的容量？

答：负载持续率小于60%时，应选用断续定额的电动机。若选用连续定额的电动机，可适当降低容量。负载持续率大于60%时，应选用连续定额的电动机。

Lb43C4173　简述互感器的作用。

答：互感器是一种特种变压器，是一次系统和二次系统间的联络元件，用以分别向测量仪表、继电器的电压和电流线圈供电，正确反映电气设备的正常运行和故障情况。其作用如下：

（1）互感器与电气仪表和继电保护及自动装置配合，测量电力系统高电压回路的电压，电流及电能等参数；

（2）互感器使二次设备和工作人员均能与高电压隔离，且互感器二次接地，从而保障了工作人员与设备安全；

（3）互感器使二次所取量统一，有利于二次设备标准化；

（4）互感器二次回路不受一次系统的限制，可以使接线简单化；

（5）互感器使二次设备用低电压、小电流连接控制，便于集中控制。

Lb43C4174　运行中的电压互感器二次侧为什么不能短路？

答：电压互感器二次绕组不能短路。由于电压互感器的正常负载是阻抗很大的仪表、继电器电压线圈或自动装置的电压线圈，发生短路后，二次回路阻抗仅仅是互感器二次绕组的阻抗，因此在二次回路中会产生很大的短路电流，影响测量表计的指示，造成继电保护误动，甚至烧毁互感器。

Lb43C4175　电压互感器二次侧为什么必须一端接地？

答：电压互感器二次绕组及零序电压绕组的一端必须接地。否则在线路发生故障时。在二次绕组和零序电压绕组上感应出高电压，危及仪表、继电器和人身的安全。一般是中性点接地。

Lb43C4176　运行中的电流互感器为什么不允许开路？

答：电流互感器在工作中，二次侧不允许开路。若二次侧开路，使铁心中的磁通剧增，引起铁心严重饱和，在副绕组上产生高电压甚至上万伏，对工作人员和二次回路中的设备都有很大的危险。同时，由于铁心磁感应强度和铁损耗剧增，将使铁心过热而损坏绝缘。

Lb43C4177　《供电营业规则》规定哪些客户的功率因数在电网高峰负荷时应达到 0.80 以上？在 DL/T499—2001 的新规定又是怎样的？

答：功率因数考核值为 0.80 的，适用于 100kVA 以上的农业客户和大工业客户划由电力企业经营部门直接管理的趸售客户。以上是原来的规定，但在 DL/T 499—2001 有新规定：

（1）县供电企业平均功率因数应在 0.9 及以上。

（2）每条 10kV 出线的功率因数应在 0.9 及以上。

（3）农业用户配电变压器低压侧功率因数应在 0.85 及以上。

Lb43C4178　电网销售电价分哪几类？

答：售电价按用电类别分为：居民生活电价、非居民照明电价、商业电价、大工业电价、普通工业电价、非工业电价、农业生产电价、趸售电价等八大类。

Lb43C4179　什么是两部制电价？

答：两部制电价是将电价分为两部分，一部分是以客户接入系统的用电容量或需量计算的基本电价；另一部分是以客户计费电能表计量的电量来计算电费的电量电价。

Lb3C4180　接地方式文字代号 TN 意义是什么？它有几种细分方式？

答：TN 系统。电力系统有一点直接接地（通常是中性点直接接地），电气装置的正常运行时不带电的金属外壳通过保护导线与该点直接连接，这种接地方式称为保护接零。按保护线 PE 和中性线 N 的组合情况，TN 系统可以分为三种形式。

TN—S 供电系统，PE 和 N 在整个系统中是分开的。

TN—C 供电系统中，PE 和 N 在整个系统中是合一的。

TN—C—S 供电系统，PE 和 N 在整个系统中部分合，部分分开。

Lb3C4181　接地方式文字代号 TT 意义是什么？

答：TT 系统。电力系统有一个直接接地点（中性点接地），电气装置正常运行时不带电的金属外壳接到电气上与电力系统接地点无关的独立接地装置上。

Lb3C4182　接地方式文字代号 IT 意义是什么？

答：IT 系统。电力系统可接地点不接地或通过阻抗（电阻器或电抗器）接地，电气装置正常运行不带电的金属外壳单独直接接地。

Lb3C4183　什么叫保护接地？

答：电气设备正常运行不带电的金属外壳与大地作可靠电气连接，称为保护接地。

Lb3C4184　什么叫保护接零？

答：将电气设备正常运行不带电的金属外壳与中性点接地引出的中性线（零线）进行连接，称为保护接零。

Lb3C4185　什么叫工作接地？

答：为了稳定系统电压和运行需求而将系统的中性点接地称为工作接地。

Lb32C4186　简述精电 200 系列各种型号防腐降阻剂的适用范围。

答：（1）精电 200—N 为普通型，适用于大多数接地工程；

（2）精电 200—G 为保证型，适用于特别重要的接地工程；

（3）精电 200—SB 型特别抗盐型，适用于严重的盐碱地条件下的接地工程；

（4）精电 200—D 为特别抗干旱型，适用于严重干旱地区；

（5）精电 200—M 为特别防水型，适用于特别潮湿的场合；

（6）精电 200—K 为物理型，适用于对金属腐蚀严重的地区。

Lb32C4187　造成电动机绝缘电阻偏低的主要原因有哪些?

答：（1）制造或检修时造成绝缘不良。

（2）电动机老旧或长时间过载运行使绝缘老化。

（3）长时间放置在潮湿环境中，受潮气入侵或水滴渗入绕组中。

（4）电动机定子内外和接线盒的灰尘、油污太多造成绝缘电阻降低。

（5）工作环境通风不良，环境温度过高，使绝缘老化。

（6）绕组、引出线或接线盒胶木板烧伤、破损。

Lb32C4188　造成电动机缺相运行的原因有哪些?

答：（1）电源电压缺相;

（2）电动机主电路熔断器熔断一相;

（3）电动机定子绕组一相断线;

（4）开关和起动控制设备等接线不良，有一相电路未接通;触点、接线端接触不良或因氧化锈蚀而接触电阻过大。

Lb32C4189　怎样排除电动机缺相运行故障?

答：如果缺一相电压，表明主电路一相断路。检查主电路，可以通电检查，也可以停电检查。可以用万用表交流电压档测量主电路各设备和元件的进、出线端三相电压。如果某一设备或元件的进线端三相电压正常，而出线端缺少一相电压，说明故障就出在该设备或元件上，进一步找出故障点进行修复。

Lb32C4190　温升过高来自电动机本身的原因有哪些?

答：（1）安装和维修电动机时，误将△形接法的电动机绕组接成了Y形接法，或者误将Y形接法的接成了△形。

（2）绕组相间、匝间短路或接地，导致绕组电流增大，三相电流不平衡，使电动机过热。

（3）极相组线圈连接不正确或每相线圈数分配不均，造成三相空载电流不平衡，并且电流过大；电动机运行时三相电流严重不平衡，产生噪声和振动，电动机过热。

（4）定、转子发生摩擦发热。

（5）异步电动机的笼型转子导条断裂，或绕线转子绕组断线。电动机出力不足而过热。

（6）电动机轴承过热。

Lb32C4191　电动机本身故障原因造成的温升过高，应怎样处理？

答：电动机本身故障原因造成的温升过高，如果是三相绕组的接法错误，应对照电动机铭牌，重新纠正接法就可以了；如果是电动机绕组接线错误或者绕组断路、短路或接地故障，则应解体电动机进行检查，找出故障予以修复；如果是定、转子相擦或轴承过热等机械故障，则应查明原因，进行修理或更换。

Lb32C4192　温升过高来自负载方面的原因有哪些？

答：（1）电动机长时间过负载运行，定子电流大大超过额定电流，电动机过热。

（2）电动机起动过于频繁，起动时间过长或者起动间隔时间太短，都会引起电动机温升过高。

（3）被拖动机械故障，使电动机出力增大，或被卡住不转或转速急剧下降，使电动机电流猛增而过热。

（4）电动机的工作制式和负载工作制不匹配，例如短时周期工作制的电动机用于带动连续长期工作的负载。

Lb32C4193　负载原因造成的温升过高，应怎样处理？

答：如果负载过重应设法减轻负载或更换大容量电动机；电动机的起动操作应根据其技术要求进行；电动机和负载制式不匹配应调换合适的电动机；如果是拖动机械的故障原因，应停机检修排除。

Lb32C4194　温升过高来自环境和通风散热方面的原因有哪些？

答：（1）电动机工作环境温度过高，电动机得不到良好的通风散热而过热。

（2）电动机内的灰尘、油垢过多，不利于电动机的散热。

（3）风罩或电动机内挡风板未装，导致风路不畅，电动机散热不良。

（4）风扇破损、变形、松脱，或者未装或装反，使电动机通风散热不良。

（5）封闭式电动机外壳散热筋片缺损过多，散热面积减小；或者防护式电动机风道堵塞，都会造成电动机通风散热不良而温升过高。

Lb32C4195　环境和通风散热方面的原因造成的温升过高，应怎样处理？

答：电动机的工作环境应尽量做到通风降温良好，对于通风降温不良，温度高的工作场所，应采用绝缘等级高的电动机或其他冷却方式（如水冷式）电动机。电动机要经常保持清洁，对于灰尘、粉尘多的工作场所应选用适用防护方式的电动机；电动机上的灰尘可用压缩空气来吹扫，结壳的油垢只有用毛刷蘸中性洗涤剂清刷，并用竹签细心刮削。风扇、风罩、挡风板未装或松脱应重新装好，风扇破损应予修理或更换。风道堵塞应予彻底清扫。使风道畅通。

Lb32C4196　电动机发生扫膛的主要原因有哪些？

答：（1）电动机的定子铁心、转子铁心发生变形。

（2）电动机轴承损坏或过旷。

（3）转轴弯曲形变。

（4）电动机内部不清洁，存在油垢、杂物、铁屑等。

（5）修理时，槽楔或绝缘物突出。

Lb32C4197　造成电动机外壳漏电的原因有哪些？

答：（1）绕组受潮或绝缘老化，绝缘电阻明显下降；

（2）接线盒灰尘过多或接线板炭化，使对地绝缘电阻明显下降；

（3）绕组引接线绝缘套管破损并碰壳或相绕组发生接地等。

Lb32C4198　在什么情况下电动机需装设过载（过负荷）保护？

答：（1）容易过载的；

（2）由于起动或自起动条件差可能起动失败或需要限制起动时间的；

（3）功率在 30kW 及以上的；

（4）长时间运行且无人监视的。

Lb32C4199　户外杆上变压器台安装的一般要求有哪几项？

答：（1）杆上变压器台应满足在高压线路不停电的情况下检修。在更换变压器时，要有足够的安全距离。

（2）变压器台的倾斜度不应大于变压器台高的 1%，变压器油枕一侧可稍高一些，坡度一般为 1% ~ 1.5% 。变压器在台上应平稳、牢固。

（3）变压器台各部分之间距离标准：变压器底部至地面 ≥2500mm；跌落式熔断器至地面 4000 ~ 5000mm；高压引线对横担、电杆 ≥200mm；高压相间固定处 ≥300mm；高压引线相之间≥500mm；跌落式熔断器之间≥600mm；低压相间及对地（外壳、横担）≥150mm。

（4）变压器高、低压侧均应装设熔断器，100kVA以上变压器低压侧应装设隔离开关。

（5）变压器承重横担应有足够的强度，一般采用10～12号槽钢。

Lb32C4200　户外杆上变压器台各部分之间距离标准各为多少？

答：户外杆上变压器台各部分之间距离标准：①变压器底部至地面≥2500mm；②跌落式熔断器至地面4000～5000mm；③高压引线对横担、电杆≥200mm；④高压相间固定处≥300mm；⑤高压引线相之间≥500mm；⑥跌落式熔断器之间≥600mm；⑦低压相间及对地（外壳、横担）≥150mm。

Lb32C4201　户外落地变压器台安装的一般要求有哪几项？

答：（1）户外落地变压器台周围应安装固定围栏，围栏高度不低于1.7m，变压器外廓距围栏和建筑物的外墙净距离不应小于0.8m，与相邻变压器外廓之间的距离不应小于1.5m，变压器底座的底面与地面距离不应小于0.3m。

（2）变压器外廓与建筑物外墙距离小于5m时，应考虑对建筑物的防火要求。

（3）建筑物屋檐雨水不得落到变压器上。

（4）变压器油量在1000kg及以上时，应设置能容纳全部油量的设施。

Lb32C4202　室内变压器室安装的一般要求有哪些？

答：（1）变压器外廓与墙及门的最小净距离标准：容量≤1000kVA时，至门的净距离为0.8m，至后壁及侧壁的净距离为0.6m；容量≥1250kVA时，至门的净距离为1m，至后壁及侧壁的净距离为 0.8m。

（2）变压器室应有发展的余地，一般应按能安装大一级容量变压器考虑。

（3）变压器室应设置能容纳全部油量的贮油池或排油设施。

（4）设置适当的通风窗。

（5）有满足吊芯的室内高度。

Lb32C4203　简述变压器高低压熔丝的选择原则。

答：变压器高低压熔丝的选择原则，100kVA 以下变压器其一次侧熔丝可按额定电流的 2~3 倍选用，考虑到熔丝的机械强度，一般不小于 10A，100kVA 以上的变压器高压侧熔丝按其额定电流的 1.5~2 倍选用。低压侧按额定电流选择。

Lb32C4204　变压器的验收项目有哪些？

答：（1）检查产品说明书，交接试验报告及试验合格证。

（2）变压器整体及附件无缺陷，油箱及套管无渗油现象。

（3）变压器顶盖上无遗留物，外壳表面油漆完整，颜色标志正确。

（4）接地可靠，器身固定牢靠。

（5）储油柜的油位正常。

（6）分接开关操作灵活，并指在运行要求位置。

（7）温度计指示正确。

Lb32C4205　变压器台（室）的验收项目有哪些？

答：（1）变压器（室）所装的母线、隔离开关、熔断器等设备，分别根据该设备的验收内容及标准验收。

（2）变压器台安装尺寸必须符合图纸要求，横担等铁件应平整，螺丝应紧固，穿入方向正确，丝扣露出螺帽 3~5 扣，不得过长或过短。

（3）高低压引线、母线安装应平整，各部之间距离符合要求。

（4）变压器台接地引下线符合接地规程要求。

Lb32C4206　变压器并联运行的条件是什么？

答：两台变压器联结组标号（联结组别）一致；原副边的额定电压一致；阻抗电压大小基本相同。这就是变压器并联运行的条件，必须得到满足。

Lb32C4207　解释电能表潜动的概念。

答：当电能表电压线圈加（80%～110%）U_e，电流线圈无负荷电流时，电能表圆盘仍连续不断转动的现象，称为潜动。

Lb32C4208　现场中怎样确定电能表潜动？怎样处理？

答：可将负荷侧开关断开进行判断。如电能表圆盘仍继续转动，可确定电能表确实潜动。应填写用电异常报告单，将电能表换回检修。

Lb32C4209　运行的感应式电能表发生潜动现象的原因大致有哪些？

答：（1）实际电路中有轻微负荷。如配电盘上的指示灯、带灯开关、负荷定量器、电压互感器、变压器空载运行等。这时电能表圆盘转动是正常的。

（2）潜动试验不合格。

（3）没有按正相序电源进行接线。

（4）三相电压严重不平衡。

（5）因故障造成电能表潜动。

Lb32C4210　运行中的电能表如有潜动现象，应采取什么

措施？

（1）因有轻微负荷造成电能表圆盘转动是属正常指示，应向用户耐心说明情况。

（2）因潜动试验不合格的，应将电能表换回检修。

（3）安装电能表前一定要测量相序，按正相序接入电能表。

（4）指导用户调整三相负荷分布，使其达到电压基本平衡。

（5）对因故障现象导致电能表潜动的，应及时查找故障原因，除了检查电能表和互感器外，还要检查或改装二次回路接线。

Lb32C5211　简述同步发电机的工作原理。

答：转子是旋转的，其中装设的转子励磁绕组线圈两端与两个彼此绝缘的滑环连接，外界是通过压在滑环上的电刷将直流电送给励磁绕组的，当转子励磁绕组得电后，就会产生磁场，有 N 极和 S 极。当转子在原动机的带动下旋转时，三相定子电枢绕组就处在旋转磁场中切割磁力线而感应电势，输出端接入负荷，发电机就会向负载供电。

供电时三相定子电枢绕组流过三相交流电流，也会产生一个旋转磁场，叫电枢旋转磁场，也会有 N 极和 S 极。这时，转子励磁磁极的 N 极、S 极就会在异性相吸磁力的作用下，牵着定子电枢磁极的 S 极、N 极一同旋转。原动机输入的机械能就这样转化成电能输送出去。

Lb32C5212　并联运行的两台发电机，应满足哪些条件？

答：并联运行的两台发电机，应满足下列条件：端电压相等；频率相等；相序和相位相同。

Lb32C5213　简述双电源和自发电用户的安全措施？

答：（1）双电源进户应设置在同一配电室内，两路电源之间装设四极双投隔离开关或其他确实安全可靠的连锁装置，以防止互相倒送电。

（2）自发电机组的中性点（TT、TN 系统）要单独接地，接地电阻不大于 4Ω，禁止利用供电部门线路上的接地装置接地。

（3）自发电用户的线路严禁借用供电部门的线路杆塔，不准与供电部门的电杆同杆架设，不准与供电部门的线路交叉跨越，不准与公用电网合用接地装置和中性线。

（4）双电源和自发电用户，严禁擅自向其他用户转供电。

（5）为防止双电源在操作中发生事故，用户应严格执行安全规程有关倒闸操作的安全规定，如应设置操作模拟图板；制订现场操作规程；备齐有关安全运行和管理的规程制度及包括运行日志在内的各项记录；培训有关电工，考核合格后上岗；高压用户的双电源切换操作必须按与供电部门签订的调度协议规程执行等。

（6）与公用电网连接的地方小水电、小火电、小热电，除采取上述安全措施外，还必须执行其他有关的规定。

Lb32C5214　电气安装工程或检修工程，在工程开工前都要做好哪几项施工技术准备工作？

答：①审电气施工图；②制定和下达工作任务书；③制定材料计划；④工器具准备；⑤安排电源、运输设备、作业场地和供水。

Lb32C5215　电气工程在工程开工前审核电气施工图的目的是什么？

答：了解设计意图、工程材料及设备的安装方法、发现施工图中的问题、有哪些新技术、新的作法等。以便在进行设计交底时提出来解决。了解各专业之间与电气设备安装有没有矛盾？在会审图纸时及时解决，为施工单位内部进行施工技术交底作好准备。

Lb32C4216 电气工程施工时要按哪几个方面做好技术管理工作？

答：①明确线路施工技术要求；②明确安全技术要点；③工程验收和技术档案归档。

Lb32C4217 电气工程施工时应重点注意哪些安全技术要点？

答：①安全用具和绝缘工具；②电气作业安全的组织措施；③电气作业安全技术措施；④反习惯性违章。

Lb32C4218 在电气设备上工作，保证安全的组织措施主要包括那些内容？

答：①工作票制度；②工作许可制度；③工作监护制度；④工作间断、转移和终结制度。

Lb32C4219 工程竣工后，验收的主要内容是什么？

答：（1）验收有关工程技术资料，技术资料应齐全无误。

（2）验收各种材料或设备的合格证及验收单等，应整理装订成册。

（3）验收在施工过程中的变更洽商等资料，应完整无漏。

（4）检查隐检记录，施工记录，班组自检记录及预检记录。

（5）检查接地电阻测试记录。

（6）验收电气设备，应动作灵活可靠，达到能正常使用的程度。

（7）填写竣工验收单。绘制竣工图。

工程验收后，上述资料和有关的技术合同要按时归档，交到有关部门，并办理交接手续。

Lb2C4220　DL/T 499—2001 农村电网对功率因数的要求是什么？

答： （1）县供电企业平均功率因数应在 0.9 及以上。

（2）每条 10kV 出线的功率因数应在 0.9 及以上。

（3）农业用户配电变压器低压侧功率因数应在 0.85 及以上。

Lb2C5221　采用无功补偿的意义是什么？

答： 在供电系统中许多运用电磁感应原理工作的电器设备，如变压器、电动机等，这些设备需要无功功率。如果这些无功功率由发电厂供给，必将造成线路电能损耗和电压损失，而且占用了输供电设备容量，使输供电系统功率因数下降。为了减少输供系统传送的无功功率，应尽量在用户端就地补偿无功功率，如安装电容器等。这样就可以提高输供电系统的功率因数。

Lb2C5222　农村电网无功补偿的原则是什么？

答： ①全面规划；②合理布局；③分散补偿；④就地平衡。

Lb2C5223　农村电网无功补偿方式的"三结合，三为主"？

答： （1）集中补偿与分散补偿相结合，以分散补偿为主；

（2）高压补偿与低压补偿相结合，以低压补偿为主；

（3）调压与降损相结合，以降损为主。

Lb2C5224　农村低压电网无功补偿主要的三种方法是什么？

答： ①随机补偿；②随器补偿；③低压用户集中补偿。

Lb2C5225　简述随机补偿方法。

答：随机补偿就是把补偿电容器直接与电动机连接，与电动机采用一套控制和保护装置，并一起投切。如果电动机容量较小，电容器可以与电动机直接并联；如果电动机容量较大，如 10kW 以上，可用电动机无功就地补偿器来补偿。

Lb2C5226　简述随器补偿方法。

答：随器补偿就是把补偿电容器直接接在配电变压器上，随器补偿的电容器可以接在高压侧，也可以接在低压侧，效果是相同的。但目前广泛使用的是干式金属化低压电容器，通过低压熔断器与变压器二次侧出线端连接。

Lb2C5227　简述低压用户集中补偿方法。

答：低压用户集中补偿就是将补偿电容器组连接在用户变电站 0.4kV 母线上，其连接组有固定连接组和可投切连接组。固定连接组补偿基础负荷部分，可投切连接组起调峰作用。

Lb2C5228　农村低压电网无功补偿装置设置原则是什么？

答：（1）固定安装年运行时间在 1500h 以上，且功率大于 4.0kW 的异步电动机，应就地补偿无功，与电动机同步投切。

（2）车间、工厂安装的异步电动机，可在配电室集中补偿。

（3）异步电动机群的集中补偿应采取防止功率因数角超前和产生自励过电压的措施。

（4）应采取防止无功向电网倒送的措施。

（5）10kV 配电变压器容量在 100kVA 及以上的用户，必须进行无功补偿，并应采用自动投切补偿装置。

（6）10kV 配电线路可以根据无功负荷情况采取分散补偿的方式进行补偿。

Lb2C5229　简述单台电动机无功补偿容量的确定计算方法。

答：单台电动机补偿容量计算公式为：

（1）机械负荷惯性小的

$$Q = 0.9U_N I_0$$

（2）机械负荷惯性大的

$$Q = (1.3 \sim 1.5)U_N I_0$$

（3）5.5kW 单台电动机随机补偿的

$$Q = (20\% \sim 30\%)U_N I_N$$

单台电动机按同步转速不同无功补偿容量可查表得到。如 10kW 电动机，3000 转/分，无功补偿 3.5kvar；1000 转/分，无功补偿 4.5kvar；500 转/分，无功补偿 9.5kvar。

Lb2C5230　简述车间、工厂无功补偿容量的确定计算方法。

答：车间、工厂无功补偿容量计算公式为

$$Q = (\text{tg}\varphi_1 \sim \text{tg}\varphi_2)P_{av}$$

式中　P_{av}——用户最高负荷月平均有功功率，kW。

$\text{tg}\varphi_1$——补偿前功率因数角的正切值。

$\text{tg}\varphi_2$——补偿后功率因数角的正切值。

Lb2C5231　乡镇供电所线损管理的技术指标是什么？

答：（1）电能损失率指标：

1）配电线路（含变压器）综合损失率≤10%。

2）低压线路损失率≤12%。

（2）线路末端电压合格率≥90%。

1）配电线路电压允许波动范围为标准电压的 ±7%。

2）低压线路到户电压允许波动范围为标准电压的 ±10%。

（3）功率因数指标：

1）农村生活和农业线路 $\cos\varphi \geqslant 0.85$。

2）工业、农副业专用线路 $\cos\varphi \geqslant 0.9$。

Jd5C2232 脚扣登杆的注意事项有哪些？

答：（1）使用前必须仔细检查脚扣各部分；有无断裂、腐朽现象，脚扣皮带是否结实，牢固，如有损坏，应及时更换，不得用绳子或电线代替。

（2）一定要按电杆的规格，选择大小合适的脚扣，使之牢靠地扣住电杆。

（3）雨天或冰雪天不宜登杆，容易出现滑落伤人事故。

（4）在登杆前，应对脚扣作人体载荷冲击试验，检查脚扣是否牢固。

（5）穿脚扣时，脚扣带的松紧要适当，应防止脚扣在脚上转动或脱落。

（6）上、下杆的每一步都必须使脚扣与电杆之间完全扣牢，以防下滑及其他事故。

Jd5C2233 登高板登杆的注意事项有哪些？

答：（1）登高板使用前，一定要检查登高板有无开裂和腐朽、绳索有无断股等现象，如果有此现象应及时更换或处理；

（2）登高板挂钩时必须正勾，切勿反勾，以免造成脱钩事故；

（3）登杆前，应先将登高板钩挂好，用人体作冲击荷载试验，检查登高板是否安全可靠；同时对安全带也用人体作冲击荷载试验。

Jd5C2234 怎样判定触电伤员意识是否丧失？

答：对于意识丧失的触电伤员，应在 10s 内，用看、听、试的方法，判定伤员呼吸和心跳情况：看——看伤员的胸部、腹部有无起伏动作；听——用耳贴近伤员的鼻处，听有无呼气声音；试——用手背前部试测口鼻有无呼气的气流。再用两手指轻试喉结旁凹陷处的颈动脉有无搏动。若看、听、试结果，既无呼吸又无颈动脉跳动，可判定呼吸和心跳停止。

Jd5C2235　怎样预防线路短路引起火灾？

答：（1）按规程要求，对线路的连接和安装进行严格检查，确保符合规定要求；

（2）正确选择导线截面，并与保护配合；

（3）正确运行维护，经常检查绝缘状况，对绝缘薄弱点及时采取措施。

Jd5C2236　怎样预防线路过负荷引起火灾？

答：（1）根据线路所带负荷的大小，正确选择导线截面，在负荷增加时应当更换大截面导线；

（2）正确整定过负荷保护的动作值；

（3）加强线路负荷电流的监测，发现过负荷立即切除部分用电设备。

Jd5C2237　怎样预防变压器火灾？

答：防止变压器火灾的措施有：①按期进行检修及预防性试验，发现缺陷及时处理；②装设防爆管和温度保护装置，注意检查油位；③合理配置继电保护装置；④合理设计和安装；⑤配备灭火器材。

Jd5C2238　怎样预防电缆终端盒火灾？

答：电缆终端盒火灾的预防措施有：①正确施工，保证密封良好，防止受潮，充油电缆的高度差要符合要求；②加强检查，发现漏油及时采取修复措施。

Jd5C2239　预防电加热设备火灾的措施有哪些?

答: (1) 正确使用。运行中的电加热设备需有专人监视,周围不得有易燃物,电加热设备必须安装在不燃烧、不导热的基座上。

(2) 合理选择电源线及开关、熔断器,防止过负荷和短路引起的火灾。

Jd5C2240　扑救旋转电机的火灾时,应注意什么?

答: 先断开电源。扑救旋转电机的火灾时,为防止轴承变形,可使用喷雾水流均匀冷却,不得用大水流直接冲射,另外可用二氧化碳、1211、干粉灭火器扑救。严禁用黄砂扑救,以防进入设备内部损坏机芯。

Jd5C2241　防止照明器具引发火灾的主要措施有哪些?

答: 防止照明器具引发火灾的措施主要是要让灯泡远离易燃物,在易燃易爆场所必须使用防爆灯。另外,要经常检查绝缘和清洁状况,防止短路起火。

Jd5C2242　装饰装潢火灾的预防措施有哪些?

答: 防止措施是电动工具尽量不要过载;装修中产生的易燃物品及时清理,与电动工具、导线、灯具及时分离;导线连接牢固并做好绝缘。

Jd54C3243　常用电气安全工作标示牌都有哪些? 对应放在什么地点?

答: (1) 禁止合闸,有人工作! 悬挂在一经合闸即可送电到施工设备的断路器和隔离开关操作把手上。

(2) 禁止合闸,线路有人工作! 悬挂在一经合闸即可送电到施工线路的断路器和隔离开关操作把手上。

(3) 在此工作! 悬挂在室外和室内工作地点或施工设备

上。

（4）止步，高压危险！悬挂在施工地点临近带电设备的遮栏上；室外工作地点临近带电设备的构架横梁上；禁止通行的过道上；高压试验地点。

（5）从此上下！悬挂在工作人员上下的铁架、梯子上。

（6）禁止攀登，高压危险！悬挂在工作人员可能误上下的铁架及运行中变压器的梯子上。

Jd54C3244 登高工具试验标准都有哪些内容？怎样规定的？

答：登高工具试验标准如表 C–4 所示。

表 C–4 常用登高工具试验标准

名 称	试验静拉力（N）	试验周期	外表检查周期	试荷时间（min）	备 注
安全带	大带 2205；小带 1470	半年一次	每月一次	5	
安全腰带	2205	半年一次	每月一次	5	
升降板	2205	半年一次	每月一次	5	
脚 扣	980	半年一次	每月一次	5	
梯 子	荷重 1765	半年一次	每月一次	5	

Jd54C3245 使用高压验电器应注意哪些事项？

答：（1）使用高压验电器验电时，应选用与被测设备额定电压相应电压等级的专用验电器，并戴绝缘手套操作。

（2）使用高压验电器前，先要在确实带电的设备上检查验电器是否完好。

（3）雨天不可在户外进行验电。

（4）验电时，要做到一人操作、一人监护。

（5）验电时要防止发生相间或对地短路事故。

（6）人体与带电体应保持足够的安全距离。

（7）验电人员站在木杆、木梯或木架构上验电时，若因无接地线而不能指示者，可在验电器上接地线，但必须经值班负责人的许可。

（8）高压验电器应定期进行试验，不得使用没有试验过或超过试验周期的验电器验电。

Jd54C3246　使用外线用压接钳应注意哪些事项？

答：（1）压接管和压模的型号应根据导线型号选用。

（2）在压接中，当上下压模相碰时，压坑深度恰好满足要求。压坑不能过浅，否则压接管握着力不够，导线会抽出来。

（3）应按规定完成各种导线的压坑数目和压接顺序。每压完一个坑后持续压力 1min 后再松开，以保证压坑深度准确。钢芯铝绞线压接管中应有铝垫片填在两导线间，以便增加接头握着力，并使接触良好。

（4）压接前应用布蘸汽油将导线清擦干净，涂上中性凡士林油后，再用钢丝刷清擦一遍。压接完毕，应在压管两端涂红丹粉油。压接后要进行检查，若压管弯曲过大或有裂纹的，要重新压接。

截面 16mm^2 及以上的铝绞线，可采用手提式油压钳。

Jd54C3247　使用绝缘棒应注意哪些事项？

答：（1）操作前，棒表面应用清洁的干布擦拭干净，使棒表面干燥、清洁。

（2）操作时，应戴绝缘手套，穿绝缘靴或站在绝缘垫（台）上作业。

（3）操作者的手握部位不得越过护环。

（4）使用绝缘棒的规格必须符合相应线路电压等级的要求，切不可任意取用。

（5）应使用定期试验过的绝缘棒，超试验周期的不得使用。

Jd54C3248　使用绝缘夹钳应注意哪些事项？

答：（1）夹钳只允许使用在额定电压为35kV及以下的设备上，且应按电压等级使用在户内外不同场所选用相应的规格型式。

（2）操作时必须将绝缘夹钳擦拭干净，戴上绝缘手套，穿上绝缘靴及戴上防护眼镜，必须在切断负载的情况下进行操作。

（3）应使用定期试验过的绝缘夹钳，超试验周期的不得使用。

Jd54C3249　使用接地线应注意哪些事项？

答：（1）装设接地线必须先装接地端，后接导体端，且应接触良好。应使用专用线夹固定在导体上，严禁用缠绕方法进行接地或短路。拆接地线顺序与此相反。

（2）装拆接地线应使用绝缘棒和绝缘手套。

（3）三相短路接地线，应采用多股软铜绞线制成，其截面应符合短路电流热稳定的要求，但不得小于25mm^2。

（4）接地线装设点不应有油漆。

（5）接地线应编号，固定存放。

（6）每次检修使用多少接地线应记录，完工后应清点接地线数目，少一组都不能送电。

Jd54C3250　触电者触及低压带电设备，如何使其脱离电源？

答：拉开电源开关或刀闸，拔除电源插头等；或使用绝缘工具、干燥的木棒、木板、绳索等不导电的东西解脱触电者；也可抓住触电者干燥而不贴身的衣服，将其拖开；也可戴绝缘手套或将手用干燥衣物等包裹起来绝缘后去解脱触电者；救护的人员也可站在绝缘垫上或干木板上，绝缘自己进行救护；触电者紧握电线，可设法用干木板塞到身下，使其与地隔离；用干木把斧子或有绝缘柄的钳子等将电线剪断。

Jd54C3251　触电发生在架空线杆塔上，如何使其脱离电源？

答：触电发生在架空线杆塔上，如系低压带电线路，应迅速切断电源，或者由救护人员迅速登杆，系好自己的安全皮带后，用带绝缘胶柄的钢丝钳、干燥的不导电物体或绝缘体将触电者拉离电源；如系高压带电线路，又不可能迅速切断电源开关的，可以采用抛挂足够截面和适当长度的金属短路线方法，造成线路短路使电源开关跳闸。

Jd54C3252　触电者触及断落在地上的带电高压导线，如何使其脱离电源？

答：如果触电者触及断落在地上的带电高压导线，如尚未确认线路无电，救护人员在未做好安全措施（如穿绝缘靴或临时双脚并紧跳跃地接近触电者）前，不能接近断线点至 8～10m 范围内，以防止跨步电压伤人。触电者脱离带电导线后亦应迅速带至 8～10m 以外处立即急救。只有在确认线路已经无电，才可在触电者离开触电导线后，立即就地进行急救。

Jd54C3253　怎样预防电动机火灾？

答：（1）正确安装和使用。对潮湿及灰尘较多的场所应采用封闭型；易燃易爆场所采用防爆型。电动机的机座采用不可燃材料，四周不准堆放易燃易爆物。

（2）经常检查维修，清除内部异物，做好润滑，定期测试绝缘电阻，发现缺陷及时进行处理。

（3）合理设置保护装置。一般设短路、过负荷及缺相保护，大型电动机增设绕组温度保护装置等。

Jd54C3254　怎样预防油断路器起火爆炸？

答：（1）正确选用断路器，其遮断容量应大于系统的短路容量；

（2）在箱盖上安装排气孔；

（3）加强巡视检修，发现油面位置偏低，及时加油，定期进行预防性试验，油质老化时及时更换；

（4）正确选择和安装，油断路器应设在耐火建筑物内。

Jd54C3255　怎样预防低压配电屏（盘）发生火灾？

答：（1）正确安装接线，防止绝缘破损，避免接触电阻过大；

（2）装在清洁干燥场所，定期检查；

（3）连接导体在灭弧装置上方时，应保持一定飞弧距离，防止短路。

Jd54C3256　带电灭火的注意事项有哪些？

答：发生电气火灾，有时情况危急，等断电扑救就会扩大危险性，这时为了争取时间控制火势，就需带电灭火。带电灭火的注意事项如下：

（1）带电灭火必须使用不导电灭火剂，如二氧化碳、1211、干粉灭火器、四氯化碳等。

（2）扑救时应戴绝缘手套，与带电部分保持足够的安全距离。

（3）当高压电气设备或线路发生接地时，室内扑救人员距离接地点不得靠近 4m 以内，室外不得靠近 8m 以内，进入上述范围应穿绝缘靴、戴绝缘手套。

（4）扑救架空线路火灾时人体与带电导线仰角不大于 45°。

Jd43C4257　简要回答间接接触触电的防护措施。

答：（1）用自动切断电源的保护，并辅以总等电位连接。

（2）采用双重绝缘或加强绝缘的双重电气设备。

（3）将有触电危险的场所绝缘，构成不导电环境。

（4）采用不接地的局部等电位连接的保护。

（5）采用电气隔离。

Jd43C4258　简要回答直接接触触电的防护措施。

答：（1）绝缘防护。将带电体进行绝缘，以防止人员与带电部分接触。

（2）屏护防护。采用遮栏和外护物防护，防止人员触及带电部分。

（3）障碍防护。采用障碍物阻止人员接触带电部分。

（4）安全距离防护。对带电体与地面，带电体与其他电器设备，带电体与带电体之间必须保持一定的安全距离。

（5）采用漏电保护装置。这是一种后备保护措施，可与其他措施同时使用。

Jd43C4259　保证安全的组织措施主要包括哪些内容？

答：在电气设备上工作，保证安全的组织措施主要包括①工作票制度；②工作许可制度；③工作监护制度；④工作间断、转移和终结制度。

Jd43C4260　保证安全的主要技术措施是什么？

答：在电气设备上工作，一般情况下，均应停电后进行。在停电的电气设备上工作以前，必须完成下列措施：停电、验点、装设接地线、悬挂标志牌设置遮栏。

Jd43C5261　简述剩余电流动作保护器按极数的分类。

答：按极数可分类为单极二线 RCD、两极 RCD、两极三线 RCD、三极 RCD、三极四线 RCD、四极 RCD、其中单极二线、两极三线、三极四线 RCD 均有一根直接穿过检测元件且不能断开的中性线 N。

Jd43C5262 对采用分级漏电保护系统和分支线漏电保护的线路有哪些要求？

答：采用分级漏电保护系统和分支线漏电保护的线路每分支线必须有自己的工作零线；上下级漏电保护器的额定漏电动作与漏电时间均应做到相互配合，额定漏电动作电流级差通常为 1.2~2.5 倍，时间级差 0.1~0.2s。

Jd43C5263 剩余电流动作保护器安装后应进行哪些试验？

答：(1) 试验按钮试验 3 次，均应正确动作；

(2) 带负荷分合交流接触器或开关 3 次，不应误动作；

(3) 每相分别用 3kΩ 试验电阻接地试跳，应可靠动作。

Je5C2264 请说出五个及以上低压线路针式绝缘子型号。

答：PD—1T；PD—2T；PD—3T；PD—1—1T；PD—1—2T；PD—1M；PD—2M；PD—3M；PD—M；PD—2W。

Je5C2265 请说出五个及以上低压线路蝶式绝缘子的型号。

答：ED—1；ED—2；ED—3；ED—4；163001；163002；163003；163004；163005。

Je5C2266 请说出四个及以上低压线路线轴式绝缘子型号。

答：EX—1；EX—2；EX—3；EX—4；166001；166002；166003；166004；166005。

Je5C2267 一般在什么地方采用钢索配线？

答：在比较大型的厂房内，由于屋顶构架较高，跨度较大，而灯具安装又要求敷设较低的照明线路时，常常采用钢索配线。

Je54C2268　塑料管配线在有可能受到碰撞的地方和在地面下敷设时应如何处理？

答：在有可能受到碰撞的地方，应该把塑料管埋在墙内并用水混砂浆保护，在地面下敷设时，更需用混凝土把塑料管保护起来。

Je54C2269　请说出五个及以上常用的绝缘漆型号。

答：常用的绝缘漆有：

油性漆布（黄漆布）2010 和 2012 型；油性漆绸（黄漆绸）2210 和 2212 型；油性玻璃漆布 2412 型；还氧玻璃漆布 2433；沥青漆 1010、1011、1210 和 1211 型；耐油清漆 1012 型；甲酚清漆 1014 型；还氧脂漆 1033 型；灰瓷漆 1320 型；红瓷漆 1322 型等。

Je54C2270　请说出四个及以上常用裸导线类型。

答：常用裸导线类型及型号：软铜圆线 TR；硬铜圆线 TY；特硬铜圆线 TYT；软铝圆线 LR；$H_4 \sim H_9$ 状态硬铝圆线 $LY_4 \sim LY_9$ 型。

Je54C2271　请说出四个及以上常用裸绞线类型。

答：常用裸绞线类型及型号：

铝绞线 LJ；钢芯铝绞线 LGJ；防腐型钢芯铝绞线 LGJF；铜绞线 TJ；镀锌钢绞线 GJ。

Je54C2272　说出五种及以上聚氯乙稀绝缘导线及型号。

答：常用聚氯乙稀绝缘导线及型号：

铜芯聚氯乙烯绝缘导线 BV；

铝芯聚氯乙烯绝缘导线 BLV；

铜芯聚氯乙烯绝缘聚氯乙烯护套圆型导线 BVV；

铝芯聚氯乙烯绝缘氯乙烯护套圆型导线 BLVV；

铜芯聚氯乙烯绝缘聚氯乙烯护套平型导线 BVVB；

铝芯聚氯乙烯绝缘聚氯乙烯护套平型导线 BLVVB；

铜芯聚氯乙烯绝缘软导线 BVR。

Je54C2273　说出四种以上橡皮绝缘导线及型号。

答：常用橡皮绝缘导线及型号：

铜芯橡皮绝缘棉纱或其他纤维编织导线 BX；

铝芯橡皮绝缘棉纱或其他纤维编织导线 BLX；

铜芯橡皮绝缘棉纱或其他纤维编织软导线 BXR；

铜芯橡皮绝缘编织双绞软导线 RXS；

铜芯橡皮绝缘编织圆型软导线 RX。

Je54C3274　电力电缆的常用类型有哪些？

答：电力电缆的常用类型：

铜芯黏性油浸纸绝缘铅包聚氯乙烯护套电力电缆 ZQ02、ZQ03、ZQ20 型；

铝芯黏性油浸纸绝缘铅包聚氯乙烯护套电力电缆 ZLQ02、ZLQ03、ZLQ20 型；

铜芯（铝芯）不滴流油浸纸绝缘铅包聚氯乙烯护套电力电缆 ZQD02、ZQD03、ZQD20；

铝芯不滴流油浸纸绝缘铅包聚氯乙烯护套电力电缆 ZLQD02、ZLQD03、ZLQD20；

铜芯聚氯乙烯绝缘聚氯乙烯护套电力电缆 VV；

铝芯聚氯乙烯绝缘聚氯乙烯护套电力电缆 VLV。

Je54C3275　请回答精电 200 系列防腐降阻剂六种型号及其适用场所？

答：精电 200—N 为普通型，适用于大多数接地工程；

精电 200—G 为保证型，适用于特别重要的接地工程；

精电 200—SB 型特别抗盐型，适用于严重的盐碱地条件下的接地工程；

精电 200—D 为特别抗干旱型，适用于严重干旱地区；

精电 200—M 为特别防水型，适用于特别潮湿的场合；

精电 200—K 为物理型，适用于对金属腐蚀严重的地区。

Je54C3276　简述钳型电流表使用注意事项。

答：钳型电流表使用注意事项：

（1）测量前应先估计被测电流的大小，以选择合适的量限。或先用大量限，然后再逐渐切换到适当的量限。注意不能在测量进行中切换。

（2）钳口相接处应保持清洁、使之平整、接触紧密，以保证测量准确。

（3）一般钳型电流表适用于低压电路的测量，被测电路的电压不能超过钳型电流表所规定的使用电压。

（4）测量时，每次只能钳入一相导线，不能同时钳入两相或三相导线，被测导线应放在钳口中央。

（5）使用钳型电流表时，应戴绝缘手套，穿绝缘鞋。读数时要特别注意人体、头部与带电部分保持足够的安全距离。

（6）测量低压熔断器和水平排列低压母线的电流时，测量前应将各相熔断器和母线用绝缘材料加以隔离，以免引起相间短路。

（7）测量完毕后，应把选择开关拨到空档或最大电压量程一档。

Je54C3277　简述万用表的使用方法。

答：（1）首先将红色表笔插入有"＋"号的插孔，黑色表笔插入有"－"号的插孔。

（2）使用前，应检查指针是否指在零位上，如不在零位，可调整表盖上的机械零位调整器，使指针恢复至零位，如无法使指针调到零位时，则说明万用表内的电池电压太低，应更换新电池。

（3）根据被测量的种类和大小，将功能和量程转换开关旋转到相应的档位。

（4）测电压时，应把万用表并联接入电路。测电流时，应把万用表串联接入电路。

（5）测交直流 2500V 高电压时，应将红表笔插入专用的 2500V 插孔中。

Je54C3278　简述万用表使用的注意事项。

答：（1）正确选择功能和量程转换开关的档位，若不知道被测量的大致范围，可先将量程放到最高档，然后再转换到合适的档位，严禁带电转换功能和量程开关。

（2）测量电阻时，必须将被测电阻与电源断开，并且当电路中有电容时，必须先将电容短路放电。

（3）用欧姆档判别晶体二极管的极性和晶体三极管的管脚时，应记住"＋"插孔是接自内附电池的负极，且量程应选 $R \times 100$ 或 $R \times 10$ 档。

（4）不准用欧姆档去直接测量微安表头、检流计、标准电池等的电阻。

（5）在测量时，不要接触测试棒的金属部分，以保证安全和测量的准确性。

（6）万用表使用后，应将转换开关旋至交流电压最高档或空档。

Je54C3279　简述兆欧表的使用方法。

答：（1）按被测设备的电压等级选择兆欧表。

（2）兆欧表有"线"（L）、"地"（E）和"屏"（G）三个接线柱，测量时，把被测绝缘电阻接在"L"和"E"。在被测绝缘电阻表面不干净或潮湿的情况下，必须使用屏蔽"G"接线柱。

（3）测量前，应先将被测设备脱离电源，进行充分对地放电，并清洁表面。

（4）测量前，先对兆欧表做开路和短路检验，短路时看指针是否指到"0"位；开路时看指针是否指到"∞"位。

（5）测量时，兆欧表必须放平，摇动手柄使转速逐渐增加到 120r/min。

（6）对于电容量大的设备，在测量完毕后，必须将被测设备对地进行放电。

Je54C3280　简述兆欧表使用的注意事项。

答：（1）按被测电气设备的电压等级正确选择兆欧表。

（2）禁止遥测带电设备。

（3）严禁在有人工作的线路上进行测量工作。

（4）雷电时，禁止用兆欧表在停电的高压线路上测量绝缘电阻。

（5）在兆欧表没有停止转动或被测设备没有放电之前，切勿用手去触及被测设备或兆欧表的接线柱。

（6）使用兆欧表遥测设备绝缘时，应由两人操作。

（7）遥测用的导线应使用绝缘线，两根引线不能绞在一起，其端部应有绝缘套。

（8）在带电设备附近测量绝缘电阻时，测量人员和兆欧表的位置必须选择适当，保持与带电体的安全距离。

（9）遥测电容器、电力电缆、大容量变压器及电机等电容较大的设备时，兆欧表必须在额定转速状态下方可将测电笔接触或离开被测设备，以避免因电容放电而损坏摇表。

Je54C3281　导线连接的基本要求有那些？

答：（1）接触紧密，接头电阻不应大于同长度、同截面导线的电阻。

（2）接头的机械强度不应小于该导线机械强度的 80%。

（3）接头处应耐腐蚀，防止受外界气体的侵蚀。

（4）接头处的绝缘强度与该导线的绝缘强度应相同。

Je54C3282　塑料护套线的绝缘层应如何剖削？

答：（1）芯线截面为 $4mm^2$ 及以下的塑料硬线，其绝缘层一般用钢丝钳来剖削。剖削方法如下：

1）用左手捏住导线，根据所需线头长度用钢丝钳的钳口切割绝缘层，但不可切入芯线。

2）用右手握住钢丝钳头部用力向外移，勒去塑料绝缘层。

3）剖削出的芯线应保持完整无损。如果芯线损伤较大，则应剪去该线头，重新剖削。

（2）芯线截面为 $4mm^2$ 及以上的塑料硬线，可用电工刀来剖削其绝缘层。方法如下：

1）根据所需线头长度，用电工刀以 45°角倾斜切入塑料绝缘层，应使刀口刚好削透绝缘层而不伤及芯线。

2）使刀面与芯线间的角度保持 45°左右，用力向线端推削（不可切入芯线），削去上面一层塑料绝缘。

3）将剩余的绝缘层向后扳翻然后用电工刀齐根削去。

Je54C3283　橡皮线的绝缘层应如何剖削？

答：（1）先按剖削护套层的方法，用电工刀尖将纺织保护层划开，并将其向后扳翻，再齐根切去。

（2）按剖削塑料线绝缘层的方法削去橡胶层。

（3）将棉纱层散开到根部，用电工刀切去。

Je54C3284　花线的绝缘层应如何剖削？

答：（1）在所需线头长度处用电工刀在棉纱织物保护层四周割切一圈，将棉纱织物拉去。

（2）在距棉纱织物保护层 10mm 处，用钢丝钳的刀口切割橡胶绝缘层。

（3）将露出的棉纱层松开，用电工刀割断。

Je54C3285　7 股铜芯导线的直线连接应如何连接？

答：先将剖去绝缘层的芯线头散开并拉直，再把靠近绝缘层 1/3 线段的芯线绞紧，然后把余下的 2/3 芯线头分散成伞状，并将每根芯线拉直。把两个伞状芯线线头隔根对叉，并拉平两端芯线。把一端的 7 股芯线按 2、2、3 根分成三组，把第一组 2 根芯线扳起，垂直于芯线，并按顺时针方向缠绕 2 圈，将余下的芯线向右扳直。再把第二组的 2 根芯线扳直，也按顺时针方向紧紧压着前 2 根扳直的芯线缠绕 3 圈，并将余下的芯线向右扳直。再把第三组的 3 根芯线扳直，按顺时针方向紧紧压着前 4 根扳直的芯线向右缠绕 3 圈。切去每组多余的芯线，钳平线端。用同样方法再缠绕另一边芯线。

Je54C3286　7 股铜芯导线的 T 字分支连接应如何连接？

答：将分支芯线散开并拉直，再把紧靠绝缘层 1/8 线段的芯线绞紧，把剩余 7/8 的芯线分成两组，一组 4 根，另一组 3 根，排齐。用旋凿把干线的芯线撬开分为两组，再把支线中 4 根芯线的一组插入干线中间，而把 3 根芯线的一组放在干线的前面。把 3 根芯线的一组在干线右边按顺时针方向紧紧缠绕 3 ~ 4 圈，并钳平线端；把 4 根芯线的一组在干线芯线的左边按逆时针方向缠绕 4 ~ 5 圈，钳平线端。

Je54C3287　不等径单股铜导线应如何连接？

答：如果要连接的两根铜导线的直径不同，可把细导线线头在粗导线线头上紧密缠绕 5 ~ 6 圈，弯折粗线头端部，使它压在缠绕层上，再把细线头缠绕 3 ~ 4 圈，剪去余端，钳平切口即可。

Je54C3288　铜（导线）、铝（导线）之间应如何连接？

答：铜导线与铝导线连接时，应采取防电化腐蚀的措施。常见的措施有以下两种：

(1) 采用铜铝过渡接线端子或铜铝过渡连接管。在铝导线上固定铜铝过渡接线端子，常采用焊接法或压接法。如果是铜导线与铝导线连接，则采用铜铝过渡连接接管，把铜导线插入连接管的铜端，把铝导线插入连接管的铝端，然后用压接钳压接。

(2) 采用镀锌紧固件或夹垫锌片或锡片连接。

Je54C3289　线头与针孔接线桩应如何连接？

答：端子板、某些熔断器、电工仪表等的接线，大多利用接线部位的针孔并用压接螺钉来压住线头以完成连接。如果线路容量小，可只用一只螺钉压接；如果线路容量较大或对接头质量要求较高，则使用两只螺钉压接。

单股芯线与接线桩连接时，最好按要求的长度将线头折成双股并排插入针孔，使压接螺钉顶紧在双股芯线的中间。如果线头较粗，双股芯线插不进针孔，也可将单股芯线直接插入，但芯线在插入针孔前，应朝着针孔上方稍微弯曲，避免压紧螺钉稍有松动线头就脱出。

Je54C3290　绝缘带包缠时的注意事项有哪些？

答：(1) 恢复 380V 线路上的导线绝缘时，必须先包缠 1~2 层黄蜡带（或涤纶薄膜带），然后再包缠一层黑胶布。

(2) 恢复 220V 线路上的导线绝缘时，先包缠一层黄蜡带（或涤纶薄膜带），然后再包缠一层黑胶布，也可只包缠两层黑胶布。

(3) 包缠绝缘带时，不可出现缺陷，特别是不能过疏，更不允许露出芯线，以免发生短路或触电事故。

(4) 绝缘带不可保存在温度或湿度很高的地点，也不可被油脂浸染。

Je54C3291　一把拉线由杆上至地下由哪些金具和材料组成？

答：将拉线抱箍、延长环、LX楔型线夹、钢绞线、UT式可调线夹、拉线棒、拉线盘等组合，便是一套完整的拉线。

Je54C3292　线路设备巡视的主要内容有哪几个方面？

答：内容包括杆塔、拉线、导线、绝缘子、金具、沿线附近其他工程、开关、断路器、防雷及接地装置等。

Je54C3293　正常巡视线路时对沿线情况应检查哪些内容？

答：应查看线路上有无断落悬挂的树枝、风筝、金属物，防护地带内有无堆放的杂草、木材、易燃易爆物等。应查明各种异常现象和正在进行的工程，在线路附近爆破、打靶及可能污染腐蚀线路设备的工厂；在防护区内土建施工、开渠挖沟、平整土地、植树造林、堆放建筑材料等；与公路、河流、房屋、弱电线以及其他电力线路的交叉跨越距离是否符合要求。

Je54C3294　正常巡视线路时对线路附近其他工程应检查哪些内容？

答：有无其他工程妨碍或危及线路的安全运行。材物堆积、各种天线、烟囱是否危及安全运行。线路附近的树木、树枝与导线的间隔距离有无不合格之处。相邻附近的电力、通信、索道、管道的架设及电缆的敷设是否影响安全运行。河流、沟渠边缘杆塔有无被水冲刷、倾倒的危险。沿线附近是否有污染源。

Je54C3295　正常巡视线路时对电杆、横担及拉线应检查哪些内容？

答：（1）电杆。有无歪斜、基础下沉、裂纹及露筋情况，并检查标示的线路名称及杆号是否清楚。

（2）横担。是否锈蚀、变形、松动或严重歪斜。

（3）拉线。有无松弛、锈蚀、断股等现象，拉线地锚有无松动、缺土及土壤下陷等情况。

Je54C3296　正常巡视线路时对绝缘子及导线应检查哪些内容？

答：（1）绝缘子。是否脏污、闪络、是否有硬伤或裂纹。槽型悬式绝缘子的开口销是否脱出或遗失，销子是否弯曲或脱出；球型悬式绝缘子的弹簧销是否脱出；针式绝缘子的螺帽、弹簧垫是否松动或短缺，其固定铁脚是否弯曲或严重偏斜；瓷棒有否破损、裂纹及松动歪斜等情况。

（2）导线。有无断股、松股，弛度是否平衡，其接续管、跳引线触点、并沟线夹处是否有变色、发热、松动，各类扎线及固定处缠绕的铝包带有无松开、断掉。

Je54C3297　正常巡视线路时对接户线应检查哪些内容？

答：应查看接户线与线路接续情况。

接户线的绝缘层应完整，无剥落、开裂现象，导线不应松弛、破旧，与主导线连接处应使用同一种金属导线。

接户线的支持物件应牢固，无严重锈蚀、腐朽现象，绝缘子无损坏。其线间距离、对地距离及交叉跨越距离符合技术规程的规定。

对三相四线低压接户线，在巡视相线触点的同时，应特别注意零线是否完好。

Je54C3298　正常巡视线路时对开关和断路器应检查哪些内容？

答：（1）线路各种开关。安装是否牢固，有无变形。指示标志是否明显正确。

（2）隔离开关。动、静触头接触是否良好，是否过热。各部引线之间，对地的间隔距离是否合乎规定。

（3）引线与设备连接处有无松动、发热现象。瓷件有无裂纹、掉碴及放电痕迹。

Je54C3299　开启式负荷刀开关维护时的注意事项有哪些？

答：（1）电源进线应接在静触座上，用电负荷应接在刀闸的下出线端上。

（2）开关的安装方向应为垂直方向，在合闸时手柄向上推，不准倒装或平装。

（3）由于过负荷或短路故障而使熔丝熔断，会使绝缘底座和胶盖内表面附着一层金属粉粒，待故障排除后，需要重新更换熔丝时，要用干燥的棉布将金属粉粒除净再更换熔丝。

（4）HK 型开启式负荷开关，常用做照明电源开关，也可用于 5.5kW 以下三相异步电动机非频繁起动的控制开关。在分闸与合闸时动作要迅速，以利于灭弧，减少刀片和触头的烧损。

（5）负荷较大时，为防止出现闸刀本体相间短路，可与熔断器配合使用，将熔断器装在刀闸负荷侧，刀闸本体不再装熔丝，原熔丝接点间接入与线路导线截面相同的铜线。此时，开启式负荷开关只做开关使用，短路保护及过负荷保护由熔断器完成。

Je54C3300　封闭式负荷开关维护注意事项有哪些？

答：（1）开关的金属外壳应可靠接地或接零，防止因意外漏电时使操作者发生触电事故。

（2）接线时，应将电源线接在静触座上，负荷接在熔断器一端。

（3）检查封闭式负荷开关的机械联锁是否正常，速断弹簧有无锈蚀变形。

（4）检查压线螺丝是否完好，是否拧紧。

（5）对于电热和照明电路，铁壳开关额定电流可以根据负载额定电流选择；对于电动机电路，铁壳开关额定电流可按电动机电流的 1.5 倍选择。

Je54C3301　刀开关的定期检查修理的内容有哪些？

答：（1）检查闸刀和固定触头是否发生歪斜，三相连动的刀闸是否同时闭合，不同时闭合的偏差不应超过 3mm。

（2）刀开关在合闸位置时，闸刀应与固定触头啮合紧密。

（3）检查灭弧罩是否损坏，内部是否清洁。

（4）清除氧化斑点和电弧烧伤痕迹，接触面应光滑。

（5）各传动部分应涂润滑油。

（6）检查绝缘部分有无放电痕迹。

Je54C3302　组合开关常见故障及检修有哪些内容？

答：（1）由于组合开关固定螺丝松动，操作频繁引起导线触点松动，造成外部连接点放电打火，烧损或断路。

（2）开关内部转轴上扭簧松弱或断裂，使开关动触片无法转动。

（3）开关内部的动、静触片接触不良，或开关额定电流小于负荷电流，造成内部触点起弧烧坏开关。

（4）必须断电检修，以保证安全。

Je54C3303　自动空气断路器对触头有哪些要求？

答：（1）能可靠地接通和分断被控电路的最大短路电流及最大工作电流。

（2）在规定分、合次数中，接通或分断电路后，不应产生严重磨损。

（3）有长期工作制的载流能力。

Je54C3304　自动开关的维护与检修有哪些内容？

答：（1）清除自动开关上的灰尘、油污等，以保证开关有良好的绝缘。

（2）取下火弧罩，检查灭弧栅片和外罩，清洁表面的烟迹和金属粉末。

（3）检查触头表面，清洁烧痕，用细锉或砂布打平接触面，并保持触头原有形状。

（4）检查触头弹簧有无过热而失效，并调节三相触头的位置和弹簧压力。

（5）用手动缓慢分、合闸，以检查辅助触头常闭、常开触点的工作状态是否合乎要求，并清洁辅助触头表面，如有损坏，则需要更换。

（6）检查脱扣器的衔铁和拉簧活动是否正常，动作是否灵活；电磁铁工作面应清洁、平整、光滑，无锈蚀、毛刺和污垢；热元件的各部位无损坏，其间隙是否正常。

（7）检查各脱扣器的电流整定值和动作延时，特别是半导体脱扣器，应用试验按钮检查其动作情况。漏电自动开关也要用按钮检查是否能可靠动作。

（8）在操动机构传动机械部位添加润滑油，以保持机构的灵活性。

（9）全部检修工作完毕后，应做传动试验，检查动作是否正常，特别是联锁系统，要确保动作准确无误。

Je54C3305　熔断器的检查与维修有哪些内容？

答：（1）检查负荷情况是否与熔体的额定值相匹配。

（2）检查熔体管外观有无破损、变形现象，瓷绝缘部分有无破损或闪络放电痕迹。

（3）熔体发生氧化、腐蚀或损伤时，应及时更换。

（4）检查熔体管接触处有无过热现象。

（5）有熔断指示器的熔断器，其指示是否正常。

（6）熔断器要求的环境温度应与被保护对象的环境温度一

致，若相差过大可能使其产生不正确动作。

（7）一般变截面熔体的小截面熔断，其主要原因是过负荷而引起的。

Je54C3306 交流接触器的检修主要有哪些内容？

答：（1）触头系统的检修。

1）检查三相触头分断是否一致，应保证三相触头的不同时接触的偏差，不大于 0.5mm。

2）测量相间绝缘电阻，绝缘电阻值不应低于 10MΩ。

3）触头磨损超过厚度 1/3、严重灼伤及开焊脱落时，应更换新件。

（2）电磁线圈检修。

1）对线圈的动作与释放电压要进行试验，要求动作电压为额定电压的 80% ~ 105%，释放电压应低于额定电压的 40%。

2）检查线圈有无过热、变色，要求运行温度不能超过 60℃。线圈过热是由于存在匝间短路造成的，测量线圈直流电阻与原始记录进行比较，即可判定。

3）检查引线与插件是否有开焊或断开。

4）检查线圈骨架有无断裂。

（3）取下灭弧罩，用毛刷清除罩内脱落物及金属粒。如发现灭弧罩有裂损，应更换新品。对于栅片灭弧罩，应注意栅片是否完整或烧伤变形，严重脱位变化等应及时更换。

Je54C3307 运行中热继电器应做哪些检查？

答：（1）检查负荷电流是否与热元件额定值相匹配。

（2）检查热继电器与外部触头有无过热现象。

（3）检查连接热继电器的导线截面是否满足载流要求，连接导线有无影响热元件正常工作。

（4）检查热继电器环境温度与被保护设备环境温度。

（5）热继电器动作是否正常。

Je54C3308　热继电器误动的原因是什么？

答：热继电器误动的原因是：①整定值偏小；②电动机起动时间过长；③设备启停过于频繁；④工作场所震动力大；⑤环境温度超工作范围。

Je54C3309　热继电器误动应采取哪些措施？

答：（1）检查负荷电流是否与热元件额定值相匹配。

（2）检查启停是否频繁，热继电器与外部触头有无过热现象。

（3）检查震动是否过大，连接热继电器的导线截面是否满足载流要求，连接导线有无影响热元件正常工作。

（4）检查热继电器环境温度与被保护设备环境温度。热元件工作环境温度在 + 40 ～ - 30℃。

Je54C3310　室内外配线方法有哪几种？

答：按线路敷设的场所不同，可分为室内配线和室外配线两大类。室内外配线方法有两种：明配线；暗配线。

按配线方式可分为：塑料、金属槽板配线；瓷、塑料夹板配线；瓷鼓或绝缘子配线；护套线直敷配线；硬质塑料管、钢管、电线管内配线、电缆配线等。

Je54C3311　在室内外配线方式应怎样选择？

答：选择配线方式时，应综合考虑线路的用途、配线场所的环境条件、安装和维修条件以及安全要求等因素。通常直敷配线与塑料槽板配线，适用于正常环境下的普通建筑物内；夹板配线适用于正常环境的普通建筑物室内室外屋檐下；绝缘子配线适用于车间、作坊的室内外场所；管配线适用于多尘的车间、作坊的室内及使用年限较长的楼层建筑等。

Je54C3312　室内外配线的基本要求有哪些？

答：导线额定电压应大于线路的工作电压，绝缘应符合线路的安装方式和敷设环境，截面应满足供电负荷和电压降以及机械强度的要求。

Je54C3313　室内外配线施工应符合哪些工艺要求？

答：（1）为确保安全，布线时室内外电气管线与各种管道间以及与建筑物、地面间最小允许距离应符合有关规程的规定。

（2）穿在管内的导线在任何情况下都不能有接头，分支接头应放在接线盒内连接。

（3）导线穿越楼板时，应将导线穿入钢管或塑料管内保护，保护管上端口距地面不应小于 2m，下端到楼板下出口为止。

（4）导线穿墙时，也应加装保护管（瓷管、塑料管或钢管），保护管伸出墙面的长度不应小于 10mm。

（5）当导线通过建筑物伸缩缝时，导线敷设应稍有松弛，敷设线管时应装设补偿装置。

（6）导线相互交叉时，应在每根导线上加套绝缘管，并将套管在导线上固定牢靠。

Je54C3314　室内外照明和动力配线主要包括哪几道工序？

答：（1）按施工图纸确定灯具、插座、开关、配电箱等设备位置。

（2）确定导线敷设的路径和穿过墙壁或楼板的位置，并标注上记号。

（3）按上述标注位置，结合土建打好配线固定点的孔眼，预埋线管、接线盒及木砖等预埋件。

（4）装设绝缘支持物、线夹或管子。

（5）敷设导线。

（6）完成导线间的联接、分支和封端，处理线头绝缘。

（7）检查线路安装质量。

（8）完成线端与设备的连接。

（9）绝缘测量及通电试验，最后全面验收。

Je54C3315　瓷夹板（瓷卡）配线的敷设要求有哪些？

答：（1）导线要横平竖直，不得与建筑物接触，水平敷设时，导线距地高度一般不低于 2.3m。垂直敷设的线路，距地面 1.8m 以下线段，要加防护装置（如木槽板或硬塑料管等）。

（2）瓷卡配线不得隐蔽在吊顶上敷设。

（3）瓷卡不能固定在不坚固的底子上，如抹灰墙壁和箔墙等。

（4）直线段瓷卡的间距与瓷卡的规格有关如：40mm 长两线式和 64mm 长三线式的瓷卡间距不得大于 60cm；51mm 长两线式和 76mm 长三线式的瓷卡间距不得大于 80cm。

Je54C3316　瓷卡配线敷设有哪些操作工序？

答：①准备工作；②定位；③划线；④固定瓷卡及架线；⑤连接接头。

Je54C3317　瓷鼓配线的敷设应符合哪些要求？

答：（1）导线要横平竖直，不得与建筑物接触。导线距地面高度一般不低于 2.3m。垂直敷设时，在距地面低于 1.8m 的线段。应加防护装置（木槽或硬塑料管等）。

（2）导线须用纱包铁心绑线牢固地绑在瓷鼓上（也可用铜线或铝线），终端瓷鼓的导线回头绑扎。

（3）线路在分支、转角和终端处，瓷鼓的位置按标准方法布置。

（4）导线在穿墙及不同平面转角和终端处的敷设按标准方法敷设。

Je54C3318 瓷鼓配线主要包括哪几道操作工序?

答：①准备工作；②定位；③固定瓷鼓；④架线；⑤做好导线接头。

Je54C3319 绝缘子配线的敷设应符合哪些工艺要求?

答：(1) 导线要敷设得整齐，不得与建筑物接触（内侧导线距墙 10~15cm）。

(2) 从导线至接地物体之间的距离，不得小于 3cm。

(3) 导线必须用绑线牢固地绑在瓷瓶上。

(4) 绝缘子应牢固地安装在支架和建筑物上。

(5) 导线由绝缘子线路引下对用电设备供电时，一般均采用塑料管或钢管明配。

(6) 线路长度（指一个直线段）若超过 25m 或导线截面在 50mm^2 以上时，其终端应使用茶台装置。

Je54C3320 槽板配线的敷设应符合哪些工艺要求?

答：(1) 每个线槽内，只许敷设一条导线。

(2) 槽内所装导线不准有接头。如导线需接头时要使用接头盒扣在槽板上。

(3) 槽板要装设得横平竖直、整齐美观，并按建筑物的形态弯曲和贴近。

(4) 槽板的直线、丁字及转角处的连接。

(5) 槽板线路穿墙和在不同平面转角处的敷设。

(6) 槽板与开关、插座或灯具所有的木台连接时，用空心木台，先把木台边挖一豁口，然后扣在木槽板上。

Je54C3321 槽板配线的操作过程及要点有哪些?

答：(1) 准备工作。配线前，应检查各种工具、器材是否适用，槽板、铁钉、木螺丝等辅助材料是否齐备。

(2) 测位工作。选好线路走径后，按每节槽板的长度，测定槽板底槽固定点的位置。

（3）安装槽板的底槽。安装在砖墙或混凝土板处时，用铁钉钉在木砖上。

（4）敷线及盖槽板的盖板。导线放开后，一边把导线嵌入槽内，一边用木螺丝依次把盖、板固定在底槽上。

（5）连接接头。把需要连接和分支的接头接好，并缠包绝缘带，再盖上接头盒盖，固定盒盖时注意木螺丝不要触及导线及接头。

Je54C3322　钢管配线的敷设应符合哪些工艺要求？

答：（1）钢管及其附件应能防腐，明敷设时刷防腐漆，暗敷设时用混凝土保护。

（2）管身及接线盒需连接成为一个不断的导体，并接地。

（3）钢管的内径要圆滑，无堵塞，无漏洞，其接头须紧密。

（4）钢管弯曲处的弯曲半径，不得小于该管直径的 6 倍。

（5）扫管穿线。先准备好滑石粉、铁丝和布条等。拖布壮布条绑在铁丝上，穿入钢管往返拉两次，直至扫净。

（6）穿线。先将铁丝穿入钢管，将导线拨出线芯，与铁丝一端缠绕接好，在导线上洒滑石粉，将导线顺势送入钢管，拉铁丝另一端，拉线不要过猛。

Je54C3323　钢管配线的敷设应如何扫管穿线？

答：穿铁丝（带线）的方法是：穿入的一头弯成圆头，然后逐渐地送入管中直到在另一端露头时为止。

穿线前，先把导线放开，取线头剥出线芯，错位排好，与预先穿入管中铁丝的一端按顺序缠绕接好，并在导线上洒滑石粉。穿线时在一端拉铁丝，并于另一端顺势送入导线。拉线不要过猛，防止导线拉伤。

Je54C3324　硬塑料管应怎样进行连接和弯曲？

答：（1）硬塑料管的连接。也可以用承插法或焊接法。承插法是先将一只塑料管的端头用炉火烘烤加热软化（注意不要离炉火太近，以免烧焦管子），然后把另一只塑料管插入约3cm即可。

（2）硬塑料管的弯曲。可在炉火上烘烤加热，软化后慢慢的弯曲。若管径较大时可在管内先填充加热过的砂子，然后加热塑料管进行弯曲，弯曲半径不得小于管径的6倍，弯曲处管子不要被弯扁，以免影响穿过导线。

Je54C3325　PVC管应怎样进行连接、弯曲和割断？

答：（1）PVC管的弯曲。不需加热，可以直接冷弯，为了防止弯瘪，弯管时在管内插入弯管弹簧，弯管后将弹簧拉出，弯管半径不宜过小。在管中部弯曲时，将弹簧两端拴上铁丝，便于拉动。不同内径的管子配不同规格的弹簧。

（2）PVC管的连接。使用专用配套套管，连接时，将管头涂上专用接口胶，对插入套管，如套管稍大，可在管头上缠塑料胶布然后涂胶插入。PVC管与接线盒连接使用盒接头。

（3）PVC管的切割。可以使用手锯，也可以使用专用剪管钳。

Je54C3326　护套线线路有哪些优缺点？

答：护套线线路优点是适用于户内外，具有耐潮性能好、抗腐蚀力强、线路整齐美观，以及造价较低等优点，因此在照明电路上已获得广泛应用。

护套线线路缺点是导线截面小，大容量电路不能采用。

Je54C3327　护套线配线的安装方法有哪些？

答：（1）一般护套线配线在土建抹灰完成后进行，但埋设穿墙或穿楼板的保护管，应在土建施工中预埋好，然后根据施工图确定电器安装位置，以及确定起点、终点和转角的路径、位置。

（2）护套线线芯最小截面积。户内使用时，铜芯不小于 0.5mm²，铝芯不小于 1.5mm²；户外使用时，铜芯不得小于 1.0mm²，铝芯线不得小于 2.5mm²。

（3）固定卡钉的档距要均匀一致，间距不得大于 300mm，敷设应牢固、整齐、美观。

（4）不许直接在护套线中间剥切分支，而应用接线盒的方法，将分支接头放在接线盒内，一般导线接头都放在开关盒和灯头盒内。

（5）护套线支持点的定位，直线部分，固定点间距离不大于 300mm；转角部分，转角前后各应安装一个固定点；两根护套线十字交叉时，交叉口处的四方各应安装一个固定点；进入木台前，应安装一个固定点，在穿入管子前或穿出管子后均需安装一个固定点。

（6）护套线在同一墙面上转弯时，必须保持相互垂直，弯曲导线要均匀，弯曲半径不应小于护套线宽度的 3～4 倍，太小会损伤线芯（尤其是铝芯线），太大影响线路美观。

Je54C3328　照明装置的技术要求有哪些？

答：（1）灯具和附件的质量要求，各种灯具、开关、插座、吊线盒以及所有附件的品种规格、性能参数，必须适应额定电流、耐压水平等条件的要求。

（2）灯具和附件应适合使用环境的需要。

（3）移动式照明灯，无安全措施的车间或工地的照明灯，各种机床的局部照明灯，以及移动式工作手灯（也叫行灯），都必须采用 36V 及以下的低电压安全灯。

（4）照明线截面选择，应满足允许载流量和机械强度的要求。

Je54C3329　灯具的安装要求是什么?

答：壁灯及平顶灯要牢固地敷设在建筑物的平面上。吊灯必须装有吊线盒，每只吊线盒，一般只允许接装一盏电灯（双管荧光灯及特殊吊灯例外）。吊灯的电源引线的绝缘必须良好。较重或较大的吊灯，必须采用金属链条或其他方法支持，不可仅用吊灯电源引线直接支持。灯具附件的连接必须正确、牢靠。

Je54C3330　灯头、开关和插座的离地要求有哪些?

答：（1）灯头的离地要求。

1）相对湿度经常在 85% 以上，环境温度经常在 40℃ 以上的、有导电尘埃的、潮湿及危险场所，其离地距离不得低于 2.5m。

2）一般车间，办公室、商店和住房等处所使用的电灯，离地距离不应低于 2m。

如果因生活、工作或生产需要而必须把电灯放低时，则离地最低不能低于 1m，并在引线上穿套绝缘管加以保护，且必须采用安全灯座。

灯座离地不足 1m 所使用的电灯，必须采用 36V 及以下的低压安全灯。

（2）开关和插座的离地要求。普通电灯开关和普通插座的离地距离不应低于 1.3m。住宅采用安全插座时安装高度可为 0.3m。

Je54C3331　插座安装的具体要求是什么?

答：明装插座应安装在木台上。对于单相两孔插座两孔平列安装：左侧孔接零线，右侧孔接火线，即"左零右火原则"。当单相三孔插座安装时：必须把接地孔眼（大孔）装在上方，同时规定接地线桩必须与接地线连接，即"左零右火上接地"。而对于三相四孔插座安装：必须上孔接地，左孔接 L1，下孔接 L2，右孔接 L3。

Je54C3332　白炽灯照明线路接线原则是什么？

答：（1）单处控制单灯线路。由一个单极单控开关控制一盏灯（或一组灯）。接线时应将相线接入开关，再由开关引入灯头，中性线也接入灯头，使开关断开后灯头上无电压，确保修理安全。这是电气照明中最基本、最普遍的一种线路。

（2）双处或三处开关控制单灯。可采用两只双控开关，分装在不同位置，常应用在楼梯或走廊照明，在楼上楼下或走廊两端均可独立控制一盏灯。若需三处控制同一盏灯时，可装两只双控开关和一只多控开关以达到目的。

Je54C3333　高压汞灯安装时应注意什么问题？

答：（1）根据实际需要，选用功率恰当的高压汞灯，并配套相宜的镇流器与灯座。

（2）高压汞灯功率在 175W 及以下的，应配用 E27 型瓷质灯座。功率在 250W 以上的，应配用 E40 型瓷质灯座。

（3）镇流器的规格必须与高压汞灯的灯泡功率一致。镇流器宜安装在灯具附近，以及人体触及不到的位置，并在镇流器接线桩上覆盖保护物。镇流器若装在室外，则应有防雨措施。

Je54C3334　正常运行的电动机，起动前应作哪些检查？

答：（1）检查电动机的转轴，是否能自由旋转；配用滑动轴承的电机，其轴向窜动应不大于 2～3mm。

（2）检查三相电源的电压是否正常，其电压是否偏低或偏高。

（3）检查熔断器及熔体是否损坏或缺件。

（4）连轴器的螺丝和销子是否紧固，连轴器中心是否对正；皮带连接是否良好，松紧是否合适。

（5）对正常运行中的绕线式电动机，应经常观察电动机滑环有无偏心摆动现象，滑环的火花是否发生异常现象，滑环上电刷是否需要更换。

（6）检查电动机周围是否有妨碍运行的杂物或易燃易爆物品等。

Je54C3335　运行中的电动机出现什么情况时，应立即切断电源，停机检查和处理？

答：运行中的电动机如出现下列情况之一时，应立即切断电源，停机检查和处理。

（1）运行中发生人身事故；

（2）电源、控制、起动等设备和电动机冒烟起火；

（3）传动装置故障，电动机拖动的机械故障；

（4）电动机发生强烈振动；

（5）电动机声音异常，发热严重，同时转速急剧下降；

（6）电动机轴承超温严重；

（7）电动机电流超过额定值过多或运行中负荷突然猛增；

（8）其他需要立即停机的故障。

Je54C3336　异步电动机大修项目有哪些？

答：（1）拆卸电动机，用压缩空气吹扫灰尘，清除绕组污垢；

（2）检查绕组绝缘是否老化，发现老化应喷刷绝缘漆并烘干；绕组损坏，应全部或部分更换修复；

（3）修理或更换滑环（或换向器）、更换电刷；

（4）用兆欧表检测绕组相间和各相对地绝缘电阻，如低压电动机小于 $0.5M\Omega$ 时，应进行烘干处理；

（5）修整或更换轴承。

Je54C3337　异步电动机中修项目有哪些？

答：（1）拆卸电动机，排除个别绕组线圈缺陷；

（2）更换损坏的槽键和绝缘套管；

（3）修理风扇；

（4）更换轴承衬垫，修整转子轴颈；

（5）检查修正定、转子间气隙；

（6）清洗轴承，加好润滑脂；

（7）修理滑环及电刷装置；

（8）装好电机，检查定、转子和试带负载运行。

Je54C3338　异步电动机小修项目有哪些？

答：（1）清除电动机外壳灰尘污物；

（2）检查电动机紧固情况和接地情况；

（3）检查轴承、电刷和外壳发热情况；

（4）紧固接线盒接线；

（5）检查电动机运转是否正常。

Je54C3339　电能表安装时有哪些要求？

答：（1）电能表必须牢固地安装在可靠及干燥的墙板上，其周围环境应干净、明亮，便于装拆、维修。

（2）电能表安装的场所必须是干燥、无震动、无腐蚀性气体。

（3）电能表的进线、出线，应使用铜芯绝缘线，芯线截面要根据负荷而定，但不得小于 2.5mm^2，中间不应有接头。接线要牢，裸露的线头部分不可露出接线盒。

（4）自总熔断器盒至电能表之间敷设的导线长度不宜超过10m。

（5）在进入电能表时，一般以"左进右出"原则接线。

（6）电能表接线必须正确。如果电能表是经过电流互感器接入电路中，电能表和互感器要尽量靠近些，还要特别注意极性和相序。

Je54C3340 安装电能表时应注意的事项是什么？

答：（1）电能表的电流线圈必须与火线串联，电压线圈并联接入电源侧。此时电能表所测得电能为负载和电流线圈的消耗电能之和。如果电压线圈并联接在负载端，电能表测得的电能将包括电压线圈消耗的电能，当负载停用时，容易引起电能表潜动。

（2）必须弄清楚电能表内部接线和极性，防止电能表电流线圈并联接在电源上，造成短路而烧毁电能表。还应注意，当电能表经互感器接入电路时，电流互感器应按"减极性"接线。

Je54C3341 抄表前应做哪些准备工作？

答：（1）明确自己负责抄表的区域和用户情况，如用户的地址、街道、门牌号码、表位、行走路线等。

（2）明确抄表例日排列的顺序，严格按抄表例日执行。

（3）准备好抄表用具，如抄表卡片、抄表器、钢笔、手电筒等。

Je54C3342 现场抄表的要求有哪些？

答：（1）对大用户抄表必须在时间上、抄表质量上严格把关。

（2）对按最大需量收取基本电费的用户，应与用户共同抄录最大需量表，以免事后争执，抄表后启封拨回指针然后再封好。

（3）对实行峰谷分时电价的用户，注意峰、平、谷三个时段是否正确，峰、平、谷三段电量之和是否与总电量相符。

（4）根据有功电能表的指示数估算用户的使用电量，如发现有功电量不正常，应了解用户生产和产品产量是否正常，也可根据用户配电室值班日志进行核对。

（5）对有备用电源的用户，不管是否启用，每月都要抄表，以免遗漏。

（6）对高供低计收费的用户，抄表收费员应加计变损和线损。

Je54C3343　抄表工作流程中抄表整理员应完成哪些工作环节？

答：事先排好抄表例日 →对抄表卡片保管→按例日做好发放的准备工作→将抄表卡片或抄表器发给抄表员。

对抄表员交回的卡片：逐户检查抄表卡片内容→审核户数→加盖发行月份→灯、力各项电量汇总→填写总抄表日志→送核算。

Je54C3344　抄表工作流程中抄表员应完成哪些工作环节？

答：抄表员：按例日领取抄表卡片或抄表器 →复核户数→按例日去用户处抄表，同时也要做好以下工作：

抄表结束后，要复核抄表卡片，检查各项内容有无漏抄或算错现象。汇总户数、电量，按灯力分别填写个人抄表日志，连同抄表卡片交抄表整理审核。

Je54C3345　核算工作有哪些内容？

答：（1）电费账的制成与保管，对转来的登记书进行登账处理、审核与传递。

（2）掌握各类电价的有关规定并正确执行。

（3）按事先排定的核算例日顺序，结合已收到的抄表卡片进行电费核算与电费收据的发行，填写应收电费发行表。

（4）审核电费收据，复核应收电费发行表。审核无误后加盖收费章、托收电费章，并填记总应收电费发行表。

（5）处理有关核算工作的日常业务。

Je54C3346　电费核算工作有哪些环节？

答：①转账计算；②开写电费发票；③复核汇总；④稽核；⑤单据发行。

Je54C3347　电费账务管理包括哪些内容？

答： (1) 认真审核新装装表接电的工作传票及有关凭证，审核无误后，新建用户抄表卡片。对新建用户逐户进行登记，交抄表组签收后正常抄表。工作传票使用后加盖个人私章，退还业务经办部门。

(2) 根据新建抄表卡片和相关工作传票新建电费台账。

(3) 认真填写大工业用户电费结算清单。

(4) 凡用户发生增减容量、电能表更换、校验、拆表、过户、暂停和变更用电性质等，除及时更改抄表卡片外，还要同时更改台账的相关记录，使抄表卡片与电费台账完全一致。

(5) 凡因电能计量装置发生错误、误差超出允许范围、记录不准、接线错误、倍率不符等造成电费计算错误，需向用户补收或退还电费时，经用电检查和相关部门核实，报各级分管领导审批后再进行账务处理。

(6) 电费呆账的处理。

(7) 欠费管理。

Je54C3348　收费工作都包括哪些内容？

答： (1) 各种电费收据的保管、填写，按例日发放与领取电费收据，向用户收取电费，并办理托收结算。

(2) 转出转入电费收据的处理。

(3) 电费收据存根的汇总，收入现金的整理，填记收入报告整理票、现金整理和收费日志。

(4) 按银行的收账通知，及时销账或提取托收凭证的存根，填记收入报告整理票。

(5) 复核电费收据存根，对照收入报告整理票和现金整理票与收费日志，填记总收费日志。

(6) 处理有关收费工作的日常业务。

Je4C3349　怎样选择兆欧表的放置位置？

答：（1）测量时兆欧表应放置在平稳的地方，以免摇动发电机手柄时，表身晃动而影响测量的准确性。带有水平调节装置的兆欧表，应先调节好水平位置。

（2）测量时兆欧表应远离大电流的导体及有较强外磁场的场合，以免影响测量结果。

Je4C3350　动力配电箱的安装主要有哪些安装方式？

答：配电箱的安装主要有墙上安装、支架上安装、柱上安装、嵌墙式安装和落地式安装等方式。

Je4C3351　电动机安装就位后，机座水平度如何调整？

答：电动机就位后，应用水平仪（水平尺）进行纵向和横向校正。如果不平，可在机座下面垫薄钢片进行调整。

Je4C3352　电动机安装就位后，齿轮传动装置如何调整？

答：检查主动轮与被动轮配套情况，不配套就必须调换。用塞尺检查齿轮啮合情况，不能过紧过松，中心不偏斜。如果间隙不均匀，就要进行调整底角螺栓。

Je4C3353　电动机安装就位后，三角皮带传动装置如何调整？

答：检查皮带轮大小配套情况，不配套必须调换；检查皮带轮轴线是否平行并适当调整；检查皮带轮间距松紧并适当调整；检查塔型皮带轮安装的是否是一反一正相对应，否则不能调速。

Je4C3354　电动机安装就位后，平皮带传动装置如何调整？

答：检查皮带轮大小配套情况，不配套必须进行调换；检查皮带扣是否扣在皮带的正面，皮带正面是否安装在外圈，否则要改换。

Je4C3355　叙述配电箱在墙上嵌入式安装的步骤和方法。

答：（1）预埋固定螺栓。在现有的墙上安装配电箱以前，应量好配电箱安装孔的尺寸，然后凿孔洞，预埋固定螺栓。

（2）配电箱的固定。待预埋件的填充材料凝固干透，就可进行配电箱的安装固定。固定前，先用水平尺和铅坠校正箱体的水平度和垂直度。若不符合要求，则应查明原因，调整后再将配电箱可靠固定。

Je43C4356　简要回答测量绝缘电阻前的准备工作。

答：（1）测量电气设备的绝缘电阻之前，必须切断被测量设备的电源，并接地（外壳）进行短路放电。

（2）对可能感应产生高电压的设备，未采取措施（放电）之前不得进行测量。

（3）被测设备的表面应擦拭干净。

（4）测量前，先对兆欧表做开路和短路检验，短路时看指针是否指到"0"位；开路时看指针是否指到"∞"位。

Je43C4357　简要回答绝缘电阻的测量方法和注意事项。

答：（1）按被测电气设备的电压等级正确选择兆欧表。

（2）兆欧表的引线必须使用绝缘良好的单根多股软线，两根引线不能缠在一起使用，引线也不能与电气设备或地面接触。

（3）测量前检查兆欧表，开路时指针是否指在"∞"位，短路时指针是否指在"0"位。

（4）测量前应将被测量设备电源断开并充分放电。测量完毕后，也应将设备充分放电。

（5）接线时，"接地"E端钮应接在电气设备外壳或地线上，"线路"L端钮与被测导体连接。测量电缆的绝缘电阻时，应将电缆的绝缘层接到"屏蔽端子"G上。

（6）测量时，将兆欧表放置平稳，摇动手柄使转速逐渐增加到120r/min。

（7）严禁在有人工作的线路上进行测量工作。雷电时，禁止用兆欧表在停电的高压线路上测量绝缘电阻。

（8）在兆欧表没有停止转动或被测设备没有放电之前，切勿用手去触及被测设备或兆欧表的接线柱。

（9）使用兆欧表遥测设备绝缘时，应由两人操作。在带电设备附近测量绝缘电阻时，测量人员和兆欧表的位置必须选择适当，保持与带电体的安全距离。

（10）遥测电容器、电力电缆、大容量变压器及电机等电容较大的设备时，兆欧表必须在额定转速状态下方可将测电笔接触或离开被测设备，以避免因电容放电而损坏摇表。

Je43C4358　简要回答测量接地电阻的步骤。

答：（1）先将接地体与其相连的电器设备断开。

（2）确定被测接地极 E′，并使电位探针 P′ 和电流探针 C′ 与接地极 E′ 彼此直线距离为20m，且使电位探针 P′ 插于接地极 E′ 和电流探测针 C′ 之间。

（3）用导线将 E′、P′ 和 C′ 与仪表相应的端子连接。即 E′—E、P′—P 和 C′—C。

（4）将仪表水平放置检查指针是否指在中心线零位上，否则应将指针调整至中心线零位上。

（5）将"倍率标度盘"置于最大倍数，慢摇发电机手柄，同时旋动"额定标度盘"使检流计的指针指于中心线零位上。

（6）当检流计接近平衡时，应加快发电机的转速，使之达到120r/min 以上（额定转速）调整"测量标度盘"使指针指示中心线零位。

（7）如果"测量标度盘"的读数小于1，应将倍率标度盘置于较小的倍数，再重新调整"测量标度盘"以得到正确的读数。该读数乘以"倍率标度盘"的倍率，即为所测接地电阻。

Je43C4359　基础坑开挖时应采取哪些安全措施？

答：（1）挖坑前必须与有关地下管道、电缆的主管单位取得联系，明确地下设施的确实位置，做好防护措施。

（2）在超过1.5m深的坑内工作时，抛土要特别注意防止土石回落坑内。

（3）在松软土地挖坑，应有防止塌方措施，如加挡板、撑木等，禁止由下部掏挖土层。

（4）在居民区及交通道路附近挖坑，应设坑盖或可靠围栏，夜间挂红灯。

（5）石坑、冻土坑打眼时，应检查锤把、锤头及钢钎子，打锤人应站在扶钎人侧面，严禁站在对面，并不得戴手套，扶钎人应戴安全帽。钎头有开花现象时，应更换。

Je43C4360　基础坑开挖遇到地下水位高，土质不良（如流沙及松散易塌方的土质）时，应采取哪些措施和方法？

答：（1）增大坑口尺寸，并在挖至要求深度以后，立即进行立杆。

（2）当杆坑较深时采用增大坑口尺寸，不易保证安全或土方量过大时，可用围栏或板桩撑住坑壁，防止坑壁倒塌。

（3）杆坑应在放置电杆侧挖一个阶梯形马道，阶梯可根据电杆的长度挖成二阶或三阶两种。拉线坑也要在拉线侧挖出马道，马道的坡度与拉线角度一致，以使拉线底把埋入坑内之后与拉线方向一致。

（4）坑深检查。无论阶梯坑，圆坑或拉线坑，坑底均应基本保持平整，带坡度拉线坑检查以坑中心为准。

Je43C4361　挖坑的注意事项有哪些？

答：(1) 所用的工具，必须坚实牢固，并注意经常检查，以免发生事故。

(2) 坑深超过 1.5m 时，坑内工作人员必须戴安全帽。当坑底超过 1.5m² 时，允许二人同时工作，但不得面对面或挨得太近。

(3) 严禁用掏洞方法挖掘土方，不得在坑内坐下休息。

(4) 挖坑时，坑边不应堆放重物，以防坑壁塌方。工器具禁止放在坑边，以免掉落坑内伤人。

(5) 行人通过地区，当坑挖完不能马上立杆时，应设置围栏，在夜间要装设红色信号灯，以防行人跌入坑内。

(6) 杆坑中心线必须与辅助标桩中心对正，顺线路方向的拉线坑中心必须与线路中心线对正。转角杆拉线坑中心必须与线路中心的垂直线对正，并对正杆坑中心。

(7) 杆坑与拉线的深度不得大于或小于规定尺寸的 5%。

(8) 在打板桩时，应用木头垫在木桩头部，以免打裂板桩。

Je43C4362　如何用花杆测量确定各电杆的位置？

答：其方法是先经目测，如果线路是一条直线，则先在线路一端竖立一支垂直的花杆或利用电杆、烟囱作自然标志，同时另一端竖一支花杆使其垂直地面，观察者站在距花杆约 3m 远的地方利用三点一线的原理，用手势或旗语指挥。通常测量时用数支花杆，直接量出每基电杆距离位置后，目测指挥使数支花杆在左右移动下，连成一直线之后钉桩。延长时，将始端已钉桩后的花杆逐步轮流前移。

如果线路转角定位，则先测定转角杆的位置，然后再按照上述方法测定转角段内的直线杆位。

Je43C4363　线路施工图中的线路平面图及明细表包括哪些内容？

答：①线路平面图；②杆（塔）位明细表；③绝缘子串及金具组装图；④接地装置型式和安装施工图。

Je43C4364　线路施工图中的施工图总说明书及附图包括哪些内容？

答：①施工图总说明书；②线路路径平面位置图（线路地理走向图）；③线路杆、塔、基础形式一览图；④电气接线图。

Je43C4365　底盘、拉线盘应如何吊装？

答：底盘、拉线盘的吊装如有条件时可用吊车安装。在没有条件时，一般根据底盘、拉线盘的重量采取不同的吊装方法。这种方法首先将底盘、拉线盘移至坑口，两侧用吊绳固定，坑口下方至坑底放置有一定斜度的钢钎或木杠，在指挥人员的统一指挥下，用人缓缓将底盘、拉线盘下放，至坑底后将钢钎或木杠抽出，解出吊绳再用钢钎调整底盘、拉线盘至中心即可。

重量大于 300kg 及以上的底盘、拉线盘一般采用人字扒杆吊装。300kg 以下重量的底盘、拉线盘一般采用人力的简易方法吊装。

Je43C4366　应如何找正底盘的中心？

答：一般可将基础坑两侧副桩的圆钉上用线绳连成一线或根据分坑记录数据找出中心点，再用垂球的尖端来确定中心点是否偏移。如有偏差，则可用钢钎拨动底盘，调整至中心点。最后用泥土将盘四周覆盖并操平夯实。

Je43C4367　应如何找正拉线盘的中心？

答：一般将拉线盘拉棒与基坑中心花杆底段及拉线副桩对准成一条直线，如拉线盘偏差需用钢钎撬正。移正后即在拉线棒处按照设计规定的拉线角度挖好马道，将拉线棒放置在马道后即覆土。

Je43C4368　叙述采用固定式人字抱杆起吊电杆的过程。

答：（1）选择抱杆高度。一般可取电杆重心高度加 2 ~ 3m。或者根据吊点距离和上下长度、滑车组两滑轮碰头的距离适当增加裕度来考虑。

（2）绑系侧拉绳。据杆坑中心距离，可取电杆高度的1.2 ~ 1.5 倍。

（3）选择滑车组。应根据水泥杆重量来确定。一般水泥杆质量为 500 ~ 1000kg 时，采用一、一滑车组牵引；水泥杆质量为 1000 ~ 1500kg 时，采用一、二滑车组牵引；水泥杆质为 1500 ~ 2000kg 可选用二、二滑车组牵引。

（4）18m 电杆单点起吊时，必须采取加绑措施来加强吊点处的抗弯强度。

（5）如果土质较差时，抱杆脚需铺垫道木或垫木，以防止抱杆起吊受力后下沉。

（6）抱杆的根开一般根据电杆重量与抱杆高度来确定，一般在 2 ~ 3m 左右范围内。

（7）起吊过程中要求缓慢均匀牵引。电杆离地 0.5m 左右时，应停止起吊，全面检查侧拉绳子受力情况以及地锚是否牢固。水泥杆竖立进坑时，特别应注意上下的侧拉绳受力情况，并要求缓慢松下牵引绳，切忌突然松放而冲击抱杆。

Je43C4369　叙述采用叉杆立杆所使用的工具及要求。

答：（1）叉杆。叉杆是由相同细长圆杆所组成，圆杆稍径应不小于 80mm，根径应不小于 120mm，长度在 4 ~ 6m 之间，在距顶端 300 ~ 350mm 处用铁线做成长度为 300 ~ 350mm 的链环，将两根圆杆连接起来。在圆杆底部 600mm 处安装把手（穿入 300mm 长的螺栓）。

（2）顶板。取长为 1 ~ 1.3m，宽度为 0.2 ~ 0.25m 的木板

做顶板，临时支持电杆之用。

（3）滑板。取长度为 2.5～3m 左右，宽度为 250～300mm 的坚固木板为滑板，其作用是使电杆能顺利达杆坑底。

Je43C4370 叙述采用叉杆立杆的具体立杆方法。

答：（1）电杆梢部两侧各栓直径 25mm 左右、长度超过电杆长 1.5 倍的棕绳或具有足够强度的麻绳一根，作为侧拉绳，防止电杆在起升过程中左右倾斜。

（2）电杆根部应尽可能靠近马道坑底部，使起升过程中有一定的坡度而保持稳定。

（3）电杆根部移入基坑马道内，顶住滑板。

（4）电杆梢部开始用杠棒缓缓抬起，随即用顶板顶住，可逐渐向前交替移动使杆梢逐步升高。

（5）当电杆梢部升至一定高度时，加入一副小叉杆使叉杆、顶板、扛棒合一，交替移动逐步使杆梢升高。到一定高度时再加入另一副较长的叉杆与拉绳合一，用力使电杆再度升起。一般竖立 10m 水泥杆需 3～4 副叉杆。

（6）当电杆梢部升到一定高度但还未垂直前，左右两侧拉绳移到两侧当作控制拉绳使电杆不向左右倾斜。在电杆垂直时，将一副叉杆移到起立方向对面防止电杆过牵引倾倒。

（7）电杆竖正后，有两副叉杆相对支撑住电杆然后检查杆位是否在线路中心，再回填土分层夯实。

Je43C4371 叙述采用汽车吊立杆的要求。

答：汽车吊立杆首先应将吊车停在适当的位置，放好支腿，若遇有土质松软的地方，支腿下应填以面积较大的厚木板。

起吊电杆的钢丝绳，一般可拴在电杆重心以上 0.2～0.5m 处，对于拔梢杆的重心在距杆根 2/5 电杆全长处加 0.5m 处，如果组装横担后整体起吊，电杆头部较重时，钢丝绳可适当上移。立杆时，专人指挥，在立杆范围以内应禁止行人走动，非工作人员须撤离到倒杆距离 1.2 倍范围之外，电杆吊入杆坑后，进行校正、填土夯实，其后方可松下钢丝绳。

Je43C4372　叙述杆上安装横担的方法步骤。

答：（1）携带杆上作业全套工器具，对登杆工具做冲击实验，检查杆根，做好上杆前的准备工作。

（2）上杆，到适当位置后，安全带系在主杆或牢固的构件上（一般在横担安装位置以下）。若使用脚扣登杆作业，系好安全带，双脚应站成上下位置，受力脚应伸直，另一只脚掌握平衡。

（3）在杆上距离杆头 200mm（高压 300mm）处划印，确定横担的安装基准线。放下传递绳，地面人员将横担绑好，杆上作业人员将横担吊上杆顶。

（4）杆上作业人员调整好站立位置，将横担举起，把横担上的 U 型抱箍从杆顶部套入电杆，并将螺帽分别用手拧靠，调整横担位置、方向及水平，再用活扳手固定。

（5）检查横担安装位置应在横担准线处，距杆头 200mm（高压 300mm）。

（6）地面工作人员配合杆上人员观察，调整横担是否水平和顺线路方向垂直，确认无误后再次紧固。

（7）杆上作业人员解开系在横担上的传递绳并送下，把头铁、抱箍及螺栓一起吊到杆上进行安装。

（8）杆上作业人员将瓷瓶吊上并安装在横担上。

（9）拆除传递绳，解开安全带，下杆；工作结束。

Je43C4373　杆上安装横担的注意事项有哪些？

答：（1）安全带不宜拴得过长，也不宜过短。

（2）横担吊上后，应将传递绳整理利落；一般将另一端放在吊横担时身体的另一侧，随横担在一侧上升，传递绳在另一侧下降。

（3）不用的工具切记不要随意搁在横担上或杆顶上，以防不慎掉下伤人，应随时放在工具袋内。

（4）地面人员应随时注意杆上人员操作，除必须外，其他人员应远离作业区下方，以免杆上作业人员掉东西砸伤地面人员。

Je43C4374　放线时线轴布置的原则和应注意事项有哪些？

答：线轴布置应根据最节省劳力和减少接头的原则，按耐张段布置，应注意的是：

（1）交叉跨越档中不得有接头。

（2）线轴放在一端耐张杆处，可由一端展放，或在两端放线轴，以便用人力或机械来回带线。

（3）安装线轴时，出线端应从线轴上面引出，对准拖线方向。

（4）非工作人员不要靠近导线，以免跑线伤人。工作人员也要在外侧。

Je43C4375　放线时通信联系用的旗号习惯上是如何规定的？

答：（1）一面红旗高举，表示危险，已发现问题，应立即停止工作。

（2）一面白旗高举，表示正常，工作可继续进行。

（3）两手红白并举，相对举过头部连续挥动，表示线已拉到指定位置，接头工作已结束。

（4）若同时拖两线，需要停止拖动一根线，则需要旗伸开平举，需停的一边执红旗，另一手执白旗。

（5）当三根线同时拖动，以左右及头上方代表三根线的部位，当某线需停止拖动，则举红旗停止不动，需拖动的两线则以白旗连续挥动。

（6）当挥旗人身体转向侧面，两手同时向一边举平，以白旗红旗上下交叉挥动，表示线要放松，放线机械要倒退，慢动作挥旗表示线要慢慢放松。

（7）每次变换旗号均应以哨子示意，直至对方变换旗号为止，否则应继续吹哨挥旗。

（8）一手同时取红白两旗，在空中划圈，表示工作已结束，全部停止工作、收工。

Je43C4376　在紧线之前应做好哪些准备工作？

答：（1）必须重新检查、调整一次在紧线区间两端杆塔上的临时拉线，以防止杆塔受力后发生倒杆事故。

（2）全面检查导线的连接情况，确认符合规定时方可进行紧线。

（3）应全部清除在紧线区间内的障碍物。

（4）通信联系应保持良好的状态，全部通信人员和护线人员均应到位，以便随时观查导线的情况，防止导线卡在滑车中被拉断或拉倒杆塔。

（5）观测弧垂人员均应到位并做好准备。

（6）在拖地放线时越过路口处，有时要将导线临时埋入地中或支架悬空，在紧线前应将导线挖出或脱离支架。

（7）冬季施工时，应检查导线通过水面时是否被冻结。

（8）逐基检查导线是否悬挂在轮槽内。

（9）牵引设备和所用的工具是否已准备就绪。

（10）所有交叉跨越线路的措施是否都稳固可靠，主要交叉处是否都有专人看管。

Je43C4377　使用紧线器应注意哪些事项？

答：（1）紧线前，应检查导线是否都放在滑轮中。小段紧线亦可将导线放在针式绝缘子和顶部沟槽内，但不允许将导线放在铁横担上以免磨伤。

（2）紧线时要有统一的指挥，要根据观测档对弧垂观测的结果，指挥松紧导线。各种导线不同温度下的弧垂值，应根据本地区电力部门规定的弧垂进行紧线。

（3）紧线时，一般应做到每基杆有人，以便及时松动导线，使导线接头能顺利越过滑车或绝缘子。

（4）根据紧线的导线直径，选用相应规格的紧线器。

（5）在使用时如发现滑线（逃线）现象，应立即停止操作，并采取措施（如在线材上绕上一层铁丝）再行夹住，使线材确实夹牢后，才能继续紧线。

Je43C4378　紧线时观测档应如何选择？

答：在耐张段的连续档中，应选择一个适当档距作为弧垂观测档，选择的条件宜为整个耐张段的中间或接近中间的较大档距，并且以悬挂点高差较小者作为观测档。

若一个耐张段的档数为 7～15 档时，应在两端分别选择两个观测档，15 档以上的耐张段，应分别选择三个观测档。

Je43C4379　紧线时导线的初伸长一般应如何处理？

答：新架空线的施工，若不考虑初伸长的影响，则运行一个时期后将会产生对地距离降低，影响线路的安全运行，故新导线在紧线时，应考虑导线的初伸长，一般应在紧线时使导线按照减小一定比例计算弧垂以补偿施工时的初伸长。

Je43C4380　动力配电箱安装时一般应满足哪些要求？

答：（1）确定配电箱安装高度。暗装时底口距地面为1.4m，明装时为 1.2m，但明装电度表箱应加高到 1.8m。配电箱安装的垂直偏差不应大于 3mm，操作手柄距侧墙的距离不应小于 200mm。

（2）安装配电箱（盘）墙面木砖、金具等均需随土建施工预先埋入墙内。

（3）在 240mm 厚的墙壁内暗装配电箱时，在墙后壁需加装 10mm 厚的石棉板和直径为 2mm、孔洞为 10mm 的铁丝网，再用 1:2 水泥砂浆抹平，以防开裂。

（4）配电箱与墙壁接触部分均应涂刷防腐漆，箱内壁和盘面应涂刷两道灰色油漆。

（5）配电箱内连接计量仪表、互感器等的二次侧导线，应采用截面积不小于 $2.5mm^2$ 的铜芯绝缘导线。

（6）配电箱后面的配线应排列整齐，绑扎成束，并用卡钉紧固在盘板上。从配电箱中引出和引入的导线应留出适当长度，以利于检修。

（7）相线穿过盘面时，木制盘面需套瓷管头，铁制盘面需装橡皮护圈。零线穿过木制盘面时，可不加瓷管头，只需套上塑料套管即可。

（8）为了提高动力配电箱中配线的绝缘强度和便于维护，导线均需按相位颜色套上软塑料套管，分别以黄、绿、红、黑色表示 A、B、C 相和零线。

Je43C4381　叙述自制非标准配电箱盘面的组装和配线的步骤和要求。

答：（1）盘面的制作。应按设计要求制作盘面，盘面板四周与箱边应有适当缝隙，以便在配电箱内将其固定安装。

（2）电器排列。电器安装前，将盘面放平，把全部电器摆放在盘面板上，按照相关的要求试排列。

（3）钻孔刷漆。按照电器排列的实际位置，标出每个电器安装孔和进出线孔位置，然后在盘面钻孔和刷漆。

（4）固定电器。等油漆干固，先在进出线孔套上瓷管头或橡皮护套以保护导线，然后将全部电器按预设位置就位，并用木螺钉或螺栓将其固定。

（5）盘后配线。配线要横平竖直，排列整齐，绑扎成束，用卡钉固定牢固。

（6）接零母线做法。接零系统的零母线，一般应由零线端子板引止各支路或设备。

（7）加包铁皮。木制盘面遇下列情况应加包铁皮：三相四线制供电，电流超过 30A；单相 220V 供电，电流超过 100A。

Je43C4382　住宅电能表箱主要由哪些元件组成？各元件的作用和要求是什么？

答：住宅电能表箱主要由配电盘面、单相电能表、开关、熔体盒（或剩余电流动作保护器）等组成。

（1）盘面。起承托电器、仪表和导线的作用。

（2）单相电能表。单相电能表的额客电流应大于室内所有用电器具的总电流。

（3）熔体盒。熔体盒内装有熔体，它对电路起短路保护作用。

（4）剩余电流动作保护开关（器）。采用保护接地或保护接零，在用电设备漏电时断开电源防止发生触电事故。

（5）开关。配电盘上的开关用来控制用户电路与电源之间的通断，住宅配电盘上的开关一般采用空气断路器或闸刀开关。

Je43C4383　住宅电能表箱单相电能表的安装要求有哪些？

答：一个进户点供一个用户使用时，只装一组电能表、开关和熔断器即可；一个进户点供多个用户使用时，应每户装一组电能表、开关和熔断器，这种安装方式适用于居民住宅楼、公寓和大厦等。

单相电能表一般装在配电盘的左边或上方，而开关则应装在右边或下方。盘面上器件之间的距离应满足要求。

常用单相电能表接线盒内有四个接线端，自左向右按"1"、"2"、"3"、"4"编号。接线方法为"1"接火线进线、"3"接零线进线，"2"接火线出线、"4"接零线出线。

Je43C4384 电动机安装前应检查哪些项目?

答:(1)详细核对电动机铭牌上标注的各项数据与图纸规定或现场实际是否相符。

(2)外壳上的油漆是否剥落、锈蚀,壳、风罩、风叶是否损坏,安装是否牢固。

(3)检查电动机装配是否良好,端盖螺钉是否紧固,轴及轴承转动是否灵活,轴向窜动是否在允许范围,润滑情况是否正常。

(4)拆开接线盒,用万用表检查三相绕组是否断路,连接是否牢固。

(5)使用兆欧表测量绝缘。电动机每一千伏工作电压其绝缘电阻不得小于 $1M\Omega$;500V 以下电动机的绝缘电阻不应小于 $0.5\ M\Omega$。

(6)用干燥空气吹扫电动机表面粉尘和脏物。

Je43C4385 电动机在接线前必须做好哪些工作?

答:(1)电动机在接线前必须核对接线方式、并测试绝缘电阻。

(2)40kW 及以上电动机应安装电流表。

(3)如果控制设备比较远,在电动机近处应设紧急停车装置。

(4)动力设备必须一机一闸,不得一闸多用。

(5)动力设备要有接地或接零保护。

(6)控制设备要有短路保护、过载保护、断相保护及漏电保护。

(7)机械旋转部分应有防护罩。

(8)安装电动机时,在送电前必须用手试转,送电后必须核对转向。

Je43C4386 简要回答电动机安装后的调整和测量项目有

哪些?

答:①机座水平度的调整;②齿轮传动装置的调整;③三角皮带传动装置的调整;④平皮带传动装置的调整;⑤皮带轮轮宽中心线的测量;⑥联轴节同轴线的测量。

Je43C4387　变压器在满负荷或超负荷运行时的监视重点有哪些?

答:变压器的电流、电压、温升、声响、油位和油色等是否正常;导电排螺栓连接处是否良好;示温蜡片有无熔化现象。要保证变压器较好的冷却状态,使其温度不超过额定值。

Je43C4388　简要回答变压器运行中的日常维护和检查项目。

答:①检查变压器的温度;②检查油位;③检查声响;④检查变压器顶盖上的绝缘件;⑤检查引出导电排的螺栓接头有无过热现象;⑥检查阀门;⑦检查防爆管;⑧检查散热器或冷却器;⑨检查吸湿器;⑩检查周围场地和设施。

Je43C4389　运行中变压器补充油应注意的事项有哪些?

答:(1) 防止混油,新补入的油应经试验合格。

(2) 补油前应将重瓦斯保护改接信号位置,防止误动作。

(3) 补油后要注意检查气体继电器,及时放出气体,若24h后无问题,再将气体继电器接入跳闸位置。

(4) 补油量要适宜,油位与变压器当时的油温相适应。

(5) 禁止从变压器下部阀门补油,以防止变压器底部沉淀物冲起进入线圈内,影响变压器的绝缘和散热。

Je3C4390　更换拉线时,拆除拉线前必须先作好哪项工作?

答:拉线因锈蚀、断股等需要进行更换时,必须先制作好临时拉线并锚固牢靠，然后拆除旧拉线，更换新拉线。

Je3C4391 常用电缆头的主要种类有哪些？

答：尼龙头电缆头；干包电缆头；热缩式电缆头；插接装配式电缆头；冷缩式电缆头。

Je3C4392 制作好的电缆头应满足哪些要求？

答：导体连接良好；绝缘可靠；密封良好；有足够的机械强度；能经受电气设备交接验收试验标准规定的直流耐压实验。

制作好的电缆头要尽可能做到结构简单、体积小、省材料、安装维修方便、并兼顾形状的美观。

Je3C4393 电缆在电缆沟或电缆隧道内敷设有何要求？

答：在电缆隧道中敷设，电缆都是放在支架上，支架可以在单侧或双侧，每层支架上可以放若干根电缆。

电缆沟（隧道）内的支架间隔 1m，上下层间隔 150mm，最下层距地 100mm。电缆沟（隧道）内要有排水沟，并保持 1%的坡度。每隔 50m 应设一个 0.4m×0.4m×0.4m 的积水坑。电缆沟和电缆隧道上也要设人孔井。

Je3C4394 电缆明敷设应如何安装？

答：电缆有时直接敷设在建筑构架上，可以像电缆沟中一样，使用支架，也可以使用钢索悬挂或用挂钩悬挂。现在有专门的电缆桥架，用于电缆明敷。电缆桥架分为梯级式、盘式和槽式。

Je3C4395 直埋电缆进入建筑物应采取哪些做法？

答：电缆进入建筑物和穿过建筑物墙板时，都要加钢管保护。直埋电缆进入建筑物时，由于室内外湿差较大，电缆应采取防水、防燃的封闭措施。

Je3C4396　电动机几种常用的简便烘干方法有哪些?

答:①循环热风干燥法;②电流干燥法;③灯泡烘干法;
④红外线灯干燥法。

Je3C4397　请简要介绍电动机循环热风干燥法。

答:循环热风干燥法。将电动机放入干燥箱,将电加热器
放入加热箱,吹风机出口插入加热箱入口,加热箱出口插入干
燥箱入口。用吹风机将加热箱的热风吹入干燥箱,对电动机进
行加热烘干。干燥室温度控制在100℃左右。

Je3C4398　请简要介绍电动机电流干燥法。

答:将电动机三相绕组串联,用自耦调压器给电动机供
电,使绕组发热进行干燥。电压约为电动机额定电压的7%~
15%,电流约为额定电流的50%~70%。干燥时要注意绕组温
度,及时调整加热器的电压和电流。

Je3C4399　请简要介绍电动机灯泡烘干法。

答:把一只或数只大功率灯泡放入电动机定子腔内进行烘
干。注意灯泡不要太靠近绕组。在电动机外壳要盖上帆布进行
保温。

Je3C4400　请简要介绍电动机红外线灯干燥法。

答:先在箱内安装红外线灯泡和温度计,然后将电动机放
入箱内,给红外线灯泡供电,用红外线进行加热,最后通过改
变灯泡数量控制好箱内加热温度。

**Je3C4401　简述三相电子式多功能电能表的测量内容有哪
些?**

答：能精确地测量正、反向有功和四象限无功电能、需量、失压计时等各种数据。

Je3C4402 简述运行中的电能表可能出现哪些异常状态。

答：电能表快慢不准、电能表潜动、电能表跳字、电能表卡盘、电压或电流线圈烧毁等情况。

Je3C4403 土建工程在结构施工阶段电工要注意确定哪几条控制线？

答：（1）水平线。包括吊顶线、门中线、墙面线、隔断墙的边线。注意常用标高水平线。如 0.3、1.0、1.2、1.4、1.8m。

（2）轴线。作防雷引下线、下管穿越楼层都要与轴线对应。

Je32C4404 简述使用吊车位移正杆的步骤。

答：（1）用吊车将杆子固定。吊点绳位置一般在距杆梢 3~4m 处。

（2）摘除杆上固定的导线，使其脱离杆塔，然后登杆人员下杆。

（3）在需要位移一侧靠杆根处垂直挖下，直到杆子埋深的深度。

（4）使用吊车将杆子移到正确位置，校正垂直，然后将杆根土方回填夯实。

（5）恢复并固定导线，位移工作即告结束。

Je32C4405 简述悬绑绳索利用人工进行位移正杆的步骤。

答：（1）登杆悬绑绳索。其位置在距杆梢 2~3m 处，一般为 4 根直径不小于 16mm 的棕绳。拉紧绳索，从 4 个相对方向将杆塔予以固定。

（2）摘除固定在杆上的导线，使其脱离杆塔，然后登杆人员下杆。

（3）在需要位移一侧靠杆根处垂直挖下，直到杆子埋深的深度。

（4）拉动绳索，使杆梢倾向需位移的相反方向，杆根则移向需要位移的方向，直至移到正确位置后，可将电杆竖直。整个过程中，与受力绳索相对方向的绳索应予以辅助，防止杆塔因受力失控而倾倒。

（5）注意杆梢倾斜角度不要过大，不超过10°为宜，若一次不能移动到位，可反复几次进行。必要时（例如位移距离较大或土质较松软），可在坑口垫用枕木，以便电杆更好地倾斜移动。

（6）杆子移到与线路中心线相一致的正确位置后，校正垂直，即可将杆根土方回填夯实，恢复固定导线。

Je32C4406　调整导线弧垂应如何进行？

答：调整导线弧垂时，其操作及弧垂的观察法与导线架设时的方法相同，即操作人员在耐张杆或终端杆上，利用三角紧线器（也可与双钩紧线器配合使用）调整导线的松紧。若为多档耐张段，卡好紧线器后，即可解开架线杆上导线的绑线，并选择耐张段中部有代表性的档距观测弧垂。若三相导线的弧垂均需调整，则应先同时调整好两个边相，然后调整中相。调整后的三相导线弧垂应一致。

在终端杆上对导线弧垂进行调整时，应在横担两端导线反方向做好临时拉线，防止横担因受力不均而偏转。

Je32C4407　叙述钢芯铝绞线损伤的处理标准。

答：（1）断股损伤截面积不超过铝股总面积的7%，应缠绕处理。

（2）断股损伤截面积占铝股总面积的7%～25%，应用补修管或补修条处理。

（3）钢芯铝绞线出现下列情况之一时，应切断重接：

1）钢芯断股；

2）铝股损伤截面超过铝股总面积的 25%；

3）损伤长度超过一组补修金具能补修的长度；

4）破损使得钢芯或内层导线形成无法修复的永久性变形。

Je32C4408 叙述铝绞线和铜绞线损伤的处理标准。

答：（1）断股损伤截面积不超过总面积的 7%，应缠绕处理。

（2）断股损伤截面积占总面积的 7% ~ 17%，应用补修管或补修条处理。

（3）断股损伤截面积超过总面积的 17% 应切断重接。

Je32C4409 架空绝缘导线连接时绝缘层如何处理？

答：承力接头的连接采用钳压和液压法，在接头处安装辐射交联热收缩管护套或预扩张冷缩绝缘套管（统称绝缘护套）。绝缘护套直径一般应为被处理部位接续管的 1.5 ~ 2 倍。中压绝缘线使用内外两层绝缘护套，低压绝缘线使用一层绝缘护套。有半导体层的绝缘线应在接续管外面先缠绕一层半导体黏带，与绝缘线的半导体层连接后再进行绝缘处理。每圈半导体黏带间搭压为带宽的 1/2。截面为 240mm^2 及以上铝线芯绝缘线承力接头宜采用液压法接续。

Je32C4410 电缆头的制作安装要求有哪些？

答：（1）在电缆头制作安装工作中，安装人员必须保持手和工具、材料的清洁与干燥，安装时不准抽烟。

（2）做电缆头前，电缆应经过试验并合格。

（3）做电缆头用的全套零部件、配套材料和专用工具、模具必须备齐。检查各种材料规格与电缆规格是否相符，检查全部零部件是否完好无缺陷。

（4）应避免在雨天、雾天、大风天及湿度在80％以上的环境下进行工作。如需紧急处理应做好防护措施。

（5）在尘土较多及重污染区，应在帐篷内进行操作。

（6）气温低于0℃时，要将电缆预先加热后方可进行制作。

（7）应尽量缩短电缆头的操作时间，以减少电缆绝缘裸露在空气中的时间。

Je32C4411　简述热缩式电缆终端头的制作步骤。

答：（1）按要求尺寸剥切好电缆各层绝缘及护套，并焊好接地线，压好接线鼻子。

（2）在各相线根部套上黑色热缩应力管，用喷灯自下向上慢慢环绕加热，使热缩管均匀受热收缩。

（3）套入分支手套，从中部向上、下进行加热收缩。

（4）在各相线上套上红色外绝缘热缩管，自下而上加热收缩。热缩管套至接线鼻子下端。

（5）在户外终端头上需安装防雨裙。

Je32C4412　简述冷缩式电缆终端头制作步骤。

答：①剥切电缆；②装接地线；③装分支手套；④装冷缩直管；⑤剥切相线；⑥装冷缩终端头；⑦压接线鼻子。

Je32C4413　电缆埋地敷设在沟内应如何施工？

答：电缆埋地敷设是在地上挖一条深度0.8m左右的沟，沟宽0.6m，如果电缆根数较多，沟宽要加大，电缆间距不小于100mm。沟底平整后，铺上100mm厚筛过的松土或细砂土，作为电缆的垫层。电缆应松弛地敷在沟底，以便伸缩。在电缆上再铺上100mm厚的软土或细砂土，上面盖混凝土盖板或黏土砖，覆盖宽度应超过电缆直径两侧50mm，最后在电缆沟内填土，覆土要高出地面 150～200mm，并在电缆线路的两端转弯处和中间接头处竖立一根露出地面的混凝土标示桩，以便检修。

由于电缆的整体性好，不易做接头，每次维修需要截取很长一段电缆。所以在施工时要预留有一段备检修时截取。

埋设电缆时，电缆间、电缆与其他管道、道路、建筑物等之间平行和交叉时的最小距离，应符合规程的规定。电缆穿过铁路、公路、城市街道、厂区道路和排水沟时，应穿钢管保护，保护管两端宜伸出路基两边各 2m，伸出排水沟 0.5m。

直埋电缆要用铠装电缆，但工地施工用电，使用周期短，一年左右就需挖出，这时可以用普通电缆。

Je32C4414　电缆在排管内的敷设有何要求？

答：排管顶部距地面，在人行道下为 0.5m，一般地区为 0.7m。施工时，先按设计要求挖沟，并将沟底夯实，再铺 1:3 水泥砂浆垫层，将清理干净的管下到沟底，排列整齐，管孔对正，接口缠上胶条，再用 1:3 水泥砂浆封实。整个排管对电缆人孔井方向有不小于 1% 的坡度，以防管内积水。

为了便于检修和接线，在排管分支、转弯处和直线段每 50～100m 处要挖一供检修用的电缆人孔井。人孔井的截面。为便于电缆在井内架在支架上便于施工与检修。人孔井要有积水坑。

为了保证管内清洁无毛刺，拉入电缆前，先用排管扫除器通入管孔内来回拉。

在排管中敷设电缆时，把电缆盘放在井口，然后用预先穿入排管眼中的钢丝绳把电缆拉入孔内，每孔内放一根电力电缆。排管口套上光滑的喇叭口，坑口装设滑轮。

Je32C4415　简述轴承发热原因及处理方法。

答：轴承发热原因及处理办法见表 C-5。

表 C – 5	轴承发热原因及处理方法	
序号	轴承发热的原因	处 理 方 法
1	轴承安装不正，发生扭斜、卡阻	重新安装纠正
2	轴承损坏	更换轴承
3	轴承与轴配合过松或过紧	过松时可在轴颈喷涂金属，过紧时可适度车削
4	轴承与端盖配合过松	轴颈
5	传动皮带过紧或联轴器装配不正	可在端盖镶套
6	滚动轴承润滑脂过多、过少或有杂物	调换皮带，校正联轴器
7	滑动轴承润滑油不够，有杂质，油杯堵住	润滑脂用量约为轴承盖内空间体积的 1/3 ~ 1/2，不应过多或过少；清洗轴承、轴承盖，换用洁净润滑脂，添加油至标准油面，油黏度大，有杂质应更换新油，疏通油杯油路
8	电动机端盖、轴承盖、机座不同心，轴转动卡阻	重新校正安装

Je32C4416　怎样利用转子剩磁和万用表判别定子绕组首末端？

答：（1）用万用表电阻挡，测出各相绕组的两个线端，电阻值最小的两线端为一相绕组的首末端。

（2）将三相绕组并联在一起，用万用表的毫安或低电压档测量两端，转动转子一下，如果表针不动，则表明绕组的三个首端（U1、V1、W1）并在一起，三个绕组的末端（U2、V2、W2）并在一起。如果表针摆动，说明三相首端不在一起，要调换一相的端子再观察，直至表针不摆动为止，便可做好绕组首末端标记。

Je32C4417　简述变压器台的组装过程。

答：①杆坑定位；②挖 1m×1m，深 1.9m 杆坑两个，坑底夯实；③杆坑整平；④下底盘；⑤立杆；⑥附件及设备的安装。

Je32C4418　变压器运到现场后，应怎样进行外观检查?

答：(1) 检查高低压瓷套管有无破裂、掉瓷等缺陷，套管有无渗油现象。

(2) 外表不得有锈独，油漆应完整。

(3) 外壳不应有机械损伤，箱盖螺丝应完整无缺，密封衬垫要求严密良好，无渗油现象。

(4) 规格型号与要求相符。

Je32C4419　安装三相三线电能表时应注意的事项有哪些?

答：(1) 电能表在接线时要按正相序接线。

(2) 电压、电流互感器应有足够的容量，以保证电能计量的准确度。

(3) 各电能表的电压线圈应并联，电流线圈应串联接入电路中。

(4) 电压互感器应接在电流互感器的电源侧。

(5) 运行中的电压互感器二次侧不能短路；电流互感器二次侧不能开路。

(6) 电压、电流互感器二次侧要有一点接地。电压互感器 Vv 接线在 b 相接地，Yy_n 接线在中性线上接地，电流互感器则将 K2 端子接地。

(7) 互感器二次回路应采用铜质绝缘线连接。电流互感器连接导线的截面积应不小于 $4.0mm^2$，电压互感器二次回路连接导线的截面积应按照允许的电压降计算确定，但至少应不小于 $2.5mm^2$。

Je32C4420 简述三相三线电能表经电流互感器接入的接线方法。

答：电能表每组元件的电流线圈分别接在不同相的电流互感器二次侧，如"U"相所接电流互感器二次绕组的端子"K1"、"K2"，分别接电能表第一组元件电流线圈的"1"、"3"端子；而"W"相所接电流互感器二次绕组的端子"K1"、"K2"，分别接电能表第二组元件电流线圈的"5"、"7"端子上。这时的电能表连片必须打开。每组元件电压线圈的首端对应接在电源的相线上，即"2"端子接"U"相；"4"端子接"V"相；"6"端子接"W"相。

Je32C4421 土建工程基础阶段有哪些施工项目？

答：（1）挖基槽时配合作接地极和母线焊接。

（2）在基础砌墙时应及时配合作密封保护管（即电缆密封保护管）、挡水板、进出管套丝、配套法兰盘板防水等。

（3）当利用基础主筋作接地装置时，要将选定的柱子内的主筋在基础根部散开并与板筋焊接，引上作接地的母线。

（4）在土建基础施工阶段如果发现接地电阻不合格，应该及时改善，降低接地电阻的方法有补打接地极、增加埋深、采用紫铜板作接地极、加化学降阻剂、换好土、引入人工接地体等。

（5）在地下室预留好孔洞以及电缆支架吊点埋件。预埋落地式配电箱基础螺栓或作配电柜基础型钢。及时作好防雷接地。

Je32C4422 在装修阶段主要有哪些电气施工项目？

答：（1）吊顶配管、轻隔墙配管。

（2）管内穿线、遥测绝缘等。

（3）作好明配管的木砖、勾吊架。

（4）各种箱、盒安装齐全。

（5）喷浆后和贴完墙纸再安装灯具、明配线施工、灯具、开关、插座及配电箱安装，要注意保持墙面清洁，配合贴墙纸。

Je32C4423　土建工程抹灰前电气工程要做好哪些工作？

答：抹灰前要安装好配电箱，复查预埋砖等是否符合图纸。应检查预留箱盒灰口、穿管孔洞、卡架、套管等是否齐全，检查管路是否齐全，是否已经穿完管线，焊接好了包头，把没有盖的箱、盒堵好。防雷引上线敷设在柱子混凝土或利用柱子筋焊接。作好均压环焊接及金属门窗接地线的敷设。为灯具安装、吊风扇安装及箱柜安装作预埋吊钩和基础槽钢。

Je2C4424　允许在低压带电电杆上进行的工作内容有哪些？

答：在带电电杆上工作时，只允许在带电线路的下方，处理混凝土杆裂纹、加固拉线、拆除鸟窝、紧固螺丝、查看导线金具和绝缘子等工作。

Je2C4425　在低压带电电杆上进行工作要注意哪些事项？

答：（1）允许调整拉线下把的绑扎或补强工作，不得将连接处松开。

（2）由于拉线上把距带电导线距离小于 0.7m，因此不允许在拉线上把进行工作。

（3）单人巡线时不准处理缺陷。

（4）作业人员活动范围及其所携带的工具、材料等与低压导线的最小距离不得小于 0.7m 。

4.1.4 计算题

La5D2001 如图 D－1 所示，若 $R = 20\Omega$，$U = 100V$，求电路流过的电流 I。

解： $I = \dfrac{U}{R} = \dfrac{100}{20} = 5$（A）

答： 电路流过的电流为5A。

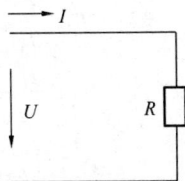

La5D2002 如图 D－2 所示，若 $R = 20\Omega$，$I = 10A$，求电路的端电压 U。

解： $U = IR = 10 \times 20$

$= 200$（V）

答： 电路的端电压为200V。

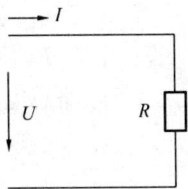

图 D－1

La5D2003 如图 D－3 所示，若 $U = 140V$，$R_1 = 10\Omega$，$R_2 = 25\Omega$，求电路的总电阻 R 和电阻 R_2 的端电压 U_2。

解： $R = R_1 + R_2$

$= 10 + 25 = 35$（Ω）

$I = \dfrac{U}{R} = \dfrac{140}{35} = 4$（A）

$U_2 = IR$

$= 4 \times 25 = 100$（V）

答： 电路的总电阻 $R = 35\Omega$，电阻 R_2 的端电压 $U_2 = 100V$。

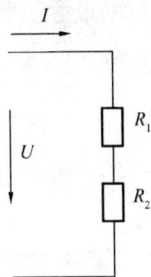

图 D－2

图 D－3

La5D2004 某交流电的周期 T 为 0.01s，求这个交流电的频率 f。

解： $f = \dfrac{1}{T} = \dfrac{1}{0.01} = 100$（Hz）

答：这个交流电的频率是100Hz。

La54D3005 如图 D－4 所示，$R_1 = 20\Omega$，$R_2 = 40\Omega$，若 $U = 100V$，求电阻 R_1 流过的电流 I_1、电阻 R_2 流过的电流 I_2 和电路总电流 I 及总电阻 R。

解： $I_1 = \dfrac{U}{R_1} = \dfrac{100}{20} = 5$ （A）

$I_2 = \dfrac{U}{R_2} = \dfrac{100}{40} = 2.5$ （A）

$I = I_1 + I_2 = 5 + 2.5 = 7.5$ （A）

$R = \dfrac{R_1 \times R_2}{R_1 + R_2}$

$\quad = \dfrac{20 \times 40}{20 + 40} = 13.33$ （Ω）

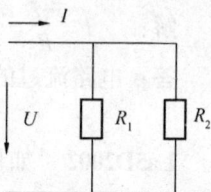
图 D－4

答： 电阻 R_1 流过的电流 I_1 为5A。电阻 R_2 流过的电流 I_2 为2.5A，电路总电流 I 为7.5A。电路总电阻 R 为13.33Ω。

La54D3006 某电阻两端加交流电压 $u = 220\sqrt{2}\sin 314t$，求电压的最大值和有效值。

解： $\qquad U_m = \sqrt{2} \times 220 = 311$ （V）

$U = \dfrac{U_m}{\sqrt{2}} = \dfrac{\sqrt{2} \times 220}{\sqrt{2}} = 220$ （V）

答： 电压的最大值为311V，有效值为220V。

La54D3007 如图 D－5 所示，若 $E = 12V$，$R_0 = 0.1\Omega$，$R = 3.9\Omega$，求电路中的电流 I、电源内阻 R_0 上的电压降 U_0 及电源端电压 U。

解： $\qquad I = \dfrac{E}{R + R_0} = \dfrac{12}{3.9 + 0.1} = 3$ （A）

$U_0 = IR_0 = 3 \times 0.1 = 0.3$ （V）

$$U = E - U_0 = 12 - 0.3$$
$$= 11.7 \text{（V）}$$

答：电路中的电流为 3A，内阻上的电压降为 0.3V，电源端电压为 11.7V。

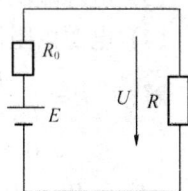

图 D-5

La54D3008　如图 D-6 所示，$R_1 = 2\Omega$，$R_2 = 4\Omega$，$R_3 = 4\Omega$，电源电压 $U = 40V$，求：

（1）R_2 和 R_3 并联电阻 R_{23}；

（2）电路总电阻 R；

（3）电路中总电流 I；

（4）电阻 R_2 流过的电流 I_2；

（5）电阻 R_3 流过的电流 I_3。

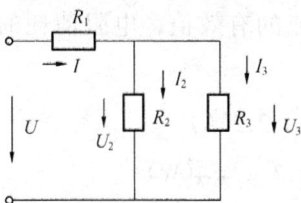

图 D-6

解：
$$R_{23} = \frac{R_2 R_3}{R_2 + R_3}$$
$$= \frac{4 \times 4}{4 + 4} = 2(\Omega)$$
$$R = R_1 + R_{23} = 2 + 2 = 4(\Omega)$$
$$I = \frac{U}{R} = \frac{40}{4} = 10(\text{A})$$
$$U_2 = U_3 = IR_{23} = 10 \times 2 = 20(\text{V})$$
$$I_2 = \frac{U_2}{R_2} = \frac{20}{4} = 5(\text{A})$$
$$I_3 = \frac{U_3}{R_3} = \frac{20}{4} = 5(\text{A})$$

答：$R_{23} = 2\Omega, R = 4\Omega, I = 10\text{A}, I_2 = 5\text{A}, I_3 = 5\text{A}$。

La54D3009　如图 D-7 所示，电源电动势 $E = 10V$，电源内阻 $R_0 = 2\Omega$，负载电阻 $R = 18\Omega$，求：

（1）电路电流 I；

（2）电源输出端电压 U；

(3) 电源输出功率 P;

(4) 电源内阻消耗功率 P_0。

解：
$$I = \frac{E}{R_0 + R} = \frac{10}{2 + 18}$$
$$= 0.5(\text{A})$$
$$U = IR = 0.5 \times 18 = 9(\text{V})$$
$$P = IU = 0.5 \times 9 = 4.5(\text{W})$$
$$P_0 = I^2 R_0 = 0.5^2 \times 2 = 0.5(\text{W})$$

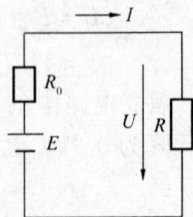

图 D-7

答： 电路电流 $I = 0.5\text{A}$；电源输出端电压 $U = 9\text{V}$；电源输出功率 $P = 4.5\text{W}$；电源内阻消耗功率 $P_0 = 0.5\text{W}$。

La54D3010 某电阻 $R = 100\Omega$，在电阻两端加交流电压 $u = 220\sqrt{2}\sin314t$。求电阻流过电流的有效值，电阻消耗的功率，并写出电流的瞬时值表达式。

解：
$$I = \frac{U}{R} = \frac{220}{100} = 2.2(\text{A})$$
$$P = UI = 220 \times 2.2 = 484(\text{W})$$
$$i = 2.2\sqrt{2}\sin314t$$

答： 电流有效值为 2.2A，电阻消耗功率为 484W，$i = 2.2\sqrt{2}\sin314t$。

La43D4011 某电感线圈的电感量为 0.5H，接在频率为 50Hz 的电源上，求线圈的感抗 X_L。

解：
$$X_L = \omega L = 2\pi fL$$
$$= 2 \times 3.14 \times 50 \times 0.5 = 157(\Omega)$$

答： 线圈的感抗 X_L 为 157Ω。

La43D4012 某电容器的电容为 $31.84\mu\text{F}$，接在频率为 50Hz 的电源上，求电容器的容抗 X_C。

解：
$$X_C = \frac{1}{\omega C} = \frac{1}{2\pi fC}$$

$$= \frac{1}{2 \times 3.14 \times 50 \times 31.84 \times 10^{-6}} = 100(\Omega)$$

答：电容器的容抗 X_C 为 100Ω。

La43D4013 某电感线圈的电感量为 0.5H，接在频率为 50Hz，电压为 314V 的电源上，求：

(1) 线圈的感抗 X_L；

(2) 线圈流过的电流 I_L。

解：
$$X_L = 2\pi fL$$

$$= 2 \times 3.14 \times 50 \times 0.5 = 157(\Omega)$$

$$I_L = \frac{U}{X_L}$$

$$= \frac{314}{157} = 2(A)$$

答：线圈的感抗 X_L 为 157Ω；线圈流过的电流 I_L 为 2A。

La43D4014 某电容器的电容为 31.84μF，接在频率为 50Hz，电压为 300V 的电源上，求：

(1) 电容器的容抗 X_C；

(2) 电容器流过的电流 I_C。

解：
$$X_C = \frac{1}{2\pi fC}$$

$$= \frac{1}{2 \times 3.14 \times 50 \times 31.84 \times 10^{-6}} = 100(\Omega)$$

$$I_C = \frac{U}{X_C}$$

$$= \frac{300}{100} = 3(A)$$

答：线圈的容抗 X_C 为 100Ω；电容器流过的电流 I_C 为 3A。

La43D4015 三相负载接成星形，已知线电压有效值 U_L

为 380V，每相负载的阻抗 Z 为 22Ω。求：

（1）相电压的有效值 U_{ph}；

（2）相电流的有效值 I_{ph}；

（3）线电流的有效值 I_{L}。

解：
$$U_{ph} = \frac{U_L}{\sqrt{3}} = \frac{380}{\sqrt{3}} = 220(V)$$

$$I_{ph} = \frac{U_{ph}}{Z} = \frac{220}{22} = 10(A)$$

$$I_L = I_{ph} = 10(A)$$

答： 相电压的有效值为 220V；相电流的有效值为 10A；线电流的有效值为 10A。

La43D4016 三相负载接成三角形，已知线电压有效值 U_L 为 380V，每相负载的阻抗 Z 为 38Ω。求：

（1）相电压的有效值 U_{ph}；

（2）相电流的有效值 I_{ph}；

（3）线电流的有效值 I_{L}。

解：
$$U_{ph} = U_L = 380(V)$$

$$I_{ph} = \frac{U_{ph}}{Z} = \frac{380}{38} = 10(A)$$

$$I_L = \sqrt{3}\,I_{ph} = \sqrt{3} \times 10 = 17.32(A)$$

答： 相电压的有效值为 380V；相电流的有效值为 10A；线电流的有效值为 17.32A。

La32D5017 有一纯电感电路，已知电感 $L = 100\text{mH}$，接在 $u = 220\sqrt{2}\sin\omega t\text{V}$，$f = 50\text{Hz}$ 的电源上。求：

（1）电感线圈的电抗 X_L；

（2）电路中的电流 I；

（3）写出电流的瞬时值表达式；

（4）电路中的有功功率和无功功率；

（5）如果电源电压大小不变，而频率变为 500Hz，求电路中的电流及瞬时值表达式；

（6）如果电源改为直流 20V，其电流又是多少？

解： $f = 50\text{Hz}$ 时，则

$$X_L = 2\pi f L = 2 \times 3.14 \times 50 \times 100 \times 10^{-3} = 31.4(\Omega)$$

$$I = \frac{U}{X_L} = \frac{220}{31.4} = 7(\text{A})$$

$$i = 7 \times \sqrt{2}\sin\left(314t - \frac{\pi}{2}\right) = 9.87\sin\left(314t - \frac{\pi}{2}\right)(\text{A})$$

$$P = 0$$

$$Q_L = IU = 7 \times 220 = 1540(\text{var})$$

当 $f = 500\text{Hz}$ 时，则

$$X_L = 2\pi f L = 2 \times 3.14 \times 500 \times 100 \times 10^{-3} = 314(\Omega)$$

$$I = \frac{U}{X_L} = \frac{220}{314} = 0.7(\text{A})$$

$$i = 0.7 \times \sqrt{2}\sin\left(3140t - \frac{\pi}{2}\right) = 0.99\sin\left(3140t - \frac{\pi}{2}\right)$$

当该线圈接到 20V 直流电源上时，因为 $f = 0$，所以 $X_L = 0$，由于线圈电阻为零，电路中的电阻只有很小的线圈导线电阻及电源内阻，电流将非常大。

答： 电感线圈的电抗为 31.4Ω；电路中的电流为 7A；

电流瞬时值表达式为 $i = 9.87\sin\left[314t - \frac{\pi}{2}\right]$；

电路中的有功功率和无功功率分别为 0 及 1540var；

若电源电压大小不变，而频率变为 500Hz，电路中电流及瞬时值表达式分别为 0.7A、$i = 0.99\sin\left[3140t - \frac{\pi}{2}\right]$；

若电源改为直流 20V，则由于电阻很小，其电流将极大。

Lb54D3018 有一台三相异步电动机，接法为△，额定电压 U 为 380V，功率 P 为 8kW，功率因数 $\cos\varphi$ 为 0.85，效率

235

η 为 0.9，求线电流的额定值 I。

解： $I = \dfrac{P}{\eta\sqrt{3}\,U\cos\varphi} = \dfrac{8 \times 1000}{0.9 \times \sqrt{3} \times 380 \times 0.85} = 15.89(\mathrm{A})$

答： 线电流的额定值为 15.89A。

Lb54D3019 有一台三相异步电动机，铭牌上表明频率 f 为 50Hz，极数为 2，转差率 s 为 0.03。问该电动机在额定运行时转速是多少？

解： 极数为 2，则极对数 p 为 1。

$$n_1 = \frac{60f}{p} = \frac{60 \times 50}{1} = 3000(\mathrm{r/min})$$

$$n = (1 - s)\,n_1 = (1 - 0.03) \times 3000 = 2910(\mathrm{r/min})$$

答： 该电动机在额定运行时转速是 2910r/min。

Lb54D3020 有一台三相异步电动机，铭牌上表明频率 f 为 50Hz，极数为 4，额定转数 n 为 1465r/min。问该电动机同步转数 n_1 是多少？求转差率 s 为多少？

解： 极数为 4，则极对数 p 为 2。

$$n_1 = \frac{60f}{p} = \frac{60 \times 50}{2} = 1500(\mathrm{r/min})$$

$$s = \frac{n_1 - n}{n_1}$$

$$= \frac{1500 - 1465}{1500} = 0.03$$

答： 该电动机同步转数 n_1 是 1500rad/min，转差率 s 为 0.03。

Lb43D4021 某单相特种变压器一次侧绕组的匝数 N_1 为 400 匝，二次侧绕组的匝数 N_2 为 50 匝，当一次侧加 U_1 为 200V 交流电压时，问二次侧的电压 U_2 为多少？当负载为纯电

阻 $R = 5\Omega$ 时，一次侧电流的有效值 I_1 为多少？

解：变比 $\qquad K = \dfrac{N_1}{N_2} = \dfrac{400}{50} = 8$

$$U_2 = \frac{U_1}{K} = \frac{200}{8} = 25(\mathrm{V})$$

$$I_2 = \frac{U_2}{R} = \frac{25}{5} = 5(\mathrm{A})$$

$$I_1 = \frac{I_2}{K} = \frac{5}{8} = 0.625(\mathrm{A})$$

答：二次侧的电压为 25V，一次侧的电流为 0.625A。

Lb43D4022　一台型号为 S—160/10 的配电变压器，二次侧额定电压 U_{2N} 为 380V，求一、二次侧线电流的额定值 I_{1N}、I_{2N}。

解：$I_{1N} = \dfrac{S_N}{\sqrt{3}\,U_{1N}} = \dfrac{160 \times 1000}{\sqrt{3} \times 10 \times 1000} = 9.24(\mathrm{A})$

$$I_{2N} = \frac{S_N}{\sqrt{3}\,U_{2N}} = \frac{160 \times 1000}{\sqrt{3} \times 380} = 243.1(\mathrm{A})$$

答：一、二次侧线电流的额定值分别为 9.24A 和 243.1A。

Lb32D5023　有一台三角形接法的三相异步电动机，额定功率 P_N 为 10kW，接在电压 U 为 380V 的电源上。已知电动机在额定功率运转时的功率因数 $\cos\varphi$ 为 0.8，效率 η 为 89.5%。试计算电动机在额定功率运行时电源输入的电流 I、有功功率 P、无功功率 Q、视在功率 S。若有 10 台这样的电动机接入一台变压器，请在容量为 100kVA 和 200kVA 的变压器中选择一台。

解：输入有功功率

$$P = \frac{P_N}{\eta} = \frac{10}{0.895} = 11.17(\mathrm{kW})$$

输入电流

$$I = \frac{P}{\sqrt{3}\, U\cos\varphi} = \frac{11.17 \times 10^3}{\sqrt{3} \times 380 \times 0.8} = 21.2(\text{A})$$

输入无功功率

$$Q = \sqrt{3}\, UI\sin\varphi = \sqrt{3}\, UI\sqrt{1 - \cos^2\varphi}$$

$$= \sqrt{3} \times 380 \times 21.2 \times \sqrt{1 - 0.8^2}$$

$$= 8371.7(\text{var})$$

输入视在功率

$$S = \sqrt{3}\, IU = \sqrt{3} \times 21.2 \times 380 = 13952(\text{VA}) = 13.95(\text{kVA})$$

$$10 \times 13.95 = 139.5(\text{kVA})$$

答：电动机在额定功率运行时电源输入的电流为21.2A；有功功率为 11.17kW；无功功率为 8371.7var；视在功率为 13.95kW。若有 10 台这样的电动机接入一台变压器，应选择容量为 200kVA 的变压器。

Lb32D5024 有一台三角形接法的三相异步电动机，额定功率 P_N为 2kW，接在电压 U 为 380V 的电源上。已知电动机在额定功率运转时的功率因数 $\cos\varphi$ 为 0.8，效率 η 为 90%。试计算电动机在额定功率运转时的电流、有功功率 P、无功功率 Q、视在功率 S。若有 20 台这样的电动机接入一台变压器，请在容量为 100kVA 和 200kVA 的变压器中选择一台。

解：输入有功功率 $\quad P = \dfrac{P_\text{N}}{\eta} = \dfrac{2}{0.9} = 2.22(\text{kW})$

输入电流

$$I = \frac{P}{\sqrt{3}\, U\cos\varphi} = \frac{2.22 \times 10^3}{\sqrt{3} \times 380 \times 0.8} = 4.22(\text{A})$$

输入无功功率

$$Q = \sqrt{3}\, UI\sin\varphi$$

$$= \sqrt{3}\, UI\sqrt{1 - \cos^2\varphi} = \sqrt{3} \times 380$$

$$\times 4.22 \times \sqrt{1 - 0.8^2} = 1666(\text{var}) = 1.67(\text{kvar})$$

输入视在功率

$$S = \sqrt{3}IU = \sqrt{3} \times 4.22 \times 380 = 2777(\text{VA}) = 2.78(\text{kVA})$$
$$2.78 \times 20 = 55.6(\text{kVA})$$

答：电动机在额定功率运转时的电流为 4.22A，有功功率为 2.22kW，无功功率为 1.67kvar，视在功率为 2.78kVA。若有 20 台这样的电动机接入一台变压器，应选择容量为 100kVA 的变压器。

Lb32D5025 有一台三相异步电动机，功率因数为 0.9，电动机的效率为 0.85，接法为 Y/△，380V/220V，电源的额定电压为 380V。所带机械设备的功率为 16kW，效率为 0.8。问该电动机应接成 Y 形还是△形；求线电流的额定值和供电回路熔断器熔体的额定电流的范围值。

解：

$$I = \frac{P}{\eta_1 \eta_2 \sqrt{3} U \cos\varphi} = \frac{16 \times 1000}{0.8 \times 0.85 \times \sqrt{3} \times 380 \times 0.9}$$
$$= 39.72(\text{A})$$
$$(1.5 \sim 2.5) \times 39.72 = 59.58 \sim 99.3(\text{A})$$

答：该电动机应接成 Y 形；线电流的额定值为 39.72A；供电回路熔体的额定电流的范围为（59.58～99.3）A。

Lb32D5026 有一低压动力用户，装有一台三相异步电动机，功率 P_N 为 48kW，功率因数为 0.85，效率以 100% 计，供电电压为 380V，电能计量装置采用经电流互感器接入式，变比为 $K_I = 100/5$，请通过计算，在标定电流分别为 1A、5A 的两块电能表中选择一块？

解： $I_1 = \dfrac{P_N}{\eta \sqrt{3} U \cos\varphi} = \dfrac{48000}{1 \times \sqrt{3} \times 380 \times 0.85} = 85.8(\text{A})$

$$K_1 = \frac{100}{5} = 20$$

$$I_2 = \frac{I_1}{K_I} = \frac{85.8}{20} = 4.29(A)$$

答：选择标定电流为 5A 的电能表。

Lb2D5027 某变电站利用四极法测量所内的土壤电阻率。已知测量时用的是四根直径为 1.0～2.0cm，长为 0.5～1.0m 的圆钢作电极，极间距离 a 为 20m，第一次测得电流电极回路电流 I 为 1A，两电压电极间电压为 20V；第二次测得电流电极回路电流 I 为 1.1A，两电压电极间电压为 22V；第三次测得电流电极回路电流 I 为 0.9A，两电压电极间电压为 20V。求该变电站的土壤电阻率 ρ。

解：
$$\rho_1 = 2\pi a \frac{U}{I} = 2\pi \times 2000 \times \frac{20}{1} = 251200(\Omega \cdot cm)$$

$$\rho_2 = 2\pi a \frac{U}{I} = 2\pi \times 2000 \times \frac{22}{1.1} = 251200(\Omega \cdot cm)$$

$$\rho_3 = 2\pi a \frac{U}{I} = 2\pi \times 2000 \times \frac{20}{0.9} = 279111(\Omega \cdot cm)$$

$$\rho = \frac{\rho_1 + \rho_2 + \rho_3}{3} = 260503(\Omega \cdot cm)$$

答：该变电站土壤电阻率为 260503Ω·cm。

Je5D2028 某照明用户，有彩电一台 80W，40W 的白炽灯 2 盏，一台 120W 的洗衣机，电炊具 800W。由单相电源供电，电压有效值为 220V，在 5（20）A 和 10（40）A 的单相电能表中应选择容量多大的电能表？

解：$I = (80 + 40 \times 2 + 120 + 800)/220 = 4.91(A)$

答：可选择单相 220V，5（20）A 的电能表。

Je54D2029 有三台三相笼型异步电动机由同一个配电回路供电，已知电动机甲的额定电流为 20A，电动机乙的额定电流为 10A，电动机丙的额定电流为 5A，求供电回路熔断器熔体的额定电流是多少（给出范围值）？

解： $20 \times (1.5 \sim 2.5 倍) + 10 + 5 = 45 \sim 65(A)$

答： 供电回路熔断器熔体的额定电流是 45~65A。

Je43D3030 某商店以三相四线供电，相电压有效值为 220V，A 相接 3.6kW 荧光灯，B 相接 2.5 kW 荧光灯和 1.8kW 白炽灯，C 相接 3.5kW 荧光灯，应选择多大的电能表（荧光灯功率因数设为 0.55）。请在 30A，380/220V 和 75A，380/220V 的两块三相四线电能表中选择一块表。

解： A 相电流 $I_A = 3600/(220 \times 0.55) = 29.75(A)$

B 相电流 $I_B = 2500/(220 \times 0.55) + 1800/220 = 28.84$ (A)

C 相电流 $I_C = 3500/(220 \times 0.55) = 28.92(A)$

答： 可选择 30A，380/220V 三相四线电能表。

Je43D3031 有一台三相异步电动机，星形接线，功率因数为 0.85，效率以 1 计，功率为 20kW，电源线电压 $U = 380V$。当电动机在额定负荷下运行时，求电动机的线电流和这台电动机熔断器熔体的额定电流是多少（范围值）？

解： $I_1 = \dfrac{P}{\eta \sqrt{3}\, U\cos\varphi} = \dfrac{20000}{1 \times \sqrt{3} \times 380 \times 0.85} = 35.75$ (A)

$35.75 \times [\,(1.5 \sim 2.5)\ 倍\,] = 53.63 \sim 89.38$ (A)

答： 电动机的线电流为 35.75A。熔断器熔体的额定电流为 53.63~89.38A。

Je43D3032 一台容量为 100kVA 的配电变压器，电压为 10/0.4kV，请在额定电流分别为 15、50、100、150A 的四种熔丝中选择确定变压器高、低压侧的熔丝。

解： $I_1 = S_N/1.732U_1 = 100 \times 1000/(1.732 \times 10 \times 1000)$

$= 5.78(A)$

$$I_2 = S_N/1.732U_2 = 100 \times 1000/(1.732 \times 0.4 \times 1000)$$
$$= 144(A)$$

100kVA 变压器高压侧按 2～3 倍变压器额定电流选择熔体的额定电流范围值

$(2～3) \times 5.78 = 11.56～17.34(A)$：应选 15A。

低压侧按 1 倍变压器额定电流选择：　　　应选 150A。

答：高压侧选 15A 的熔丝；低压侧选 150A 的熔丝。

Je32D3033　有一台三相异步电动机，星形接线，效率为 0.9，功率因数为 0.85，功率为 10kW，电源线电压 $U = 380V$。当电动机在额定负荷下运行时，求电动机的线电流和这台电动机熔断器熔体的额定电流是多少（范围值）？

解：$I_1 = \dfrac{P}{\eta\sqrt{3}U\cos\varphi} = \dfrac{10 \times 1000}{0.9 \times \sqrt{3} \times 380 \times 0.85}$
$$= 19.86(A)$$

$$19.86 \times [(1.5～2.5) \text{倍}] = 29.79～49.65(A)$$

答：电动机的线电流为 19.86A，熔断器熔体的额定电流为 29.79～49.65A。

Je32D4034　某用户安装三相四线电能表，电能表铭牌标注 3×380/220V、3×1.5（6）A，配用三只变比为 150/5 的电流互感器。本月抄表示数 3000，上月抄表示数 2500。求本月实际用电量是多少？

解：由题意知表头变比 $b = 1$

互感器变比 $B = 150/5 = 30$

$$W = (W_2 - W_1)B$$
$$= (3000 - 2500) \times 30 = 500 \times 30 = 15000(\text{kWh})$$

答：本月实际用电量为 15000kWh。

Je32D4035　某企业用电容量为 1000kVA，五月份的用电

量为 100000kWh, 如基本电价为 15.00 元/kVA, 电量电价为
0.46 元/kWh。求本月应交电费和平均电价各为多少?

解: 基本电费 = 1000 × 15.00 = 15000.00(元)

电量电费 = 100000 × 0.46 = 46000.00(元)

应交电费 = 15000 + 46000 = 61000.00(元)

平均电价 = 61000/100000 = 0.61(元/kWh)

答: 用户应交电费为 61000.00 元, 平均电价为 0.61
元/kWh。

Je32D4036 某厂以 10kV 供电, 变压器容量为 3200kVA,
本月有功电量 W_P 为 278000kWh, 无功电量 W_Q 为 180000kvarh。
基本电价 15.00 元/kVA, 电量电价 0.46 元/kWh。求该厂本月
应付电费及平均电价? (按该用户变压器容量, 应执行功率因
数考核值为 0.9, 若在 0.8~0.9 范围, 应加收电费 3%)。

解: 基本电费 = 3200 × 15.00 = 48000.00(元)

电量电费 = 278000 × 0.46 = 127880.00(元)

月平均功率因数 $\cos\varphi$

$$\cos\varphi = \frac{1}{\sqrt{1 + \left(\dfrac{W_Q}{W_P}\right)^2}} = \frac{1}{\sqrt{1 + \left(\dfrac{180000}{278000}\right)^2}} = 0.84$$

该用户应执行功率因数的标准为 0.9, 因此, 本月该用户
应增收电费 3%。

本月应付电费 = (48000 + 127880) × (1 + 3%)

= 181156.40(元)

平均电价 = 181156.40/278000 = 0.65(元/kWh)

答: 本月应付电费 181156.40 元, 平均电价 0.65 元/kWh。

Je32D4037 某用户使用感应式电能表, 该电能表在其误
差为 10% 的情况下运行一个月, 抄见电量 100kWh, 问该月应
退多少电量?

解： $$W = \frac{100 \times 10\%}{1 + 10\%} = 9.09(\text{kWh})$$

答：该月应退电量为 9.09 kWh。

Je32D4038 某动力用户 6 月 4 日抄表时发现电量突然减少，经将电能表换回校验，发现表烧坏。6 月 17 日换表至 7 月 4 日。抄表电量为 3760 kWh，原表正常时月用电量为 6080 kWh。问应补电量是多少？

解：

$$应补电量 = \frac{(6080 \div 30 + 3760 \div 17) \times 30}{2} = 6357(\text{kWh})$$

答：应补电量是 6357kWh。

Je2D5039 某企业 10kV 供电，变压器容量为 5000kVA，电压互感器变比为 10000/100，电流互感器变比为 150/5。上月有功电能表的表示数为 5953.8，本月为 6124.4。上月峰段表示数为 4639.2，本月为 4675.1。上月谷段表示数为 4565.9，本月为 4592.7。上月无功电能表的表示数为 3459.8，本月为 3496.5。照明执行固定电量 2000(kWh)，（由总电量扣减）。求该用户本月应交电费和平均电价？

[峰时段电价 = 平时段电价 × 1.5；谷时段电价 = 平时段电价 × 0.5；平时段电价 = 电价表中的销售电价；基本电费：15.00(元/kVA)；平时段动力用电：0.45(元/kWh)；照明电费：0.70(元/kWh)；三峡基金：0.007(元/kWh)；还贷资金：0.02(元/kWh)；地方附加费：0.007(元/kWh)。功率因数高于 0.9，减收电费 0.75%]。

解：1. 倍率

倍率 = 10000/100 × 150/5 = 3000

2. 总有功电量、总无功电量、功率因数

有功电量 = (6124.4 − 5953.8) × 3000 = 511800(kWh)

无功电量 = (3496.5 − 3459.8) × 3000 = 110100(kvarh)

月平均功率因数 $\cos\varphi = \dfrac{1}{\sqrt{1+\left(\dfrac{W_Q}{W_P}\right)^2}} = \dfrac{1}{\sqrt{1+\left(\dfrac{110100}{511800}\right)^2}}$

$\qquad\qquad\qquad = 0.98$

3. 照明电费

照明电量 2000kWh

照明用电电费 $= 2000 \times 0.70 = 1400.00$（元）

4. 动力电费

基本电费 $= 5000 \times 15 = 75000.00$ 元

峰段电量 $= (4675.1 - 4639.2) \times 3000 = 107700(\text{kWh})$

谷段电量 $= (4592.7 - 4565.9) \times 3000 = 80400(\text{kWh})$

平段电量(动力) $= (511800 - 107700 - 80400 - 2000)$

$\qquad\qquad\qquad = 321700(\text{kWh})$

峰时段电费 $= 107700 \times 0.45 \times 1.5 = 72697.50(\text{元})$

谷时段电费 $= 80400 \times 0.45 \times 0.5 = 18090.00(\text{元})$

平时段电费(动力) $= 321700 \times 0.45 = 144765.00(\text{元})$

动力电费之和(未扣减) $= 75000.00 + 72697.50 + 18090.00$

$\qquad\qquad\qquad + 144765.00 = 310552.50(\text{元})$

高于 0.9 的力率执行标准，减收电费 0.75%。

减收电费 $= 310552.50 \times 0.75\% = 2329.14(\text{元})$

动力电费 $= 310552.50 - 2329.14 = 308223.36(\text{元})$

5. 其他费用

还贷资金 $= 511800 \times 0.02 = 10236.00(\text{元})$

三峡基金 $= 511800 \times 0.007 = 3582.60(\text{元})$

地方附加费 $= 511800 \times 0.007 = 3582.60(\text{元})$

6. 应收电费、平均电价

应收电费 $= (1400.00 + 308223.36 + 10236.00 + 3582.60$

$\qquad\qquad + 3582.60) = 327024.56(\text{元})$

平均电价 $= 327024.56/511800 = 0.64(\text{元})$

答：该用户本月应收电费为 327024.56 元，平均电价为

0.64 元。

Jf54D3040 一根白棕绳的最小破断拉力 T_0 是 62400N，其安全系数 K 是 3.12，求这根白棕绳的允许使用拉力 T 是多少？

解：
$$T = \frac{T_D}{K} = \frac{62400}{3.12} = 20000(\text{N})$$

答： 这根白棕绳的允许使用拉力是 20000N。

Jf32D4041 某线路采用 LGJ—70 型导线，其导线综合拉断力 T 为 19417N，导线的安全系数 $K = 2.5$，导线计算截面 S 为 79.3mm²，求：

（1）这根导线的破坏应力 σ_P；

（2）最大允许使用应力 σ_{max}；

（3）最大允许使用拉力。

解： 导线的破坏应力

$$\sigma_P = \frac{T}{S} = \frac{19417}{79.3} = 244.85(\text{N/mm}^2)$$

导线最大允许使用应力

$$\sigma_{max} = \frac{\sigma_P}{K} = \frac{244.85}{2.5} = 97.94(\text{N/mm}^2)$$

最大允许使用拉力

$$97.94 \times 79.3 = 7766.64(\text{N})$$

答： 这根导线的破坏应力为 244.85N/mm²；最大允许使用应力为 97.94N/mm²；最大允许使用拉力为 7766.64N 。

Jf2D4042 某线路采用 LGJ—70 型导线，其导线综合拉断力 T 为 19417，导线的安全系数 $K = 2.5$，导线计算截面 S 为 79.3mm²，求：

（1）这根导线的破坏应力；

（2）最大允许使用应力；

（3）当磨损后使得计算截面减少 9.3mm² 时的最大允许使

用拉力。

解：导线的破坏应力

$$\sigma_{\mathrm{P}} = \frac{T}{S} = \frac{19417}{79.3} = 244.85(\mathrm{N/mm^2})$$

导线最大允许使用应力

$$\sigma_{\max} = \frac{\sigma_{\mathrm{P}}}{K} = \frac{244.85}{2.5} = 97.94(\mathrm{N/mm^2})$$

最大允许使用拉力

$$97.94 \times (79.3 - 9.3) = 6855.8(\mathrm{N})$$

答：这根导线的破坏应力为 $244.85\mathrm{N/mm^2}$；最大允许使用应力为 $97.94\mathrm{N/mm^2}$；磨损后最大允许使用拉力为 $6855.8\mathrm{N}$。

4.1.5 绘图题

La5E2001 如图 E-1 所示，图右边为轴侧视图，请把左边与其对应的投影图编号填入括号中。

答：投影图编号自上而下为 (3)、(2)、(1)。

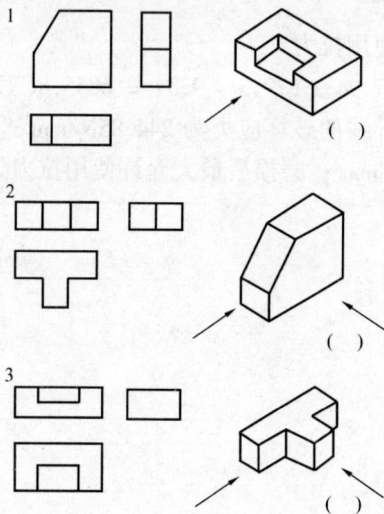

图 E-1

La5E2002 图 E-2 所示,中心表示导体电流是从外向纸面内流进去的,外圆线是磁力线,请在磁力线上标明磁场的方向。

答：磁力线上标明的磁场方向为顺时针方向。

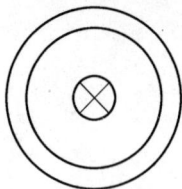

图 E-2

La5E2003 图 E-3 所示，导体的电流是从纸面里流出，请判断载流导体的受力方向。

答：载流导体的受力方向为向右。

La5E2004 图 E－4 所示，导体向右以速度 v 运动，请判断导体中电流的流向。

答：导体中电流的流向为由外流向纸面里。

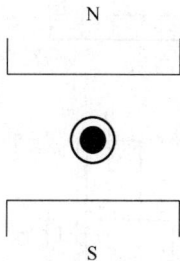 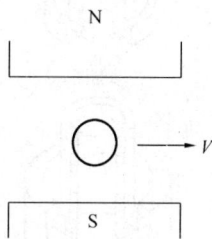

图 E－3   图 E－4

Lb43E3005 根据图 E－5（a）给出的轴侧视图，在右侧对应画出全剖视图。

答：全剖视图如图 E－5（b）所示。

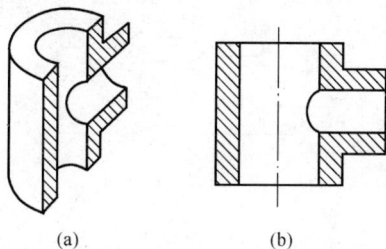

（a）   （b）

图 E－5

Lb43E4006 根据图 E－6 给出的轴侧视图，判断右侧对应的半剖视图（A、B）哪一个是正确的，哪一个是错误的，错在什么地方？

答：图 E－6（a）中 B 是正确的，A 是错的，错在应以中心线为界，不应画为实线。

图 E－6（b）中 A 是正确的，图 B 是错的，漏线。

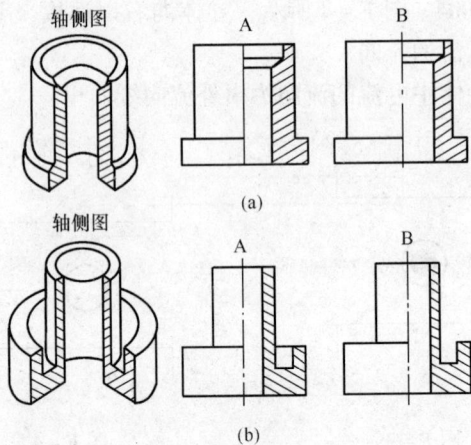

轴侧图 A B

(a)

轴侧图 A B

(b)

图 E - 6

Je5E2007 画出两只双控开关控制一盏灯的电路原理图。

答：电路原理图如图 E - 7 所示。

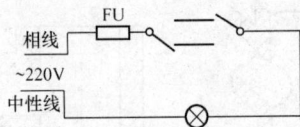

相线 FU
~220V
中性线

图 E - 7

Je5E3008 画出两只双控开关和一只多控开关控制一盏灯的电路原理图。

答：电路原理图如图 E - 8 所示。

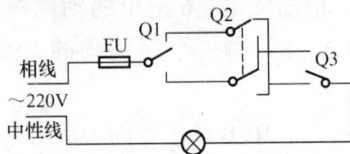

相线 FU Q1 Q2 Q3
~220V
中性线

图 E - 8

Je5E3009 画出荧光灯控制接线电路图。

答：荧光灯控制接线电路图如图 E-9 所示。

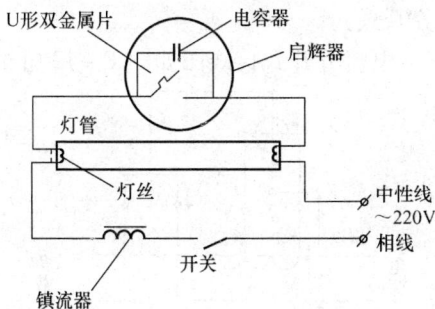

图 E-9

Je5E3010 画出单相电能表直接接入式的接线图。

答：直接接入式接线图如图 E-10 所示。

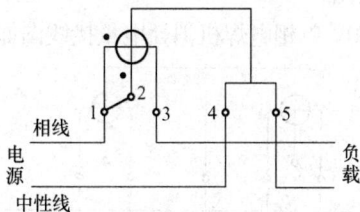

图 E-10

Je5E3011 画出单相电能表经电流互感器接入的接线图（电压、电流共用式）。

答：电压、电流共用式接线图如图 E-11 所示。

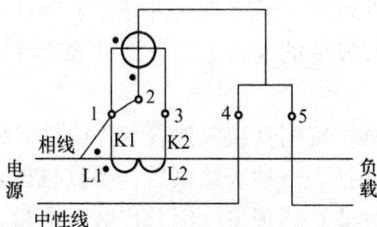

图 E-11

Je5E3012　画出单相电能表经电流互感器接入的接线图（电压、电流分开式）。

答： 电压、电流分开式接线图如图 E-12 所示。

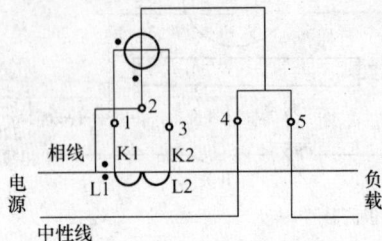

图 E-12

Je54E3013　画出用两块单相电能表计量 380V 单相电焊机消耗电量的接线图。

答： 计量 380V 单相电焊机消耗电量接线图如图 E-13 所示。

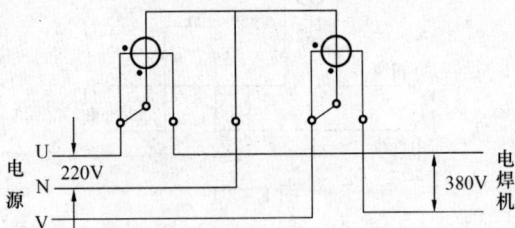

图 E-13

Je54E3014　画出抄表工作的工作流程图。

答：（1）抄表整理员。事先排好抄表例日→对抄表卡片保管→按例日做好发放的准备工作→将抄表卡片或抄表器发给抄表员。

（2）抄表员。按例日领取抄表卡片或抄表器→复核户数→按例日去用户处抄表→抄表结束后，要复核抄表卡片，检查各项内容有无漏抄或算错现象→汇总户数、电量，按灯力分别填写个人抄表日志，连同抄表卡片交抄表整理审核。

(3) 抄表整理员。逐户检查抄表卡片内容→审核户数→加盖发行月份→灯、力各项电量汇总→填写总抄表日志→送核算。

Je54E3015 画出电子式电能表工作原理框图。

答: 电子式电能表工作原理框图如图 E – 14 所示。

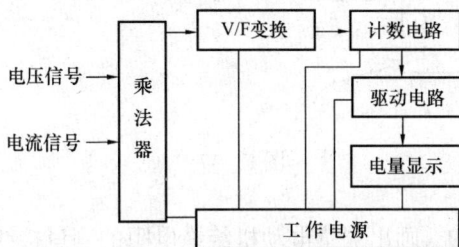

图 E – 14

Je54E3016 画出电费核算工作流程图。

答: 电费核算工作流程图如图 E – 15 所示。

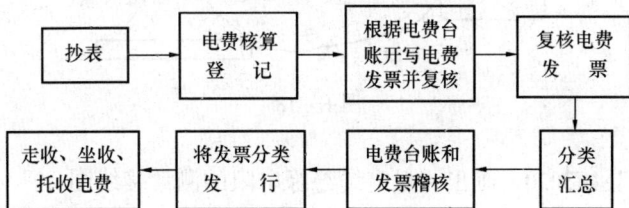

图 E – 15

Je4E3017 画出测量绝缘子绝缘电阻的测量接线图。

答: 测量绝缘子绝缘电阻的测量接线图如图 E – 16 所示。

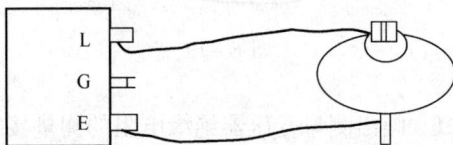

图 E – 16

Je4E3018 画出测量线路对地绝缘电阻的测量接线图。

答： 测量线路对地绝缘电阻的测量接线图如图 E－17 所示。

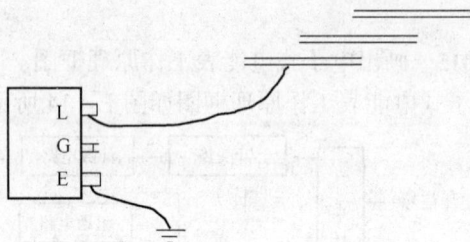

图 E－17

Je4E3019 画出测量电动机绝缘电阻的测量接线图。

答： 测量电动机绝缘电阻的测量接线图如图 E－18 所示。

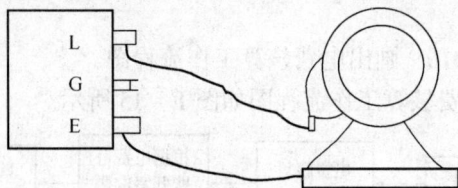

图 E－18

Je4E3020 画出测量电缆绝缘电阻的测量接线图。

答： 测量电缆绝缘电阻的测量接线图如图 E－19 所示。

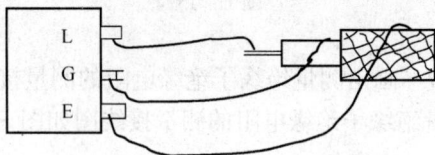

图 E－19

Je4E3021 画出测量变压器绝缘电阻的测量接线图。

答： 测量变压器绝缘电阻的测量接线图如图 E－20 所示。

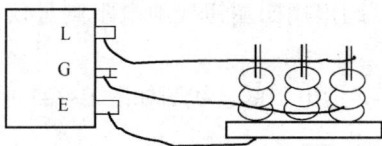

图 E－20

Je43E3022　三端钮接地电阻测量仪测量接地电阻的接线图。

答：测量接地电阻的接线图如图 E－21 所示。

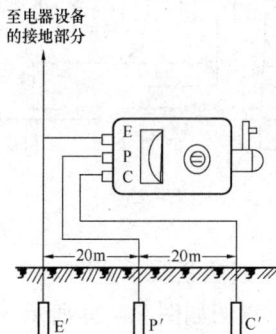

图 E－21

Je43E3023　画出四端钮接地电阻测量仪测量接地电阻的接线图。

答：测量接地电阻的接地线如图 E－22 所示。

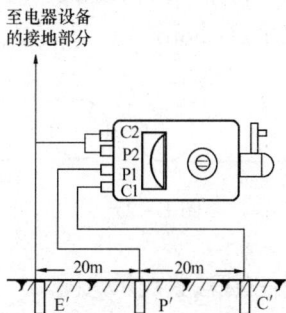

图 E－22

Je43E3024 画出用四端钮接地电阻测量仪测量小接地电阻的接线图。

答： 测量小接地电阻的接线图如图 E－23 所示。

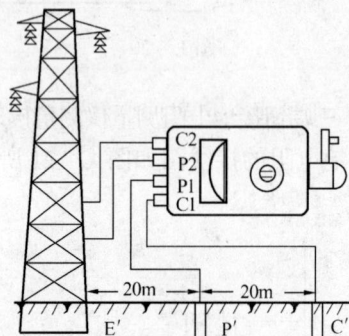

图 E－23

Je43E3025 画出单线法紧线示意图。

答： 单线法紧线示意图如图 E－24 所示。

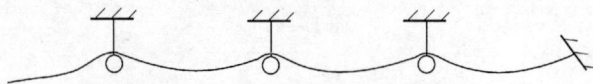

图 E－24

Je43E3026 画出双线法紧线示意图。

答： 双线法紧线示意图如图 E－25 所示。

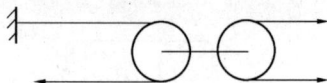

图 E－25

Je43E3027 画出三线法紧线示意图。

答： 三线法紧线示意图如图 E－26 所示。

图 E-26

Je43E3028 画出电动机单向旋转控制电路图。

答： 电动机单向旋转控制电路图如图 E-27 所示。

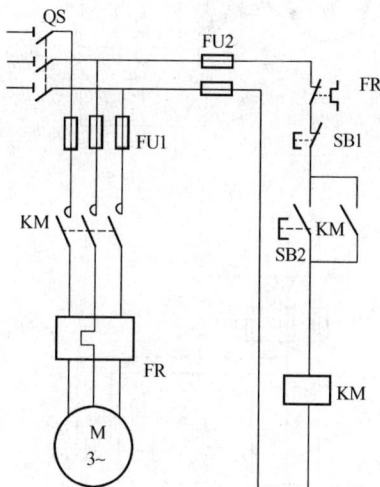

图 E-27

Je43E3029 画出自耦变压器降压起动原理线路图。

答： 自耦变压器降压起动原理线路图如图 E-28 所示。

Je43E3030 画出星—三角降压起动原理线路图。

答： 星—三角降压起动原理线路图如图 E-29 所示。

Je43E4031 画出接触器连锁的可逆起动控制电路图。

答： 接触器连锁的可逆起动控制电路图如图 E-30 所示。

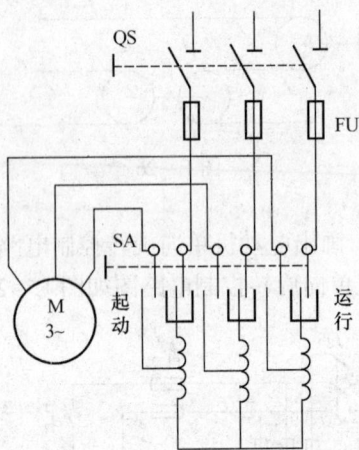

图 E - 28

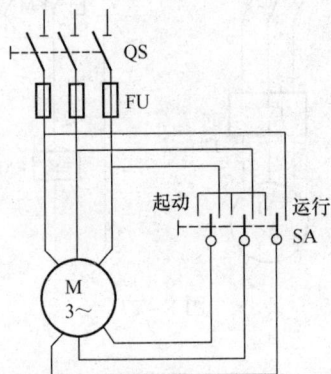

图 E - 29

Je43E4032 画出按钮连锁的可逆起动控制电路图。

答：按钮连锁的可逆起动控制电路图如图 E - 31 所示。

Je43E4033 画出复合连锁的可逆起动控制电路图。

答：复合连锁的可逆起动控制电路图如图 E - 32 所示。

258

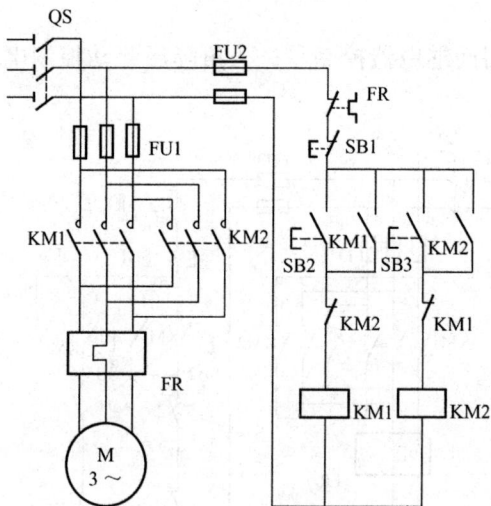

图 E－30

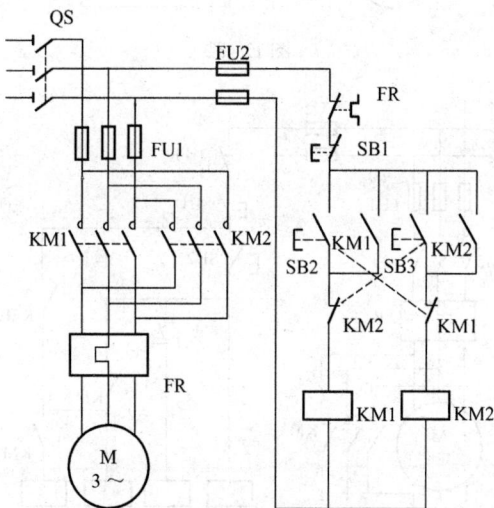

图 E－31

Je32E5034 画出时间继电器控制星—三角降压起动控制

电路图。

　　答：时间继电器控制星—三角降压起动控制电路图如图
E－33所示。

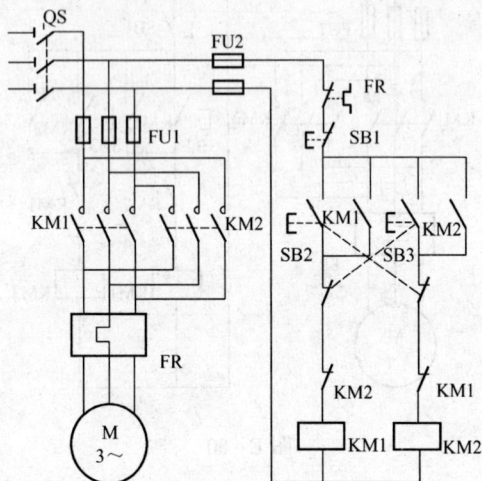

图 E－32

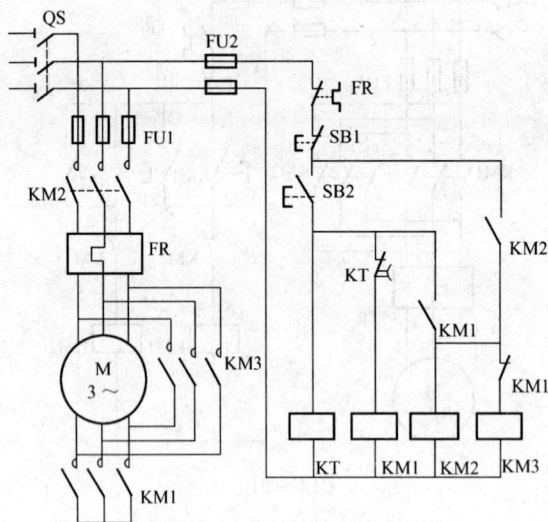

图 E－33

Je32E3035 画出电流互感器两相不完全星形接线图。

答： 电流互感器两相不完全星形接线图如图 E-34 所示。

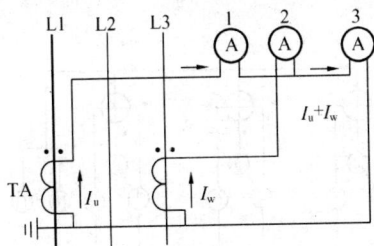

图 E-34

Je32E3036 画出电流互感器三相星形接线图。

答： 电流互感器三相星形接线图如图 E-35 所示。

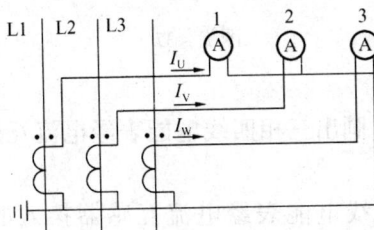

图 E-35

Je32E3037 画出电流互感器三角形接线图。

答： 电流互感器三角形接线图如图 E-36 所示。

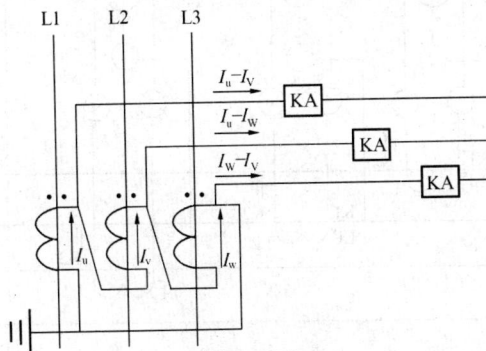

图 E-36

KA—电流继电器

Je32E3038 画出三相四线电能表直接接入式的接线图。

答：三相四线电能表直接接入式的接线图如图 E – 37 所示。

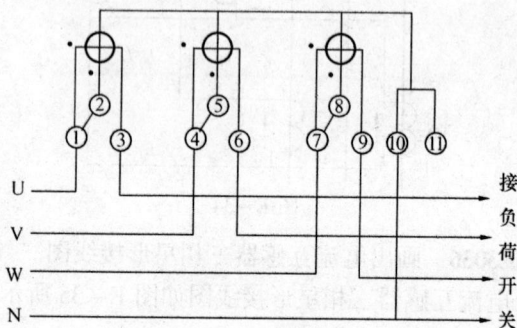

图 E – 37

Je32E4039 画出三相四线电能表经电流互感器接入的接线图。

答：三相四线电能表经电流互感器接入的接线图如图 E – 38所示。

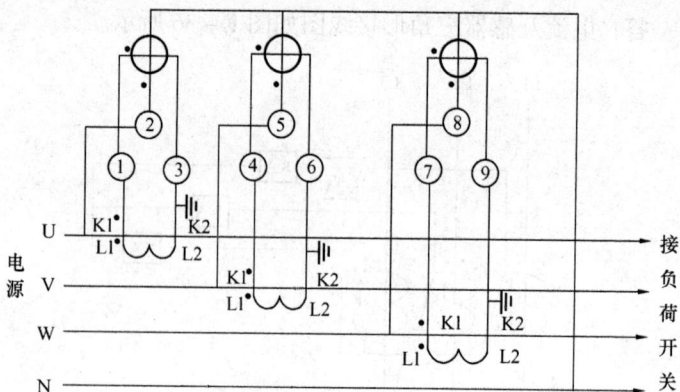

图 E – 38

Je32E4040 画出三级漏电保护方式配置图。

答：三级漏电保护方式配置图如图 E – 39 所示。

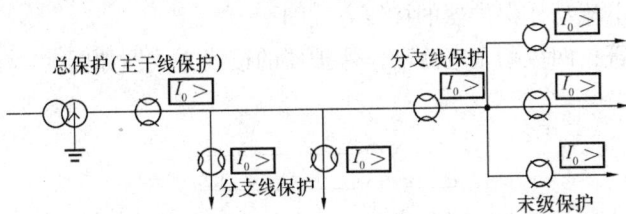

图 E – 39

Je32E2041 画出单相两级剩余电流动作保护器接线方式图。

答：单相两级剩余电流动作保护器接线方式如图 E – 40 所示。

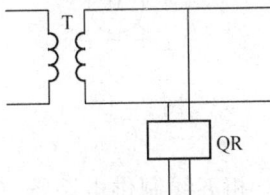

图 E – 40
QR—剩余电流动作保护器

Je32E3042 在三相四线制供电系统（TN – C）中，采用接地保护方式（系统中性点和设备外壳分别接地），画出三级剩余电流动作保护器的接线方式图。

答：三级剩余电流动作保护器的接线方式图如图 E – 41 所示。

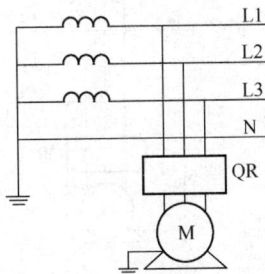

图 E – 41

Je32E3043 在三相四线制供电系统（TN－C）中，采用接地保护方式（系统中性点和设备外壳分别接地），画出四级剩余电流动作保护器的接线方式图。

答：四级剩余电流动作保护器的接线方式图如图 E－42 所示。

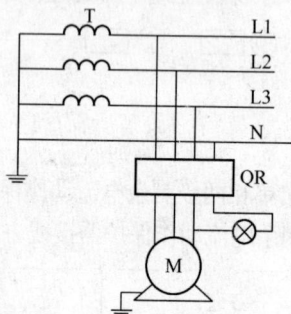

图 E－42

Je32E3044 在三相五线制供电系统（TN－S）中，采用 PE 线接地保护方式（系统中性点和设备外壳通过 PE 线连接共同接地），画出三级剩余电流动作保护器的接线方式图。

答：三级剩余电流动作保护器的接线方式图如图 E－43 所示。

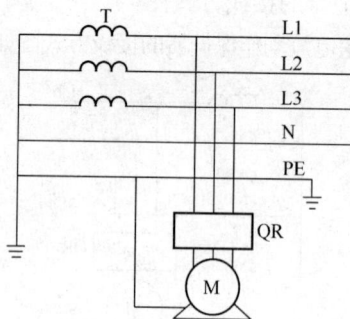

图 E－43

Je32E3045　在三相五线制供电系统（TN-S）中，采用PE线接地保护方式（系统中性点和设备外壳通过PE线连接共同接地），画出四级漏电保护器的接线方式图。

答：四级剩余电流动作保护器的接线图如图 E-44 所示。

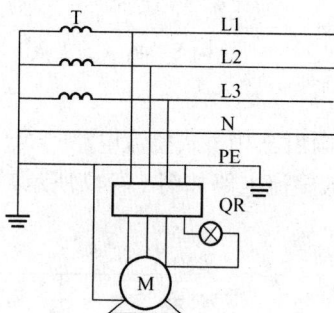

图 E-44

Je32E3046　画出二极管的伏安特性曲线。

答：二极管的伏安特性曲线如图 E-45 所示。

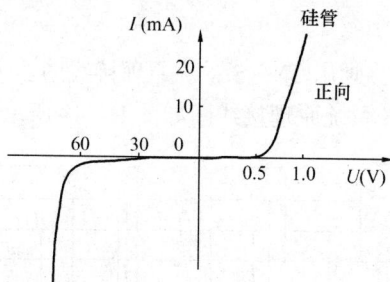

图 E-45

Je32E3047　画出单相桥式整流电路。

答：单相桥式整流电路如图 E-46 所示。

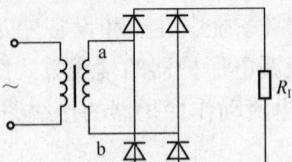

图 E-46

Je32E4048 画出三相桥式整流电路。

答：三相桥式整流电路如图 E-47 所示。

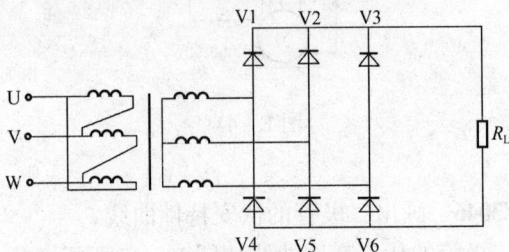

图 E-47

Je32E4049 画出 TN—S 系统原理接线图。

答：TN—S 系统原理接线图如图 E-48 所示。

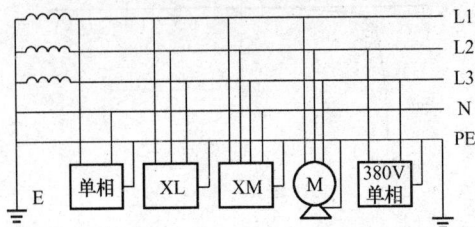

图 E-48

XL—动力配电箱；XM—照明配电箱

Je32E4050 画出 TN—C 系统原理接线图。

答：TN—C 系统原理接线图如图 E−49 所示。

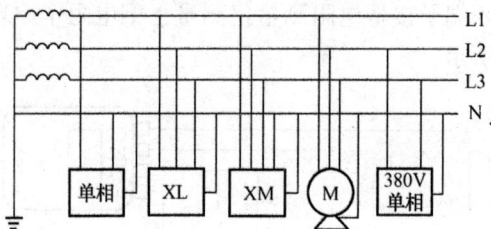

图 E−49

Je32E4051 画出三极法测量土壤电阻率原理接线图。

答：三极法测量土壤电阻率原理接线图如图 E−50 所示。

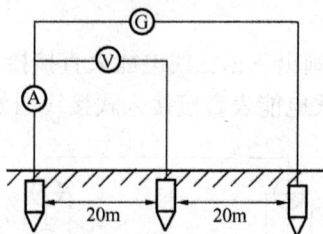

图 E−50

Je32E4052 画出四极法测量土壤电阻率原理接线图。

答：四极法测量土壤电阻率原理接线图如图 E−51 所示。

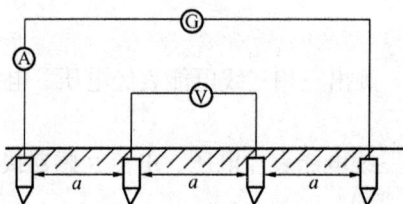

图 E−51

Je32E4053　画出四端子接地电阻测量仪测量土壤电阻率原理接线图。

　　答：四端子接地电阻测量仪测量土壤电阻率原理接线图如图 E - 52 所示。

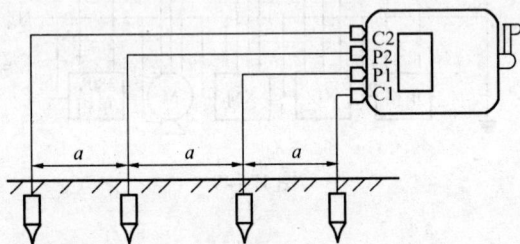

图 E - 52

Je32E4054　画出三相三线电能表直接接入式接线图。

　　答：三相三线电能表直接接入式接线图如图 E - 53 所示。

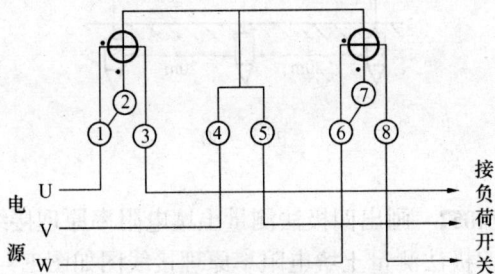

图 E - 53

Je2A5055　画出三相三线电能表经电压、电流互感器接入的接线图。

　　答：三相三线电能表经电压、电流互感器接入的接线图如图 E - 54 所示。

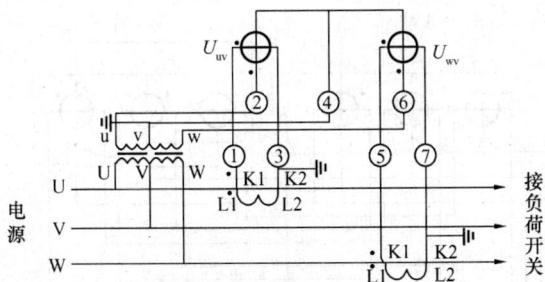

图 E - 54

Je2A5056 画出 90°型无功电能表直接接入式接线图。

答：90°型无功电能表直接接入式接线图如图 E - 55 所示。

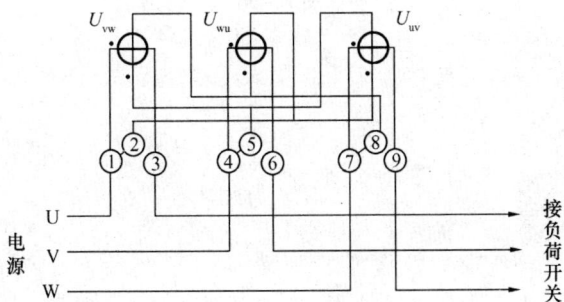

图 E - 55

Je2A5057 画出经电流互感器接入的有功和无功电能表联合接线图。

答：经电流互感器接入的有功和无功电能表联合接线图如图 E - 56 所示。

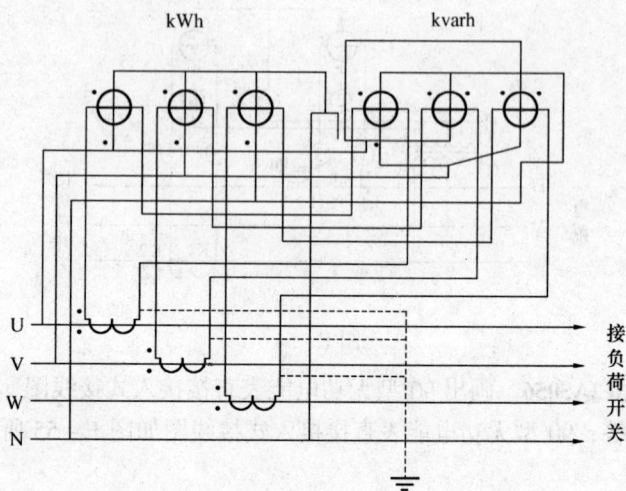

图 E - 56

4.1.6 论述题

Lb54F3001 线路缺陷应如何进行分级管理？

答：（1）一般缺陷。由巡线人员填写缺陷记录，交由检修班在检修时处理。

（2）重大缺陷。在巡线人员报告后，线路主管部门及有关人员对现场进行复核鉴定，提出具体技术方案，经批准后实施。

（3）紧急缺陷。应立即报生产主管部门，采取安全技术措施后迅速组织力量进行抢修。缺陷消除后，应该在缺陷记录上详细记录下缺陷的消除情况，如消除人、消除时间等，消除人需要本人签字，以考核缺陷处理工作能力。

Lb54F3002 有填料熔断器有哪些型式和用途？

答：（1）RT0 系列。该系列熔断器用于交流 50Hz，额定电压 380V 或直流电压 440V 及以下短路电流较大的电路中。

（2）RT10 系列。该系列熔断器用于交流 50Hz（或 60Hz）额定电压在 500V 或直流电压 500V 及以下，额定电流 100A 以下的电路中。

（3）RT11 系列。用于交流 50Hz（或 60Hz）额定电压 500V 以下，额定电流 400A 及以下的电路中。

（4）RL1 系列。用于交流 50Hz（或 60Hz）额定电压 380V 或直流电压 440V，额定电流 200A 及以下的电路中。

（5）RS0 系列。用于交流 50Hz，额定电压 750V 以下，额定电流 480A 及以下电路中，作为半导体整流元件及其成套装置的短路保护和过负荷保护。

（6）RS3 系列。用于交流 50Hz，额定电压 1000V 及以下额定电流 700A 及以下的电路中，作晶闸管整流元件及其成套装置的过负荷保护。

（7）RLS1 螺旋式快速熔断器。用于交流 50Hz、额定电压 500V 以下或直流额定电压 380V 及以下，额定电流 100A 及以下的电路中，作为硅整流元件及其成套装置的短路或过负荷保护。

（8）RZ1 系列。用于交流 50Hz，电压 380V，电流 800A 的电路中，与塑壳自动开关组成高分断能力、高限流型自动开关。

Lb54F3003　室内外配线施工应符合哪些工艺要求？

答：（1）为确保安全，布线时室内外电气管线与各种管道间以及与建筑物、地面间最小允许距离应符合有关规程的规定。

（2）穿在管内的导线在任何情况下都不能有接头，分支接头应放在接线盒内连接。

（3）导线穿越楼板时，应将导线穿入钢管或塑料管内保护，保护管上端口距地面不应小于 2m，下端到楼板下出口为止。

（4）导线穿墙时，也应加装保护管（瓷管、塑料管或钢管），保护管伸出墙面的长度不应小于 10mm。

（5）当导线通过建筑物伸缩缝时，导线敷设应稍有松弛，敷设管线时应装设补偿装置。

（6）导线相互交叉时，应在每根导线上加套绝缘管，并将套管在导线上固定牢靠。

Lb54F3004　绝缘子配线的敷设应符合哪些工艺要求？

答：（1）导线要敷设得整齐，不得与建筑物接触（内侧导线距墙 10～15cm）。

（2）从导线至接地物体之间的距离，不得小于 3cm。

（3）导线必须用绑线牢固地绑在绝缘子上。

（4）绝缘子应牢固地安装在支架和建筑物上。

（5）导线由绝缘子线路引下对用电设备供电时，一般均采用塑料管或钢管明配。

（6）线路长度（指一个直线段）若超过 25m 或导线截面在 50mm^2 以上时，其终端应使用茶台装置。

Lb54F3005　槽板配线的敷设应符合哪些工艺要求？

答：（1）每个线槽内，只许敷设一条导线。

（2）槽内所装导线不准有接头。如导线需接头时要使用接头盒扣在槽板上。

（3）槽板要装设得横平竖直、整齐美观，并按建筑物的形态弯曲和贴近。

（4）槽板应接直线、丁字及转角处的连接。

（5）槽板线路穿墙应在不同平面转角处的敷设。

（6）槽板与开关、插座或灯具所有的木台连接时用空心木台，先把木台边挖一豁口，然后扣在木槽板上。

Lb54F3006　钢管配线的敷设应符合哪些工艺要求？

答：（1）钢管及其附件应能防腐，明敷设时刷防腐漆，暗敷设时用混凝土保护。

（2）管身及接线盒需连接成为一个不断的导体，并接地。

（3）钢管的内径要圆滑、无堵塞、无漏洞，其接头须紧密。

（4）钢管弯曲处的弯曲半径，不得小于该管直径的 6 倍。

（5）扫管穿线。先准备好滑石粉、铁丝和布条等。拖布的布条绑在铁丝上，穿入钢管往返拉两次，直至扫净。

（6）穿线。先将铁丝穿入钢管，将导线拨出线芯，与铁丝一端缠绕接好，在导线上洒滑石粉，将导线顺势送入钢管，拉铁丝另一端，拉线不要过猛。

Lb54F3007　电能表安装时有哪些要求？

答：（1）电能表必须牢固地安装在可靠及干燥的墙板上，

其周围环境应干净、明亮，便于装拆、维修。

（2）电能表安装的场所必须是干燥、无振动、无腐蚀性气体。

（3）电能表的进线、出线，应使用铜芯绝缘线，芯线截面要根据负荷而定，但不得小于 $2.5mm^2$，中间不应有接头。接线要牢，裸露的线头部分不可露出接线盒。

（4）自总熔断器盒至电能表之间敷设的导线长度不宜超过10m。

（5）在进入电能表时，一般以"左进右出"原则接线。

（6）电能表接线必须正确。如果电能表是经过电流互感器接入电路中，电能表和互感器要尽量靠近些，还要特别注意极性和相序。

Lb54F3008　现场抄表的要求有哪些?

答：（1）对大用户抄表必须在时间上、抄表质量上严格把关。

（2）对按最大需量收取基本电费的用户，应与用户共同抄录最大需量表，以免事后争执，抄表后启封拨回指针然后再封好。

（3）对实行峰谷分时电价的用户，注意峰、平、谷三个时段是否正确，峰、平、谷三段电量之和是否与总电量相符。

（4）根据有功电能表的指示数估算用户的使用电量，如发现有功电量不正常，应了解用户生产和产品产量是否正常，也可根据用户配电室值班日志进行核对。

（5）对有备用电源的用户，不管是否启用，每月都要抄表，以免遗漏。

（6）对高供低计收费的用户，抄表收费员应加计变损和线损。

Lb54F3009　电费账务管理包括哪些内容?

答：（1）认真审核新装装表接电的工作传票及有关凭证，

审核无误后，新建用户抄表卡片。对新建用户逐户进行登记，交抄表组签收后正常抄表。工作传票使用后加盖个人私章，退还业务经办部门。

（2）根据新建抄表卡片和相关工作传票新建电费台账。

（3）认真填写大工业用户电费结算清单。

（4）凡用户发生增减容量、电能表更换、校验、拆表、过户、暂停和变更用电性质等，除及时更改抄表卡片外，还要同时更改台账的相关记录，使抄表卡片与电费台账完全一致。

（5）凡因电能计量装置发生错误，误差超出允许范围、记录不准、接线错误、倍率不符等造成电费计算错误，需向用户补收或退还电费时，经用电检查和相关部门核实，报各级分管领导审批后再进行账务处理。

（6）电费呆账的处理。

（7）欠费管理。

Lb43F4010　叙述照明和动力施工图的阅读方法。

答：（1）阅读标题栏及目录，了解工程名称、项目内容等。

（2）阅读图纸说明，了解工程总体概况、设计依据及图纸中未表达清楚的有关事项。

（3）阅读电气系统图，包括照明系统和动力系统图，了解各分项工程中所有系统图。

（4）熟悉电路图和接线图，按设备的功能关系从上到下，从左到右逐个回路依次阅读。特别是接线端子图上线路与接线柱的对应关系不得弄错。

（5）熟悉设备性能特点及安装要求，安装前要阅读有关技术规范。要阅读相关的结构图和构造图。

（6）阅读平面图，要弄清楚设备的安装位置、线路敷设部位，敷设方法，所用导线型号、规格、数量及管径大小等。

（7）结合平面图阅读安装大样图，弄清具体部位设备安装的相互关系。

（8）阅读设备材料表。

（9）了解性阅读土建平面图，弄清电气设备安装部位，线路走向与土建工程的衔接关系。

（10）了解建筑物的基本概况。

Lb43F4011　叙述照明施工图（动力施工图）的阅读顺序及阅读方法。

答：（1）阅读顺序：进户线→配电箱→支路→支路上的用电设备（灯泡、插座或电动机）→设备控制开关。

（2）相同部分详细阅读其中之一部分，如楼房层间相同，要详细阅读一层；几户民居相同，要详细阅读一户。如某车间几条动力回路相同，要详细阅读一条，几台电动机相同，要详细阅读一台。

（3）阅读图纸：

1）阅读标题栏及目录，了解工程名称、项目内容等。

2）阅读图纸说明，了解工程总体概况、设计依据及图纸中未表达清楚的有关事项。

3）阅读电气系统图，了解各分项工程中所有系统图。

4）熟悉电路图和接线图，按设备的功能关系从上到下，从左到右逐个回路依次阅读。特别是接线端子图上线路与接线柱的对应关系不得弄错。

5）熟悉设备性能特点及安装要求，安装前要阅读有关技术规范。要阅读相关的结构图和构造图。

6）阅读平面图，要弄清楚设备的安装位置，线路敷设部位，敷设方法，所用导线型号、规格、数量及管径大小等。

7）结合平面图阅读安装大样图，弄清具体部位设备安装的相互关系。

8）阅读设备材料表。

9）了解性阅读土建平面图，弄清电气设备安装部位，线路走向与土建工程的衔接关系。

10）了解建筑物的基本概况。

Lb43F4012 跌落式熔断器及熔丝的额定电流应如何选择?

答: 跌落式熔断器的额定电流必须大于或等于熔丝元件的额定电流。跌落式熔断器熔丝元件的选择，一般按以下原则进行:

（1）配电变压器一次侧熔丝元件选择。当配电变压器容量在 100kVA 及以下时，按变压器额定电流的 2～3 倍选择元件;当变压器容量在 100kVA 以上时，按变压器额定电流的 1.5～2 倍选择元件。

（2）柱上电力电容器。容量在 30kvar 以下的柱上电力电容器一般采用跌落式熔断器保护。熔丝元件一般按电力电容器额定电流的 1.5～2.5 倍选择。

（3）10kV 用户进口。用户进口的熔丝元件一般不应小于用户最大负荷电流的 1.5 倍，用户配电变压器（或其他高压设备）一次侧熔断器的熔丝元件应比进口跌落式熔断器熔丝元件小一级考虑。

（4）分支线路。分支线路安装跌落式熔断器，熔丝元件一般不应小于所带负荷电流的 1.5 倍，并且至少应比分支线路所带最大配电变压器一次侧熔丝元件大一级。

架空线路跌落式熔断器选择熔丝元件时，对于配电变压器而言，一般按计算额定电流即可;对于用户设备，一般可按最大负荷电流选择;对于电容器则计算其无功电流。

Lb43F4013 动力配电箱安装时一般应满足哪些要求?

答: （1）确定配电箱安装高度。暗装时底口距地面为 1.4m，明装时为 1.2m，但明装电能表箱应加高到 1.8m。配电箱安装的垂直偏差不应大于 3mm，操作手柄距侧墙的距离不应小于 200mm。

（2）安装配电箱（盘）墙面木砖、金具等均需随土建施工预先埋入墙内。

（3）在 240mm 厚的墙壁内暗装配电箱时，在墙后壁需加装 10mm 厚的石棉板和直径为 2mm、孔洞为 10mm 的铁丝网，再用 1∶2 水泥砂浆抹平，以防开裂。

（4）配电箱与墙壁接触部分均应涂刷防腐漆，箱内壁和盘面应涂刷两道灰色油漆。

（5）配电箱内连接计量仪表、互感器等的二次侧导线，应采用截面积不小于 $2.5mm^2$ 的铜芯绝缘导线。

（6）配电箱后面的配线应排列整齐、绑扎成束，并用卡钉紧固在盘板上。从配电箱中引出和引入的导线应留出适当长度，以利于检修。

（7）相线穿过盘面时，木制盘面需套瓷管头，铁制盘面需装橡皮护圈。零线穿过木制盘面时，可不加瓷管头，只需套上塑料套管即可。

（8）为了提高动力配电箱中配线的绝缘强度和便于维护，导线均需按相位颜色套上软塑料套管，分别以黄、绿、红、黑色表示 A、B、C 相和中性线。

Lb32F5014　简述造成电动机起动困难或不能起动的原因和相应的处理方法。

答：（1）电动机所拖动的起动负载过重，应适当减轻起动负载。传动装置及拖动的机械故障而卡住，应检查传动装置及机械故障原因，进行修复。

（2）电动机选择不当。需要大起动转矩的机械宜选用绕线型或双笼型电动机。

（3）电源电压过低或电源缺相，应查明原因，予以调整和修复。

（4）自耦降压起动器的抽头电压选得过低，使电动机起动转矩过小。应切换至电压高的抽头上。

（5）误将△形接法的电动机接成Y形，电动机的出力大大减小。应对照铭牌重新接线。

（6）定子绕组一相头尾接反。应以更正。

（7）定子绕组一相断路，造成电动机缺相运行。查明原因进行更正。

（8）定子绕组短路。检修处理。

（9）笼型电动机转子导条断裂；绕线型电动机转子绕组断路或集电装置电刷与滑环接触不良。检修处理。

（10）电动机定、转子相擦。检修处理。

Lb32F4015 运行的感应式电能表发生潜动现象的原因大致有哪些？

答：（1）实际电路中有轻微负荷。如配电盘上的指示灯、带灯开关、负荷定量器、电压互感器、变压器空载运行等，这时电能表圆盘转动是正常的。

（2）潜动试验不合格。

（3）没有按正相序电源进行接线。

（4）三相电压严重不平衡。

（5）因故障造成电能表潜动。

Lb32F4016 简述双电源和自发电用户的安全措施。

答：（1）双电源进户应设置在同一配电室内，两路电源之间装设四极双投隔离开关或其他确实安全可靠的连锁装置，以防止互相倒送电。

（2）自发电机组的中性点（TT、TN系统）要单独接地，接地电阻不大于4Ω，禁止利用供电部门线路上的接地装置接地。

（3）自发电用户的线路严禁借用供电部门的线路杆塔，不准与供电部门的电杆同杆架设，不准与供电部门的线路交叉跨越，不准与公用电网合用接地装置和中性线。

（4）双电源和自发电用户，严禁擅自向其他用户转供电。

（5）为防止双电源在操作中发生事故，用户应严格执行安全规程有关倒闸操作的安全规定，如应设置操作模拟图板；制订现场操作规程；各种有关安全运行和管理的规程制度及包括运行日志在内的各项记录；培训有关电工，考核合格后上岗；高压用户的双电源切换操作必须按与供电部门签订的调度协议规程执行等。

（6）与公用电网连接的地方小水电、小火电、小热电，除采取上述安全措施外，还必须执行其他有关的规定。

Je54F4017　使用喷灯应注意哪些事项？

答：（1）煤油喷灯和汽油喷灯两者的燃料不能混用。燃料自加油孔注入，但只能装至油筒的 3/4 为宜，以便向罐内充气和燃料油受热膨胀时留有适当的空隙。

（2）使用时，应先将燃料油注入贮油罐内将盖盖紧，并达到密封的程度，否则在燃烧时会因漏气而发生走火。

（3）使用前，先在点火碗中注 2/3 汽油并点燃，加热燃烧腔，打几下气，稍开调节阀，继续加热。多次打气加压，但不要打太足，慢慢开大调节阀，待火焰由黄红变蓝，即可使用。

（4）严禁在有火的地方加油，使用喷灯时不能戴手套。要防止喷射的火焰燃烧到易燃易爆物。

（5）停用时，先关闭调节阀，至火焰熄灭，然后慢慢旋松加油孔盖放气，待空气放完后旋松调节阀。

（6）喷灯的火焰与带电导体应有足够的距离：电压在 10kV 及以下者不得小于 1.5m；电压在 10kV 以上者不得小于 3m。不得在带电导线、带电设备、变压器、油断器附近将喷灯点火。

Je54F3018　使用高压验电器应注意哪些事项？

答：（1）使用高压验电器验电时，应选用与被测设备额定电压相应电压等级的专用验电器，并戴绝缘手套操作。

（2）使用高压验电器前，先要在确实带电的设备上检查验电器是否完好。

（3）雨天不可在户外进行验电。

（4）验电时，要做到一人操作、一人监护。

（5）验电时要防止发生相间或对地短路事故。

（6）人体与带电体应保持足够的安全距离。

（7）验电人员站在木杆、木梯或木架构上验电时，若因无接地线而不能指示者，可在验电器上接地线，但必须经值班负责人的许可。

（8）高压验电器应定期进行试验，不得使用没有试验过或超过试验周期的验电器验电。

Je54F3019　使用外线用压接钳应注意哪些事项？

答：（1）压接管和压模的型号应根据导线型号选用。

（2）在压接中，当上下压模相碰时，压坑深度恰好满足要求。压坑不能过浅，否则压接管握着力不够，导线会抽出来。

（3）应按规定完成各种导线的压坑数目和压接顺序。每压完一个坑后持续压力 1min 后再松开，以保证压坑深度准确。钢芯铝绞线压接管中应有铝垫片填在两导线间，以便增加接头握着力，并使接触良好。

（4）压接前应用布蘸汽油将导线清擦干净，涂上中性凡士林油后，再用钢丝刷擦一遍。压接完毕，应在压管两端涂红丹粉油。压接后要进行检查，若压管弯曲过大或有裂纹的，要重新压接。截面 $16mm^2$ 及以上的铝绞线，可采用手提式油压钳。

Je54F3020　使用接地线应注意哪些事项？

答：（1）装设接地线必须先装接地端，后接导体端，且应接触良好。应使用专用线夹固定在导体上，严禁用缠绕方法进行接地或短路。拆接地线顺序与此相反。

（2）装拆接地线应使用绝缘棒和绝缘手套。

（3）三相短路接地线，应采用多股软铜绞线制成，其截面应符合短路电流热稳定的要求，但不得小于 25mm²。

（4）接地线装设点不应有油漆。

（5）接地线应编号固定存放。

（6）每次检修使用多少接地线应记录，完工后应清点接地线数目，少一组都不能送电。

Je54F3021　简述钳形电流表使用注意事项。

答：（1）测量前应先估计被测电流的大小，以选择合适的量限，或先用大量限，然后再逐渐切换到适当的量限。注意不能在测量进行中切换。

（2）钳口相接处应保持清洁、使之平整、接触紧密，以保证测量准确。

（3）一般钳形电流表适用于低压电路的测量，被测电路的电压不能超过钳形电流表所规定的使用电压。

（4）测量时，每次只能钳入一相导线，不能同时钳入两相或三相导线，被测导线应放在钳口中央。

（5）使用钳形电流表时，应戴绝缘手套，穿绝缘鞋。读数时要特别注意人体、头部与带电部分保持足够的安全距离。

（6）测量低压熔断器和水平排列低压母线的电流时，测量前应将各相熔断器和母线用绝缘材料加以隔离，以免引起相间短路。

（7）测量完毕后，应把选择开关拨到空档或最大电压量程一档。

Je54F3022　简述万用表使用的注意事项。

答：（1）正确选择功能和量程转换开关的档位，若不知道被测量的大致范围，可先将量程放到最高档，然后再转换到合适的档位，严禁带电转换功能和量程开关。

（2）测量电阻时，必须将被测电阻与电源断开，并且当电路中有电容时，必须先将电容短路放电。

（3）用欧姆档判别晶体二极管的极性和晶体三极管的管脚时，应记住"＋"插孔是接自内附电池的负极，且量程应选 $R \times 100$ 或 $R \times 10$ 档。

（4）不准用欧姆档去直接测量微安表头、检流计、标准电池等的电阻。

（5）在测量时，不要接触测试棒的金属部分，以保证安全和测量的准确性。

（6）万用表使用后，应将转换开关旋至交流电压最高档或空档。

Je54F3023　简述兆欧表使用的注意事项。

答：（1）按被测电气设备的电压等级正确选择兆欧表。

（2）禁止遥测带电设备。

（3）严禁在有人工作的线路上进行测量工作。

（4）雷电时，禁止用兆欧表在停电的高压线路上测量绝缘电阻。

（5）在兆欧表没有停止转动或被测设备没有放电之前，切勿用手去触及被测设备或兆欧表的接线柱。

（6）使用兆欧表遥测设备绝缘电阻时，应由两人操作。

（7）遥测用的导线应使用绝缘线，两根引线不能绞在一起，其端部应有绝缘套。

（8）在带电设备附近测量绝缘电阻时，测量人员和兆欧表的位置必须选择适当，保持与带电体的安全距离。

（9）遥测电容器、电力电缆、大容量变压器及电机等电容较大的设备时，兆欧表必须在额定转速状态下方可将测电笔接触或离开被测设备，以避免因电容放电而损坏兆欧表。

Je54F3024　巡视工作的注意事项有哪些？

答：（1）巡视中发现的各种缺陷要按其性质进行分类并记录在册，巡视手册中应记明缺陷所在的线路名称、杆号、相别及缺陷内容。

（2）巡视中发现危及安全运行的缺陷，应立即报告有关部门及领导，组织处理。发现危及线路安全运行的不安全因素，巡视人员应根据其危及程度通知有关部门或有关人员，组织排除不安全因素，防止事故的发生。

（3）巡线工作应由有电力线路工作经验的人担任。新人员不得一人单独巡线。偏僻山区和夜间巡视由两人进行。暑天、大雪天必要时由两人进行。

（4）单人巡视时，禁止攀登电杆和铁塔。

（5）夜间巡线应沿线路外侧进行，大风巡线应沿线路上风侧进行，以免万一触及断落的导线。

（6）事故巡线应始终认为线路带电，即使明知线路已停电，亦应认为线路随时有恢复送电的可能。

（7）巡线人员发现导线断落地面或悬吊空中，应设法防止行人进入断线地点周围 8m 以内区域，并迅速报告领导，等候处理。

（8）巡视完毕后，应将发现的缺陷，按缺陷类别内容，所在杆号及发现的时间，详细记录在缺陷记录簿内，为检修人员提供依据。

Je54F3025　自动开关的维护与检修有哪些内容？

答：（1）清除自动开关上的灰尘、油污等，以保证开关有良好的绝缘。

（2）取下灭弧罩，检查灭弧栅片和外罩，清洁表面的烟迹和金属粉末。

（3）检查触头表面，清洁烧痕，用细锉或砂布打平接触面，并保持触头原有形状。

（4）检查触头弹簧有无过热而失效，并调节三相触头的位置和弹簧压力。

（5）用手动缓慢分、合闸，以检查辅助触头常闭、常开触点的工作状态是否合乎要求，并清洁辅助触头表面，如有损坏，则需要更换。

（6）检查脱扣器的衔铁和拉簧活动是否正常，动作是否灵活；电磁铁工作面应清洁、平整、光滑，无锈蚀、毛刺和污垢；热元件的各部位无损坏，其间隙是否正常。

（7）检查各脱扣器的电流整定值和动作延时，特别是半导体脱扣器，应用试验按钮检查其动作情况。漏电自动开关也要用按钮检查是否能可靠动作。

（8）在操动机构传动机械部位添加润滑油，以保持机构的灵活性。

（9）全部检修工作完毕后，应做传动试验，检查动作是否正常，特别是连锁系统，要确保动作准确无误。

Je54F3026　热继电器的故障及维修有哪些内容？

答： 热继电器的故障主要有：热元件烧断、误动作、不动作以及接触点接触不良等现象。

（1）热元件烧断。应选用合适的热继电器，并检查电路，排除电路故障。对新更换的热继电器，应重新调整动作电流值。

（2）热继电器误动。原因：①整定值偏小；②电动机起动时间过长；③设备起停过于频繁；④工作场所震动力大；⑤环境温度超工作范围。

根据具体情况采取相应措施：

1）检查负荷电流是否与热元件额定值相匹配。

2）检查启停是否频繁，热继电器与外部触头有无过热现象。

3）检查振动是否过大，连接热继电器的导线截面是否满足载流要求，连接导线有无影响热元件正常工作。

4）检查热继电器环境温度与被保护设备环境温度。热元件工作环境温度在 $+40 \sim -30℃$。

（3）热继电器不动作。由于整定值不当，动作机构卡死，推杆脱出等原因均会导致出现过载而热继电器不动作，这时应重新调整动作电流值。

（4）热继电器常闭触点接触不良。应清除触头表面灰尘或氧化物，使触头接触良好。

（5）继电器动作不正常。查找出具体原因，进行维修。

Je54F3027　室内外照明和动力配线主要包括哪几道工序？

答：（1）按施工图纸确定灯具、插座、开关、配电箱等设备位置。

（2）确定导线敷设的路径和穿过墙壁或楼板的位置，并标注上记号。

（3）按上述标注位置，结合土建打好配线固定点的孔眼，预埋线管、接线盒及木砖等预埋件。

（4）装设绝缘支持物、线夹或管子。

（5）敷设导线。

（6）完成导线间的联接、分支和封端，处理线头绝缘。

（7）检查线路安装质量。

（8）完成线端与设备的连接。

（9）绝缘测量及通电试验，最后全面验收。

Je54F3028　绝缘子配线的操作过程及要点有哪些？

答：（1）准备工作。

（2）定位工作。按选好的路径和档距的要求，测定绝缘子支架的位置，注意在用电设备的引下线处，应设一个支架。

（3）制作支架。根据导线间距要求和埋入墙内的长度，截取方木或角钢，并钻好安装孔。

（4）安装支架。支架在砖墙上有两种安装方法，一种是砌墙时把支架埋好；另一种是砌墙时预留洞孔或在已砌筑的墙壁上凿洞，然后把支架放入洞内，用半湿状态的水泥将洞孔填满，要求填一层砸实一层，使其严密结实。

（5）固定绝缘子。待土建施工完毕和支架处水泥具有强度后，即可进行安装绝缘子的工序。

（6）架线。导线放开时，先在起点用绑线把导线绑在绝缘子上，再把导线拉直绷起绑在终端绝缘子上，然后用绑线把导线分别绑在中间的绝缘子上。

（7）连接接头。把需要连接和分支的接头接好，并缠包绝缘带。

（8）支架刷油。木横担一般刷两遍灰色油漆。

Je54F3029　槽板配线的操作过程及要点有哪些？

答：（1）准备工作。配线前，应检查各种工具、器材是否适用，槽板、铁钉、木螺丝等辅助材料是否齐备。

（2）测位工作。选好线路走径后，按每节槽板的长度，测定槽板底槽固定点的位置。

（3）安装槽板的底槽。安装在砖墙或混凝土板处时，用铁钉钉在木砖上。

（4）敷线及盖槽板的盖板。导线放开后，一边把导线嵌入槽内，一边用木螺丝依次把盖、板固定在底槽上。

（5）连接接头。把需要连接和分支的接头接好，并缠包绝缘带，再盖上接头盒盖，固定盒盖时注意木螺丝不要触及导线及接头。

Je54F3030　护套线配线的安装方法有哪些？

答：（1）一般护套线配线在土建抹灰完成后进行，但埋设穿墙或穿楼板的保护管，应在土建施工中预埋好，然后根据施工图确定电器安装位置，以及确定起点、终点和转角的路径、位置。

（2）护套线线芯的最小截面积。户内使用时，铜芯不小于 $0.5mm^2$，铝芯不小于 $1.5mm^2$；户外使用时，铜芯不得小于 $1.0mm^2$，铝芯线不得小于 $2.5mm^2$。

（3）固定卡钉的档距要均匀一致，间距不得大于 300mm，敷设应牢固、整齐、美观。

（4）不许直接在护套线中间剥切分支，而应用接线盒的方法，将分支接头放在接线盒内，一般导线接头都放在开关盒和灯头盒内。

（5）护套线支持点的定位，直线部分，固定点间距离不大于 300mm；转角部分，转角前后各应安装一个固定点；两根护套线十字交叉时，交叉口处的四方各应安装一个固定点；进入木台前，应安装一个固定点，在穿入管子前或穿出管子后均需安装一个固定点。

（6）护套线在同一墙面上转弯时，必须保持相互垂直，弯曲导线要均匀，弯曲半径不应小于护套线宽度的 3～4 倍，太小会损伤线芯（尤其是铝芯线），太大影响线路美观。

Je54F3031　新安装或长期停用的电动机起动前的准备和检查有哪些内容？

答：（1）清扫安装地点，清除控制、起动设备及电动机上的垃圾、灰尘和脏物。

（2）检查电源线路，电动机引线截面是否符合要求，控制、起动设备是否良好，接线是否正确；控制、起动设备和电动机是否配套，起动设备选择是否正确，起动装置是否灵活，有无卡阻现象，触点的接触是否良好等。

（3）检查电源保险（熔断器）搭配是否正确。

（4）对照电动机铭牌，检查电动机的功率、电源电压、频率、相数是否相符，以及电动机的接法是否正确。

（5）检查电动机外部螺栓是否齐全，接地螺栓、底脚螺母和轴承螺母是否都已拧紧，机械连接是否牢固，轴承是否缺润滑油。检查电动机的转轴是否能自由转动。对于滑动轴承，转子的轴向活动量每端约 2 ~ 3mm。

（6）检查电动机外壳以及控制、起动设备金属外壳是否接地良好，接地电阻一般不大于 4Ω。

（7）对不可逆转的电动机，应先作空载运转实验，检查其运转方向与该电动机指示的箭头方向是否相同。

（8）绕线式电动机，还应检查滑环上的电刷表面是否全部贴紧滑环，导线有否相碰的情况，电刷提升机构是否灵活，电刷压力是否正常。

（9）检查电动机绕组相间和绕组对地的绝缘电阻。对绕线式电动机，除检查定子绝缘外，还应检查转子绕组及滑环对地和滑环相间的绝缘。

（10）检查机械负载是否妥善地做好了起动准备。

Je54F3032　正常运行的电动机，起动前应作哪些检查？

答：（1）检查电动机的转轴，是否能自由旋转；配用滑动轴承的电机，其轴向窜动应不大于 2 ~ 3mm。

（2）检查三相电源的电压是否正常，其电压是否偏低或偏高。

（3）检查熔断器及熔体是否损坏或缺件。

（4）连轴器的螺丝和销子是否紧固，连轴器中心是否对正；皮带连接是否良好，松紧是否合适。

（5）对正常运行中的绕线式电动机，应经常观察电动机滑环有无偏心摆动现象，滑环的火花是否发生异常现象。滑环上电刷是否需要更换。

（6）检查电动机周围是否有妨碍运行的杂物或易燃易爆物品等。

Je54F3033　电动机起动时的注意事项有哪些？

答：（1）应检查是否上好皮带罩；操作人员衣服有无被卷

入的危险。

(2) 应检查电源电压是否正常，三相电源有否缺相，熔断器有否熔断。

(3) 分合刀闸时，操作人员应站在侧面，防止被电弧烧伤，分合动作要迅速果断。

(4) 起动时应注意观察电动机、传动装置、负载机械的工作情况，若合闸后电动机不能旋转、转得很慢或声音不正常时，应迅速拉闸进行检查。

(5) 注意观察电流表和电压表的指示，若有异常现象，应立即断电检查，故障排除后再进行起动。

(6) 利用手动补偿器或手动星——三角起动器起动电动机时，要注意操作顺序。一定要先将手柄推到起动位置。待电动机转速稳定后再扳到运转位置。

(7) 同一线路上的电动机不应同时起动，一般应由大到小逐台起动，以免多台电动机同时起动，线路电流太大，电压降低过多，造成电动机起动困难引起线路故障或使开关跳闸。

(8) 起动时，若电动机的旋转方向反了，应立即切断电源，将三相电源线中的任意两相互换一下位置，即可改变电动机转向。

(9) 一台电动机多次连续起动时，应按制造厂规定保持适当的时间间隔，以防电动机过热，连续起动一般不宜超过 3～5 次。

Je54F3034 电动机日常运行时应注意哪些事项？

答：(1) 应注意保持电动机及周围工作环境的清洁和通风，不允许有水滴、油污、灰尘或其他杂物进入电动机内部。

(2) 注意监视电动机各部分发热情况，不允许超过电动机绝缘等级所规定的最高允许温度或温升，防止过热烧坏。

(3) 注意电源电压的变化，电源电压变化范围应在电动机额定电压的 -5%～+10% 之内。

（4）电动机的负载电流不应超过其额定电流。

（5）注意对熔断器的监视，避免断相，造成电动机缺相运行。

（6）注意监视电动机的声音、振动和气味变化。

（7）经常检查轴承发热、漏油等情况。

（8）检查机壳保护接地或保护接零是否良好，接地电阻一般不大于4Ω。

（9）对绕线式异步电动机还要注意观察检查电刷下的火花状况，如发现火花过大，应清理滑环表面，用零号砂布研磨滑环，校正电刷弹簧压力，并应检查电刷与滑环间接触与磨损情况。

（10）应做好电动机日常运行各种参数（如电压、电流、温升等）的记录及故障现象和故障检修排除等记录，以便日后运行、故障排除和维修时参考。

Je54F3035 运行中的电动机如出现什么情况时，应立即切断电源，停机检查和处理？

答：运行中的电动机如出现下列情况之一时，应立即切断电源，停机检查和处理。

（1）运行中发生人身事故；

（2）电源、控制、起动等设备和电动机冒烟起火；

（3）传动装置故障，电动机拖动的机械故障；

（4）电动机发生强烈振动；

（5）电动机声音异常，发热严重，同时转速急剧下降；

（6）电动机轴承超温严重；

（7）电动机电流超过额定值过多或运行中负荷突然猛增；

（8）其他需要立即停机的故障。

Je43F3036 简要回答绝缘电阻的测量方法和注意事项。

答： （1）按被测电气设备的电压等级正确选择兆欧表。

（2）兆欧表的引线必须使用绝缘良好的单根多股软线，两根引线不能缠在一起使用，引线也不能与电气设备或地面接触。

（3）测量前检查兆欧表，开路时指针是否指在"∞"位，短路时指针是否指在"0"位。

（4）测量前应将被测量设备电源断开并充分放电。测量完毕后，也应将设备充分放电。

（5）接线时，"接地"E 端钮应接在电气设备外壳或地线上，"线路"L 端钮与被测导体连接。测量电缆的绝缘电阻时，应将电缆的绝缘层接到"屏蔽端子"G 上。

（6）测量时，将兆欧表放置平稳，摇动手柄使转速逐渐增加到 120r/min。

（7）严禁在有人工作的线路上进行测量工作。雷电时，禁止用兆欧表在停电的高压线路上测量绝缘电阻。

（8）在兆欧表没有停止转动或被测设备没有放电之前，切勿用手去触及被测设备或兆欧表的接线柱。

（9）使用兆欧表遥测设备绝缘时，应由两人操作。在带电设备附近测量绝缘电阻时，测量人员和兆欧表的位置必须选择适当，保持与带电体的安全距离。

（10）遥测电容器、电力电缆、大容量变压器及电机等电容较大的设备时，兆欧表必须在额定转速状态下方可将测电笔接触或离开被测设备，以避免因电容放电而损坏摇表。

Je43F3037　简要回答测量接地电阻的步骤。

答：（1）先将接地体与其相连的电器设备断开。

（2）确定被测接地极 E′，并使电位探针 P′和电流探针 C′与接地极 E′彼此直线距离为 20m，且使电位探针 P′插于接地极 E′和电流探测针 C′之间。

（3）用导线将 E′、P′和 C′与仪表相应的端子连接。E′—E、P′—P 和 C′—C。

(4) 将仪表水平放置检查指针是否指在中心线零位上，否则应将指针调整至中心线零位上。

(5) 将"倍率标度盘"置于最大倍数，慢摇发电机手柄，同时旋动"额定标度盘"使检流计的指针指于中心线零位上。

(6) 当检流计接近平衡时，应加快发电机的转速，使之达到 120r/min 以上（额定转速）调整"测量标度盘"使指针指示中心线零位。

(7) 如果"测量标度盘"的读数小于 1，应将倍率标度盘置于较小的倍数，再重新调整"测量标度盘"以得到正确的读数。该读数乘以"倍率标度盘"的倍率，即为所测接地电阻。

Je43F3038　挖坑的注意事项有哪些？

答： (1) 所用的工具，必须坚实牢固，并注意经常检查，以免发生事故。

(2) 坑深超过 1.5m 时，坑内工作人员必须戴安全帽。当坑底超过 $1.5m^2$ 时，允许二人同时工作，但不得面对面或挨得太近。

(3) 严禁用掏洞方法挖掘土方，不得在坑内坐下休息。

(4) 挖坑时，坑边不应堆放重物，以防坑壁塌方。工器具禁止放在坑边，以免掉落坑内伤人。

(5) 行人通过地区，当坑挖完不能马上立杆时，应设置围栏，在夜间要装设红色信号灯，以防行人跌入坑内。

(6) 杆坑中心线必须与辅助标桩中心对正，顺线路方向的拉线坑中心必须与线路中心线对正。转角杆拉线坑中心必须与线路中心的垂直线对正，并对正杆坑中心。

(7) 杆坑与拉线的深度不得大于或小于规定尺寸的 5%。

(8) 在打板桩时，应用木头垫在木桩头部，以免打裂板桩。

Je43F3039　叙述采用固定式人字抱杆起吊电杆的过程。

答：（1）选择抱杆高度。一般可取电杆重心高度加 2～3m，或者根据吊点距离和上下长度、滑车组两滑轮碰头的距离适当增加裕度来考虑。

（2）绑系侧拉绳。据杆坑中心距离，可取电杆高度的 1.2～1.5 倍。

（3）选择滑车组。应根据水泥杆重量来确定。一般水泥杆质量为 500～1000kg 时，采用一、一滑车组牵引；水泥杆质量为 1000～1500kg 时，采用一、二滑车组牵引；水泥杆质为 1500～2000kg 时，可选用二、二滑车组牵引。

（4）18m 电杆单点起吊时，必须采取加绑措施来加强吊点处的抗弯强度。

（5）如果土质较差时，抱杆脚需铺垫道木或垫木，以防止抱杆起吊受力后下沉。

（6）抱杆的根开一般根据电杆重量与抱杆高度来确定，一般在 2～3m 左右范围内。

（7）起吊过程中要求缓慢均匀牵引。电杆离地 0.5m 左右时，应停止起吊，全面检查侧拉绳子受力情况以及地锚是否牢固。水泥杆竖立进坑时，特别应注意上下的侧拉绳受力情况，并要求缓慢松下牵引绳，切忌突然松放而冲击抱杆。

Je43F3040　叙述采用叉杆立杆的具体立杆方法。

答：（1）电杆梢部两侧各栓直径 25mm 左右、长度超过电杆长 1.5 倍的棕绳或具有足够强度的麻绳一根，作为侧拉绳，防止电杆在起升过程中左右倾斜。

（2）电杆根部应尽可能靠近马道坑底部使起升过程中有一定的坡度而保持稳定。

（3）电杆根部移入基坑马道内，顶住滑板。

（4）电杆梢部开始用杠棒缓缓抬起，随即用顶板顶住，可逐渐向前交替移动使杆梢逐步升高。

（5）当电杆梢部升至一定高度时，加入一副小叉杆使叉杆、顶板、扛棒合一，交替移动逐步使杆梢升高。到一定高度时再加入另一副较长的叉杆与拉绳合一，用力使电杆再度升起。一般竖立 10m 水泥杆需 3～4 副叉杆。

（6）当电杆梢部升到一定高度但还未垂直前，左右两侧拉绳移到两侧当作控制拉绳使电杆不向左右倾斜。在电杆垂直时，将一副叉杆移到起立方向对面防止电杆过牵引倾倒。

（7）电杆竖正后，有两副叉杆相对支撑住电杆然后检查杆位是否在线路中心，再回填土分层夯实。

Je43F3041　叙述杆上安装横担的方法步骤。

答：（1）携带杆上作业全套工器具，对登杆工具做冲击实验，检查杆根，做好上杆前的准备工作。

（2）上杆，到适当位置后，安全带系在主杆或牢固的构件上（一般在横担安装位置以下）。若使用脚扣登杆作业，在到达作业区以后，系好安全带，双脚应站成上下位置，受力脚应伸直，另一只脚掌握平衡。

（3）在杆上距离杆头 200mm 处划印，确定横担的安装基准线。放下传递绳，地面人员将横担绑好，杆上作业人员将横担吊上杆顶。

（4）杆上作业人员调整好站立位置，将横担举起，把横担上的 U 型抱箍从杆顶部套入电杆，并将螺帽分别用手拧靠，调整横担位置、方向及水平，再用活板手固定。

（5）检查横担安装位置应在横担准线处，距杆头 200mm。

（6）地面工作人员配合杆上人员观察，调整横担是否水平和顺线路方向垂直，确认无误后再次紧固。

（7）杆上作业人员解开系在横担上的传递绳并送下，把头铁、抱箍及螺栓一起吊到杆上进行安装。

（8）杆上作业人员将绝缘子吊上并安装在横担上。

（9）拆除传递绳，解开安全带，下杆；工作结束。

Je43F4042　在紧线之前应做好哪些准备工作?

答:　(1) 必须重新检查、调整一次在紧线区间两端杆塔上的临时拉线,以防止杆塔受力后发生倒杆事故。

(2) 全面检查导线的连接情况,确认符合规定时方可进行紧线。

(3) 应全部清除在紧线区间内的障碍物。

(4) 通信联系应保持良好的状态,全部通信人员和护线人员均应到位,以便随时观查导线的情况,防止导线卡在滑车中被拉断或拉倒杆塔。

(5) 观测弧垂人员均应到位并做好准备。

(6) 在拖地放线时越过路口处,有时要将导线临时埋入地中或支架悬空,在紧线前应将导线挖出或脱离支架。

(7) 冬季施工时,应检查导线通过水面时是否被冻结。

(8) 逐基检查导线是否悬挂在轮槽内。

(9) 牵引设备和所用的工具是否已准备就绪。

(10) 所有交叉跨越线路的措施是否都稳固可靠,主要交叉处是否都有专人看管。

Je43F4043　电动机在接线前必须做好哪些工作?

答:　(1) 电动机在接线前必须核对接线方式、并测试绝缘电阻。

(2) 40kW 及以上电动机应安装电流表。

(3) 如果控制设备比较远,在电动机近处应设紧急停车装置。

(4) 动力设备必须一机一闸,不得一闸多用。

(5) 动力设备要有接地或接零保护。

(6) 控制设备要有短路保护、过载保护、断相保护及漏电保护。

(7) 机械旋转部分应有防护罩。

(8) 安装电动机时,在送电前必须用手试转,送电后必须核对转向。

Je43F4044　简要回答电动机安装后的调整和测量项目有哪些?

答: (1) 机座水平度的调整。

(2) 齿轮传动装置的调整。

(3) 三角皮带传动装置的调整。

(4) 平皮带传动装置的调整。

(5) 皮带轮轮宽中心线的测量。

(6) 联轴节同轴线的测量。

Je43F4045　低压间接带电作业有哪些安全措施?

答: 低压间接带电作业,系指人体与带电设备非直接接触,即工作人员手握绝缘工具对带电设备进行的工作。间接带电工作要遵守以下规定:

(1) 低压带电作业人员应经过训练并考试合格,工作中由有经验的电气工作人员监护。使用有绝缘柄的工具,工作时站在干燥的绝缘物上,并戴手套和安全帽。必须穿长袖衣服工作,禁止使用锉刀,金属尺和带金属物的毛刷毛掸等工具。

(2) 间接带电作业应在天气良好的条件下进行,且作业范围内电气回路的剩余电流动作保护器必须投运。

(3) 在低压配电装置上进行工作时,应采取防止相间短路和单相接地短路的隔离措施。

(4) 在紧急情况下允许用有绝缘柄的钢丝钳断开带电的绝缘照明线。断线时要一根一根地进行,断开点应在导线固定点的负荷侧。

(5) 带电断开配电盘或接线箱中的电压表和电能表的电压回路时,必须采取防止短路或接地的措施;严禁在电流互感器的二次回路进行带电工作。

Je43F4046　低压线路带电作业有哪些安全措施?

答:（1）低压带电作业人员应经过训练并考试合格,工作中由有经验的电气工作人员监护。使用有绝缘柄的工具,工作时站在干燥的绝缘物上,并戴手套和安全帽。必须穿长袖衣服工作,禁止使用锉刀,金属尺和带金属物的毛刷毛掸等工具。

（2）间接带电作业应在天气良好的条件下进行,且作业范围内电气回路的剩余电流动作保护器必须投运。

（3）在低压配电装置上进行工作时,应采取防止相间短路和单相接地短路的隔离措施。

（4）在紧急情况下允许用有绝缘柄的钢丝钳断开带电的绝缘照明线。断线时要一根一根地进行,断开点应在导线固定点的负荷侧。

（5）带电断开配电盘或接线箱中的电压表和电能表的电压回路时,必须采取防止短路或接地的措施;严禁在电流互感器的二次回路进行带电工作。

（6）上杆前,应先分清相、零线,断开导线时,先断相线,后断零线,搭接时顺序相反。

（7）工作前,应检查与同杆架设的高压线的安全距离,采取防止误碰带电高压设备的措施。

（8）在低压带电导线未采取绝缘措施时,工作人员不得穿越。还要注意,切不可使人体同时接触两导线。

Je43F4047　简要回答剩余电流动作保护装置安装使用方法。

答:（1）安装前必须检查剩余电流动作保护器的额定电压、额定电流、短路通断能力,漏电动作电流、漏电不动作电流以及漏电动作时间等是否符合要求。

（2）剩余电流动作保护器安装接线时,要根据配电系统保护接地型式进行接线。接线时需分清相线和零线。

（3）对带短路保护的剩余电流动作保护器，在分断短路电流时，位于电源侧的气孔往往有电弧喷出，故应在安装时保证电弧喷出方向有足够的飞距距离。

（4）剩余电流动作保护器的安装应尽量远离其他铁磁体和电流很大的载流导体。

（5）对施工现场开关箱里使用的剩余电流动作保护器须采用防溅型。

（6）剩余电流动作保护器后面的工作零线不能重复接地。

（7）采用分级剩余电流动作保护系统和分支线漏电保护的线路，每分支线必须有自己的工作零线；上下级剩余电流动作保护器的额定漏电动作与漏电时间均应做到相互配合，额定漏电动作电流级差通常为 1.2～2.5 倍，时间级差为 0.1～0.2s。

（8）工作零线不能就近接线，单相负荷不能在剩余电流动作保护器两端跨接。

（9）照明以及其他单相用电负荷均匀分布到三相电源线上，偏差大时要及时调整，力求使各相漏电电流大致相等。

（10）剩余电流动作保护器安装后应进行试验，试验有：①用试验按钮试验 3 次，均应正确动作；②带负荷分合交流接触器或开关 3 次，不应误动作；③每相分别用 3kΩ 试验电阻接地试跳，应可靠动作。

Je32F4048　简述悬绑绳索利用人工进行位移正杆的步骤。

答：（1）登杆悬绑绳索。其位置在距杆梢 2～3m 处，一般为 4 根直径不小于 16mm 的棕绳。拉紧绳索，从 4 个相对方向将杆塔予以固定。

（2）摘除固定在杆上的导线，使其脱离杆塔，然后登杆人员下杆。

（3）在需要位移一侧靠杆根处垂直挖下，直到杆子埋深的深度。

（4）拉动绳索，使杆梢倾向需位移的相反方向，杆根则移向需要位移的方向，直至移到正确位置后，可将电杆竖直。整个过程中，与受力绳索相对方向的绳索应予以辅助，防止杆塔因受力失控而倾倒。

（5）注意杆梢倾斜角度不要过大，不超过 10° 为宜，若一次不能移动到位，可反复几次进行。必要时（例如位移距离较大或土质较松软），可在坑口垫用枕木，以便电杆更好地倾斜移动。

（6）杆子移到与线路中心线相一致的正确位置后，校正垂直，即可将杆根土方回填夯实，恢复固定导线。

Je32F4049　电缆头的制作安装要求有哪些？

答： （1）在电缆头制作安装工作中，安装人员必须保持手和工具、材料的清洁与干燥，安装时不准抽烟。

（2）做电缆头前，电缆应经过试验并合格。

（3）做电缆头用的全套零部件、配套材料和专用工具、模具必须备齐。检查各种材料规格与电缆规格是否相符，检查全部零部件是否完好无缺陷。

（4）应避免在雨天、雾天、大风天及湿度在 80% 以上的环境下进行工作。如需紧急处理应做好防护措施。

（5）在尘土较多及重污染区，应在帐篷内进行操作。

（6）气温低于 0℃ 时，要将电缆预先加热后方可进行制作。

（7）应尽量缩短电缆头的操作时间，以减少电缆绝缘裸露在空气中的时间。

Je32F4050　电缆埋地敷设在沟内应如何施工？

答： 电缆埋地敷设是在地上挖一条深度 0.8m 左右的沟，沟宽 0.6m，如果电缆根数较多，沟宽要加大，电缆间距不小于 100mm。沟底平整后，铺上 100mm 厚筛过的松土或细砂土，作为电缆的垫层。电缆应松弛地敷在沟底，以便伸缩。在电缆上再铺上 100mm 厚的软土或细砂土，上面盖混凝土盖板或黏土砖，覆盖宽度应超过电缆直径两侧 50mm，最后在电缆沟内填土，覆土要高出地面 150～200mm，并在电缆线路的两端转弯处和中间接头处竖立一根露出地面的混凝土标示桩，以便检修。

由于电缆的整体性好，不易做接头，每次维修需要截取很长一段电缆。所以在施工时要预留有一段备检修时截取。

埋设电缆时，电缆间、电缆与其他管道、道路、建筑物等之间平行和交叉时的最小距离，应符合规程的规定。电缆穿过铁路、公路、城市街道、厂区道路和排水沟时，应穿钢管保护，保护管两端宜伸出路基两边各 2m，伸出排水沟 0.5m。

直埋电缆要用铠装电缆，但工地施工用电，使用周期短，一年左右就需挖出，这时可以用普通电缆。

Je32F4051　电缆在排管内的敷设有何要求？

答：排管顶部距地面，在人行道下为 0.5m，一般地区为 0.7m。施工时，先按设计要求挖沟，并将沟底夯实，再铺 1:3 水泥砂浆垫层，将清理干净的管下到沟底，排列整齐，管孔对正，接口缠上胶条，再用 1:3 水泥砂浆封实。整个排管对电缆人孔井方向有不小于 1% 的坡度，以防管内积水。

为了便于检修和接线，在排管分支、转弯处和直线段每 50～100m 处要挖一供检修用的电缆人孔井。为便于电缆在井内架在支架上便于施工与检修。人孔井要有积水坑。

为了保证管内清洁无毛刺，拉入电缆前，先用排管扫除器通入管孔内来回拉。

在排管中敷设电缆时，把电缆盘放在井口，然后用预先穿入排管眼中的钢丝绳把电缆拉入孔内，每孔内放一根电力电缆。排管口套上光滑的喇叭口，坑口装设滑轮。

Je32F4052　温升过高来自电动机本身的原因有哪些？

答：（1）安装和维修电动机时，误将△形接法的电动机绕组接成了Y形接法，或者误将Y形接法的接成了△形。

（2）绕组相间、匝间短路或接地，导致绕组电流增大，三相电流不平衡，使电动机过热。

（3）极相组线圈连接不正确或每相线圈数分配不均，造成三相空载电流不平衡，并且电流过大；电动机运行时三相电流严重不平衡，产生噪声和振动，电动机过热。

（4）定、转子发生摩擦发热。

（5）异步电动机的笼型转子导条断裂，或绕线转子绕组断线。电动机出力不足而过热。

（6）电动机轴承过热。

Je32F4053　变压器的验收项目有哪些？

答：（1）检查产品说明书，交接试验报告及试验合格证。

（2）变压器整体及附件无缺陷，油箱及套管无渗油现象。

（3）变压器顶盖上无遗留物，外壳表面油漆完整，颜色标志正确。

（4）接地可靠，器身固定牢靠。

（5）储油柜的油位正常。

（6）分接开关操作灵活，并指在运行要求位置。

（7）温度计指示正确。

Je32F4054　安装三相三线电能表时应注意的事项有哪些？

答：（1）电能表在接线时要按正相序接线。

（2）电压、电流互感器应有足够的容量，以保证电能计量的准确度。

（3）各电能表的电压线圈应并联，电流线圈应串联接入电路中。

（4）电压互感器应接在电流互感器的电源侧。

（5）运行中的电压互感器二次侧不能短路；电流互感器二

次侧不能开路。

（6）电压、电流互感器二次侧要有一点接地。电压互感器 Vv 接线在 b 相接地，Yyn 接线在中性线上接地，电流互感器则将 K_2 端子接地。

（7）互感器二次回路应采用铜质绝缘线连接。电流互感器连接导线的截面积应不小于 $4.0mm^2$，电压互感器二次回路连接导线的截面积应按照允许的电压降计算确定，但至少应不小于 $2.5mm^2$。

Je32F4055　土建工程基础阶段有哪些施工项目？

答：　（1）挖基槽时配合作接地极和母线焊接。

（2）在基础砌墙时应及时配合作密封保护管（即电缆密封保护管）、挡水板、进出管套丝、配套法兰盘板防水等。

（3）当利用基础主筋作接地装置时，要将选定的柱子内的主筋在基础根部散开并与板筋焊接，引上作接地的母线。

（4）在土建基础施工阶段如果发现接地电阻不合格，应该及时改善，降低接地电阻的方法有补打接地极、增加埋深、采用紫铜板作接地极、加化学降阻剂、换好土、引入人工接地体等。

（5）在地下室预留好孔洞以及电缆支架吊点埋件。预埋落地式配电箱基础螺栓或作配电柜基础型钢。及时作好防雷接地。

Je2F5056　工程竣工后，验收的主要内容是什么？

答：　（1）验收有关工程技术资料，技术资料应齐全无误。

（2）验收各种材料或设备的合格证及验收单等，应整理装订成册。

（3）验收在施工过程中的变更洽商等资料，应完整无漏。

（4）检查隐检记录，施工记录，班组自检记录及预检记录。

（5）检查接地电阻测试记录。

（6）验收电气设备，应动作灵活可靠，达到能正常使用的程度。

（7）填写竣工验收单。绘制竣工图。

工程验收后，上述资料和有关的技术合同要按时归档，交到有关部门，并办理交接手续。

Je2F5057　阐述线路施工工程预算书的编制程序。

答：（1）准备工作阶段。

1）接受任务书；

2）借出和熟悉施工的图纸；

3）整理并分析初设修改的内容；

4）制定技术组织措施计划（包括计划进度）。

（2）文件编制阶段。

1）各种调整系统计算；

2）整理施工图纸，计算工程量，编制补充材料、设备预算价格；

3）编制各单位工程预算表；

4）编写总预算及说明书；

5）编制其他费用预算表；

6）组织审核及修改。

（3）结尾工作阶段。

1）交设总、专工、总工审阅并签署；

2）成品送出给印制室印制分发；

3）工程总结；

4）资料归档。

4.2 技能操作试题

4.2.1 单项操作

行业:电力工程　　　　工种:农网配电营业工　　　　等级：初

编　　号	C05A001	行为领域	d	鉴定范围	
考试时限	30min	题　　型	A	题　分	20
试题正文	万用表的使用				
其他需要说明的问题和要求	1. 严格执行有关规程、规范 2. 用指针式或数字式万用表考核均可				
工具、材料、设备、场地	1. 配电盘或配电箱 2. 检修间、训练基地等 3. 组合电工工具、万用表、1.5V电池、滑线电阻或普通电阻 4. 测量导线				

	序号	项目名称	质量要求	满分	扣　　分
评分标准	1	测量直流电压	1. 估计被测量电压数值，转换开关转向"V"处的适当档位	1	1. 转换开关选择档位不对，扣1分
			2. 红表笔插入"+"孔内，黑表笔插入"−"孔内，黑表笔触及电源负极，红表笔触及电源的正极	1	2. 未区分黑、红表笔，扣1分
			3. 测量、读数、数值测量准确	1	3. 数值测量不准确，扣1分
			4. 测量中不得转换档位	1	4. 测量中换档位，扣1分
			5. 测量完毕，旋钮放在交流电压最大档位或OFF档	1	5. 未放在交流电压最大档位，扣1分

	序号	项目名称	质量要求	满分	扣　分
评分标准	2	测量交流电压	1.估计被测量数值，转换开关转向"V"处适当档位 2.测量、读数。数值测量准确（测AB、BC、CA、AO、BO、CO） 3.测量中不得转换档位 4.测量完毕，旋钮放在交流电压最大档位或OFF档	5	1.转换开关选择档位不对，扣1分 2.数值测量不准确，扣2分 3.测量中转换档位，扣1分 4.未放在交流电压最大档位或OFF档，扣1分
	3	测量直流电流	1.估计被测值，转换开关转向"mA"或"μA"的适当档位 2.万用表串入电路，红表笔接断开点的正极性端。黑表笔接另一端 3.测量、读数。数值测量准确 4.测量中不得转换档位 5.测量完毕，旋钮放在交流电压最大档位或OFF档	5	1.转换开关选择档位不对，扣1分 2.串入错误，扣1分 3.数值测量不准确，扣1分 4.测量中转换档位，扣1分 5.未放在交流电压最大档位或OFF档，扣1分
	4	测量电阻	1.估计被测值，转换开关转向"Ω"处的适当档位 2.两表笔短接，旋动调节钮进行调零，指针指在"0"位 3.测量、读数。数值测量准确 4.测量中不得转换档位或电阻带电测量 5.测量完毕，旋钮放在交流电压最大档位或OFF档	5	1.转换开关选择档位不对，扣1分 2.未调零，扣1分 3.数值测量不准确，扣1分 4.测量中转换档位或电阻带电测量，扣1分 5.未放在交流电压最大档位或OFF档，扣1分

行业:电力工程　　　　工种:农网配电营业工　　　　等级：初

编　号		C05A002	行为领域		d	鉴定范围	
考试时限		30min	题　型		A	题　分	20

试题正文	钳形电流表的使用

其他需要说明的问题和要求	1. 严格执行有关规程、规范 2. 用指针式或数字式钳形电流表考核均可 3. 测量220V照明回路和380V动力回路

工具、材料、设备、场地	1. 运行中的配电盘或配电箱 2. 要设安全监护人

	序号	项目名称	质量要求	满分	扣　分
评 分 标 准	1	测量照明 回路电流	1. 估计被测量电压数值，转换开关转向适当档位	1	1. 转换开关选择档位不对，扣1分
			2. 照明回路电流大于5A时直接测量；小于5A时把导线多绕几圈放进钳口测量	2	2. 测量方法不当，扣2分
			3. 测量中不得转换档位	1	3. 测量中转换档位，扣1分
			4. 测量、读数、数值测量准确	2	4. 数值测量不准确，扣2分
			5. 测量完毕，旋钮放在最大档位或OFF档	1	5. 未放在最大档位或OFF档，扣1分
	2	测量动力 回路电流	1. 估计被测量电压数值，转换开关转向适当档位	1	1. 转换开关选择档位不对，扣1分
			2. 电流小于5A时把导线多绕几圈放进钳口测量	2	2. 测量方法不当，扣2分
			3. 测量中不得转换档位	1	3. 测量中转换档位，扣1分
			4. 测量A、B、C相电流、读数、数值测量准确	2	4. 数值测量不准确，扣2分
			5. 测量完毕，旋钮放在最大档位或OFF档	1	5. 未放在最大档位或OFF档，扣1分
	3	安全事项	1. 戴绝缘手套	1	1. 未戴绝缘手套扣1分
			2. 钳口必须钳在绝缘层的导线上，相间保持安全距离，防止短路	2	2. 有可能导致短路的现象，扣1～2分
			3. 注意人体、头部与带电部分保持足够的安全距离	3	3. 人体、头部与带电体安全距离不够，扣2～3分

编　　号	C05A003	行为领域	d	鉴定范围	
考试时限	20min	题　　型	A	题　　分	20

试题正文	用兆欧表测量低压电力电缆的绝缘电阻				
其他需要说明的问题和要求	1. 严格执行有关规程、规范 2. 以500V兆欧表遥测为例				
工具、材料、设备、场地	1. 低压电力电缆 2. 检修间、训练基地等 3. 组合电工工具、500V兆欧表 4. 测量导线				

	序号	项目名称	质量要求	满分	扣　　分
评分标准		测量电缆绝缘电阻	1. 电缆芯线端头接地放电	4	1. 未放电,扣4分
			2. 检查表计,空试,指针应指向"∞",短接,指针应指向"0"	4	2. 未检查调试,扣4分
			3. 兆欧表"E"端可靠接"地","L"端接电缆芯线,"G"端接电缆壳芯之间的绝缘层	4	3. 接线错误,扣4分
			4. 左手按住兆欧表,右手顺时针摇动摇把,逐渐加快到120r/min。稳定1min。测量、读数	4	4. 转速不稳,扣2分;测量值不准确,扣2分
			5. 测量读数完毕,继续摇动,然后断开测量接线,电缆对地放电	4	5. 断开方法不当,扣2分;未放电,扣2分

编　　号	C05A004	行为领域	d	鉴定范围	
考试时限	30min	题　　型	A	题　　分	20

试题正文	用兆欧表测量低压电容器的绝缘电阻

其他需要 说明的问 题和要求	1. 严格执行有关规程、规范 2. 以500V兆欧表遥测为例

工具、材料、 设备、场地	1. 低压电容器 2. 检修间、训练基地等 3. 组合电工工具、500V兆欧表 4. 测量导线

	序号	项目名称	质量要求	满分	扣　分
评 分 标 准		测量电容 器绝缘电阻	1. 电容器放电	4	1. 未放电,扣4分
			2. 检查表计,空试,指针应指向"∞",短接,指针应指向"0"	4	2. 未检查调试,扣4分
			3. 兆欧表"E"端可靠接"地","L"先不连接引出端线,等待测量时触及	4	3. 接线错误,扣4分
			4. 左手按住兆欧表,右手顺时针摇动摇把,逐渐加快到120r/min。稳定1min。"L"测量时触及接线柱,测量、读数	4	4. 转速不稳,扣2分;测量值不准确,扣2分
			5. 测量读数完毕,继续摇动,然后断开测量接线,电容器放电	4	5. 断开方法不当,扣2分;未放电,扣2分

编 号	C05A005	行为领域	d	鉴定范围	
考试时限	20min	题 型	A	题 分	20
试题正文	用兆欧表测量低压电动机的绝缘电阻				
其他需要说明的问题和要求	1. 严格执行有关规程、规范 2. 以500V兆欧表遥测为例				
工具、材料、设备、场地	1. 低压电动机 2. 检修间、训练基地等 3. 组合电工工具、500V兆欧表 4. 测量导线				

	序号	项目名称	质量要求	满分	扣 分
评分标准	1	测量绝缘电阻	1. 电动机引出线端头接地放电	4	1. 未放电,扣4分
			2. 检查表计,空试,指针应指向"∞",短接,指针应指向"0"	4	2. 未检查调试,扣4分
			3. 兆欧表"E"端可靠接"地","L"端接电动机引出线	4	3. 接线错误,扣4分
			4. 左手按住兆欧表,右手顺时针摇动摇把,逐渐加快到120r/min。稳定1min。测量、读数	4	4. 转速不稳,扣2分;测量值不准确,扣2分
			5. 测量读数完毕,继续摇动,然后断开测量接线,电动机引出线对地放电	4	5. 断开方法不当,扣2分;未放电,扣2分

行业：电力工程　　　　工种：农网配电营业工　　　　等级：初

编　　号	C05A006	行为领域	d	鉴定范围	
考试时限	20min	题　型	A	题　分	20
试题正文	用兆欧表测量绝缘子的绝缘电阻				
其他需要说明的问题和要求	1. 严格执行有关规程、规范 2. 以2500V兆欧表遥测为例				
工具、材料、设备、场地	1. 绝缘子 2. 检修间、训练基地等 3. 组合电工工具、2500V兆欧表 4. 测量导线				

	序号	项目名称	质量要求	满分	扣　分
评分标准	1	测量绝缘电阻	1. 检查绝缘子是否完好，是否有裂纹，是否有放电痕迹	4	1. 未检查，扣4分
			2. 检查表计，空试，指针应指向"∞"，短接，指针应指向"0"	4	2. 未检查调试，扣4分
			3. 兆欧表"E"端可靠接上端柱，"L"端接下端柱	4	3. 接线错误，扣4分
			4. 左手按住兆欧表，右手顺时针摇动摇把，逐渐加快到120r/min。转速稳定后测量、读数	4	4. 转速不稳，扣2分；测量值不准确，扣2分
			5. 测量读数完毕，然后断开测量接线	4	5. 断开方法不当，扣2分

行业:电力工程　　　　工种:农网配电营业工　　　　等级：初

编　　号	C05A007	行为领域		e	鉴定范围	
考试时限	10min	题　　型		A	题　　分	20

试题正文	拉、合跌落式熔断器

其他需要说明的问题和要求	1. 在停电的变压器台（架）或培训训练场地 2. 选用合格的绝缘操作棒、绝缘手套、绝缘鞋等

工具、材料、设备、场地	1. 绝缘操作棒（3m 以上） 2. 绝缘手套、绝缘鞋、安全帽、登杆工具

<table>
<tr><td rowspan="12">评分标准</td><td>序号</td><td>项目名称</td><td>质量要求</td><td>满分</td><td>扣　分</td></tr>
<tr><td>1</td><td>工作前准备</td><td></td><td></td><td rowspan="3">漏、错检一件，扣1分</td></tr>
<tr><td>1.1</td><td>选择工作需要的器械</td><td>安全帽、绝缘手套及绝缘鞋</td><td>2</td></tr>
<tr><td>1.2</td><td>检查工作器械</td><td>检查方法正确</td><td>2</td></tr>
<tr><td>2</td><td>工作过程</td><td></td><td></td><td rowspan="4">1. 每相操作重复一次，扣2分
2. 不到位每相，扣1分
3. 无论拉、合闸操作顺序错误，均扣10分
4. 不熟练、不果断，扣2分</td></tr>
<tr><td>2.1</td><td>分闸操作</td><td>拉闸时，先断中相后断两边相，每相操作均应一次成功到位</td><td>4</td></tr>
<tr><td>2.2</td><td>合闸操作</td><td>合闸时，先合两边相后合中相，每相操作均应一次成功到位</td><td>4</td></tr>
<tr><td>2.3</td><td>操作水平</td><td>熟练、果断、顺利</td><td>4</td></tr>
<tr><td>3</td><td>工作终结验收</td><td></td><td></td><td rowspan="2">未在规定时间完成，每延时2min，扣2分；错误一项，扣2分</td></tr>
<tr><td>3.1</td><td>安全文明生产</td><td>能按有关规定进行操作，工作完毕后交还操作器械并无损坏</td><td>4</td></tr>
</table>

312

编　号	C05A008	行为领域	e	鉴定范围	
考试时限	20min	题　型	A	题　分	20

试题正文	挂设一组 10kV 线路接地线

其他需要说明的问题和要求	1. 挂设接地线之前应验电,并戴绝缘手套,设专人监护 2. 确定线路无电压时方可开始挂设接地线

工具、材料、设备、场地	合格 10kV 专用验电器、绝缘手套、接地线一组(多股软铜线截面大于 25mm²)、登杆工具及安全帽(带)、吊物绳等

<table>
<tr><td rowspan="9">评分标准</td><td>序号</td><td>项目名称</td><td>质量要求</td><td>满分</td><td>扣　分</td></tr>
<tr><td>1</td><td>工作前准备</td><td></td><td></td><td rowspan="4">1. 漏、错检一项,扣 1 分
　2. 一处有误,扣 1 分</td></tr>
<tr><td>1.1</td><td>选择安全用具及登杆工具</td><td>选择的安全用具、登杆工具应完好</td><td>1</td></tr>
<tr><td>1.2</td><td>着装</td><td>穿工作服、绝缘鞋、戴安全帽安全带、绝缘手套</td><td>1</td></tr>
<tr><td>1.3</td><td>选择接地线</td><td>完好,可以使用</td><td>1</td></tr>
</table>

	序号	项目名称	质量要求	满分	扣　分
评分标准	2	工作过程			
	2.1	登杆前检查	登杆前检查杆根和拉线	1	1. 未作检查一项，扣1分 2. 不作试验，扣1分 3. 不熟练，扣1分 4. 站位不当，扣2分 5. 验电不正确，扣2分 6. 顺序错误，扣2分
	2.2	登杆工具检查	对登杆工具进行冲击试验	1	
	2.3	验电器使用前确定	在明确有电时证明其完好	1	
	2.4	登杆	动作规范、熟练	2	
	2.5	工作位置确定	站位合适，安全带系绑正确	2	
	2.6	验电	方法正确。先下后上，先近后远	2	
	2.7	接地线装设	先接接地端后接导电端	2	
	2.8	操作顺序	操作熟练，逐相挂设	1	
	3	工作终结验收			
	3.1	接地线装设	1. 接地线与导线连接可靠没有缠绕现象 2. 操作中人身不碰撞接地线 3. 接地棒在地下深度不小于600mm	1 1 1	1. 连接不可靠一处，扣1分 2. 缠绕一次，扣1分 3. 碰触一次，扣1分 4. 深度不够，扣1分 5. 发生一次跌落物，扣1分；未清理未交，扣1分
	3.2	安全文明生产	1. 操作过程中无跌落物 2. 工作完毕清理现场、交还工器具	1 1	

编　　号	C05A009	行为领域	e	鉴定范围	
考试时限	30min	题　型	A	题　分	20

试题正文	低压照明回路停电故障的查找和排除
其他需要说明的问题和要求	1. 在照明灯具、插座、开关及导线接点设置故障2~3处 2. 应在停电状态下查找、排除故障。填低压工作票
工具、材料、设备、场地	组合电工工具、合格低压验电器、绝缘手套、标示牌、万用表、绝缘胶带、绝缘导线等

	序号	项目名称	质量要求	满分	扣　分
评分标准	1	工作前准备			1. 漏、错一项，扣1分 2. 工作票内容不正确、不完整，扣2分
	1.1	选择安全用具、工具及仪表	选择的安全用具、工具及仪表应完好	1	
	1.2	着装	穿工作服、绝缘鞋、戴手套	1	
	1.3	填写低压工作票	内容正确、完整	1	
	2	工作过程			1. 故障现象未发现、填写不对，扣1~2分 2. 停、送电顺序不正确，扣1~2分；未验电，扣2分 3. 未挂标志牌或错挂，扣1~2分 4. 故障点未查出每一处，扣2~3分 5. 故障未能处理或工艺不满足要求，扣2~3分 6. 记录内容不正确、不完整，扣1分
	2.1	观察故障现象并记录	故障现象叙述正确、填写规范	2	
	2.2	逐级停电到户内总开关、挂标志牌	停电、验电、挂标志牌，然后开始查找	2	
	2.3	查找故障点	查找故障点正确、未损坏其他设备	3	
	2.4	处理故障	处理规范、工艺满足要求	2	
	2.5	恢复送电	送电顺序正确	2	
	2.6	填写记录	内容正确、完整	1	
	3	工作终结验收			处理不当，扣1~3分； 有不安全现象，扣2分；未清理未交，还扣2分
	3.1	故障点处理	未损坏其他设备，导线连接满足要求，绝缘恢复良好	3	
	3.2	安全文明生产	操作过程中无跌落物、未发生不安全现象 工作完毕清理现场、交还工器具	2	

编　　号		C05A010	行为领域		e	鉴定范围	
考试时限		60min	题　型		A	题　分	20
试题正文		室内暗管配线及开关、灯具的安装					
其他需要说明的问题和要求		1. 在室内暗管内敷设导线，一人操作，一人配合 2. 安装墙壁开关和灯具					
工具、材料、设备、场地		常用电工工具、穿线钢丝、BV—2.5导线、日光灯具、墙壁开关；万用表、500V兆欧表；在模拟室内场地操作					

	序号	项目名称	质量要求	满分	扣　　分
评分标准	1	工作前准备			漏、错一项，扣1分
	1.1	工具器选择、检查	满足工作需要，质量好	1	
	1.2	熟悉施工图	能看懂施工图，并能与场地对应	1	
	1.3	着装	穿工作服、绝缘鞋、戴手套	1	
	2	工作过程			1. 未保护每处，扣1分；跨越方法不当，每处扣1分；弯曲半径过小，每处扣1分 2. 接线和绝缘包扎方法不当，每处扣1分 3. 接线短路或断路，每处扣5分 4. 安装开关、灯具方法不当，各扣2分 5. 未测绝缘，扣2分 6. 通电顺序错，扣2分
	2.1	穿管配线	1. 穿墙或楼板要保护。导线回路的跨越方法符合要求 2. 布线工艺符合规程要求，弯曲半径符合要求	2	
	2.2	导线连接	接线方法正确，绝缘包扎方法正确，供电回路不出现短路或断路	2	
	2.3	安装开关并接线	方法正确	2	
	2.4	安装灯具	安装方法、接线正确	2	
	2.5	检测绝缘电阻	方法正确、数据符合要求	2	
	2.6	通电检查	方法正确，不亮可调试一次	2	
	3	工作竣工验收			1. 不美观，扣1~2分 2. 电器故障未修复，扣1分 3. 摆放无序、有损坏；未清理现场未交还工具，扣2分
	3.1	开关、灯具位置	位置合适、方向正确、美观	2	
	3.2	动作情况	各电器工作正常	1	
	3.3	安全文明生产	1. 工器具材料摆放有序 2. 工器具、设备无损伤 3. 清理现场，交还工器具及剩余材料	2	

行业：电力工程　　　　工种：农网配电营业工　　　　等级：初

编　　号	C05A011	行为领域		e	鉴定范围	
考试时限	60min	题　型		A	题　分	20

试题正文	电动机单向旋转控制回路安装

其他需要说明的问题和要求	1. 严格执行有关规程、规范 2. 要求有热继电器保护

工具、材料、设备、场地	1. 电动机及控制回路安装盘、电动机 2. 检修间、训练基地等 3. 组合电工工具、500V兆欧表 4. 电动机控制回路零部件、导线

	序号	项目名称	质量要求	满分	扣　　分
评分标准	1	准备	1. 工具选择正确 2. 元器件选择正确 3. 导线选择正确 4. 测试、检查各元器件性能方法正确	5	1. 未放电，扣4分 2. 元器件选择不当，扣1分 3. 导线选择不当，扣1分 4. 未检测，扣1分，测试方法不当，扣1分
	2	安装	1. 检查元器件安装是否牢固 2. 接线正确，供电回路不得出现短路或断路 3. 导线回路的跨越方法正确 4. 布线工艺符合要求，导线接头方法正确 5. 熔断器的熔丝选择正确 6. 试运行，检查调试各元件，检查方法正确 7. 试运行，一次启停不成功后可以调试一次	12	1. 未检查扣1分 2. 接线不当，供电回路出现短路或断路，扣4分 3. 导线回路的跨越方法不当，扣2分 4. 布线工艺差，扣1分；接头方法不当，扣1分 5. 熔断器的熔丝选择不当，扣1分 6. 未试运行，扣2分，检查调试方法不当，扣3分 7. 一次启停未成功，扣4分；再次启停未成功，扣6分
	3	安全文明生产	1. 严格遵守电业安全工作规程 2. 现场清洁 3. 工具、材料设备摆放整齐	3	1. 违章作业，每次扣1分 2. 不清洁，扣1分 3. 工具材料设备摆放凌乱，扣1分

编　　号	C54A012	行为领域	e	鉴定范围	
考试时限	30min	题　　型	A	题　分	20

试题正文	用 GJ—35 型钢绞线及 NX—1 型楔形线夹制作拉线上把

其他需要 说明的问 题和要求	1. 要求单独完成,测量绞线长度可以由他人配合 2. 建议采用 GJ—35 型钢绞线

工具、材料、 设备、场地	钢卷尺、扳手、木锤、钢丝钳、铁丝、绑线、断线钳、NX—1 楔 型线夹、GJ—35 型钢绞线

	序号	项目名称	质量要求	满分	扣　　分
评 分 标 准	1	工作前准备			
	1.1	选择检查工器具	选择并检查扳手、木锤、钢丝钳、铁丝、断线钳、钢卷尺等	1	1. 漏错选、漏检,扣1分 2. 漏错选、漏检,扣1分 3. 着装不当,扣1分
	1.2	选择检查材料	NX—1 楔型线夹一套、GJ—35 型钢绞线、拉线绝缘子、铁丝、绑线及其他金具	1	
	1.3	着装	穿工作服、戴手套、安全帽、绝缘鞋	1	
	2	工作过程			
	2.1	计算拉线长度	根据杆高计算出拉线长度后,确定拉线上把长度 上把长 $L' = 1.414H + 2 - 0.5 - (6 \sim 8)$	2	1. 长度计算不对,扣2分 2. 量取长度不对,扣1分;绑扎不牢固,扣1分;不能一次剪断钢绞线,扣1分
	2.2	量取上把拉线	1. 量出上把长度,画印;上把不宜过长,保证拉线断时绝缘子离地面不小于 2.5m 2. 钢绞线剪断处用绑线牢固绑扎,拧紧 3. 用断线钳剪断钢绞线,一次剪断,钢绞线无松股	3	

	序号	项目名称	质量要求	满分	扣 分
评 分 标 准	2.3	制作上把拉线	1. 将NX—1线夹套入钢绞线，尾线应在凸肚侧 2. 量出弯曲部位 3. 弯曲钢绞线，尾线与主线成开口销形状 4. 放入楔子并拉紧，用木锤敲冲牢固，紧凑无缝隙 5. 距线夹200～350mm处绑扎钢绞线回头，不少于10匝，叫紧绑线拧3个小辫压靠，匝间无缝隙 6. 另端穿入拉线绝缘子，距绝缘子200～350mm处绑扎钢绞线回头，不少于10匝，叫紧绑线拧3个小辫，余线剪掉后压靠，匝间无缝隙	6	3. 套入方法错，扣1分；弯曲部位错，扣1分；未成开口销状，扣1分；缝隙超过1mm，每处扣0.5分；距线夹距离超范围50mm以上，扣1分；绑扎少于10匝，扣0.5分；小辫少于3个，扣0.5分；未压靠，扣0.5分；缝隙超过1mm，每处扣0.5分
	3	工作终结验收			
	3.1	绝缘子穿插和回头尾线位置	上把和下把穿插绝缘子应交叉；尾线应在凸肚侧，端部不破股	1	1. 不在凸肚侧，扣1分 2. 长度不对，扣0.5～1分 3. 结合不紧密，扣0.5分，缝隙超过1mm，扣1分 4. 绑扎长度不够，扣0.5分；不牢，扣0.5分 5. 小辫少于3个并未弯进、压平，扣1分
	3.2	回头留取长度	上把两端300～450mm	1	
	3.3	钢绞线与楔子半圆弯曲结合	结合处不得有死角和空隙	1	
	3.4	端头绑扎尺寸及强度	距线头50mm处绑扎长度为40～80mm	1	
	3.5	铁丝绞合端处理	铁丝绞合3个小辫，端部弯进2股钢绞线缝间，并靠压平	1	
	4	安全文明生产	遵守安规，清理现场，收回工具、材料	1	违规，扣5分；未清理，扣3分

行业:电力工程　　　　　工种:农网配电营业工　　　　等级：初/中

编　　号	C54A013	行为领域		e		鉴定范围	
考试时限	30min	题　　型		A		题　　分	100
试题正文	用 GJ—35 型钢绞线及 UT—1 型线夹制作拉线下把						
其他需要说明的问题和要求	1. 要求单独完成，测量绞线长度可以由他人配合 2. 建议采用 GJ—35 型钢绞线						
工具、材料、设备、场地	钢卷尺、扳手、木锤、钢丝钳、紧线器、铁丝、绑线、断线钳、UT—1 型线夹、GJ—35 型钢绞线						

	序号	项目名称	质量要求	满分	扣　　分
评分标准	1	工作前准备			
	1.1	选择检查工器具	选择并检查扳手、木锤、钢丝钳、铁丝、断线钳、钢卷尺、紧线器等	1	1. 漏错选、漏检，扣1分 2. 漏错选、漏检，扣1分 3. 着装不当，扣1分
	1.2	选择检查材料	UT—1 型线夹、GJ—35 型钢绞线、拉线绝缘子、铁丝、绑线及其他金具	1	
	1.3	着装	穿工作服、戴手套、安全帽、绝缘鞋	1	
	2	工作过程			
	2.1	计算拉线长度	根据杆高计算出拉线长度后，确定拉线下把长度下把长 $L'' = 6 \sim 8$	1	1. 长度计算不对，扣1分 2. 量取长度不对，扣1分；绑扎不牢固，扣1分；不能一次剪断钢绞线，扣1分 3. 弯曲部位错，扣1分；未成开口销状，扣1分
	2.2	量取下把拉线	1. 量出下把拉线长度，画印；下把要足够长，保证拉线断时绝缘子离地面不小于 2.5m 2. 钢绞线剪断处用绑线牢固绑扎，拧紧 3. 用断线钳剪断钢绞线，一次剪断，钢绞线无松股	3	
	2.3	制作下把拉线	1. 量出弯曲部位 2. 弯曲钢绞线，尾线与主线成开口销状	6	

	序号	项目名称	质量要求	满分	扣　分
评 分 标 准	2.3	制作下把拉线	3. 一端穿入拉线绝缘子，距绝缘子 200mm ～ 350mm 处绑扎钢绞线回头，不少于 10 匝，叫紧绑线拧 3 个小辫压靠，匝间无缝隙 4. 在 T 形槽中放入楔子并拉紧，用木锤敲冲牢固，紧凑无缝隙 5. 安装 UT 型线夹 6. 收紧钢绞线，带上双螺母初步拧紧 7. 距线夹 300 ～ 450mm 处绑扎钢绞线回头，不少于 10 匝，叫紧绑线拧 3 个小辫，余线剪掉后压靠，匝间无缝隙 8. 双螺母并紧，拉线松紧适当	6	3. 距绝缘子距离超范围 50mm 以上，扣 1 分；绑扎少于 10 匝，扣 0.5 分；小辫少于 3 个，扣 0.5 分；未压靠，扣 0.5 分； 缝隙超过 1mm，每处扣 0.5 分； 安装 UT 型线夹方法不当，扣 1 分； 未收紧，扣 1 分； 距绝缘子距离超范围 50mm 以上，扣 1 分；绑扎少于 10 匝，扣 0.5 分；小辫少于 3 个，扣 0.5 分；未压靠，扣 0.5 分； 松紧不当，扣 1 分
	3	工作终结验收			
	3.1	绝缘子穿插和回头尾线位置	上把和下把穿插绝缘子应交叉；尾线应在凸肚侧，端部不破股	1	1. 不在凸肚侧，扣 1 分 2. 长度不对，扣 0.5 ～ 1 分 3. 结合不紧密，扣 0.5 分；缝隙超 1mm，扣 1 分 4. 绑扎长度不够，扣 0.5 分；不牢，扣 1 分 5. 小辫少于 3 个并未弯进、压平，扣 1 分 6. 出丝长度不当，扣 0.5 分；长短不一，扣 1 分
	3.2	回头留取长度	下把上端 300 ～ 450mm，下端 350 ～ 500mm	1	
	3.3	钢绞线与楔子半圆弯曲结合	结合处不得有死角和空隙	1	
	3.4	端头绑扎尺寸及强度	距线头 50mm 处绑扎长度为 40 ～ 80mm	1	
	3.5	铁丝绞合端处理	铁丝绞合 3 个小辫，端部弯进 2 股钢绞线缝间，并靠压平	1	
	3.6	UT 型线夹双螺母出丝长度	UT 型线夹双螺母出丝长度不大于 1/2 螺纹长	1	
	4	安全文明生产	遵守安规，清理现场，收回工具、材料	1	违规，扣 1 分；未清理，扣 1 分

编　　号	C54A014	行为领域	e	鉴定范围	
考试时限	30min	题　型	A	题　分	20

试题正文	单相电能表直接接入电路
其他需要说明的问题和要求	电能表接入电路前要进行导通测试和绝缘电阻测试
工具、材料、设备、场地	螺丝刀、剥线钳、钳子、验电笔、单股铜芯绝缘线、万用表、兆欧表、单相电能表

	序号	项目名称	质量要求	满分	扣　　分
评分标准	1	工作前准备			漏、错检一项，扣1分
	1.1	选择工具、材料和设备	螺丝刀、剥线钳、绝缘线、钳子、验电笔、万用表、兆欧表、绝缘线、单相电能表	1	
	1.2	电能表导通和绝缘测试	检查方法正确	2	
	2	工作过程			1. 未检查，扣1分 2. 接线不正确，此题为0分 3. 布线工艺差，扣1分；不规范、不美观、不合理，扣1分；导线连接不牢固，每处扣1分；步骤不当，扣1分
	2.1	电路检查	检查电源侧开关是否断开	1	
	2.2	电能表接线	接线正确	6	
	2.3	操作过程	布线合理、规范，工艺好，导线连接牢固，工具使用得当，步骤合理	4	
	3	工作终结验收			1. 不检查，每项扣1分 2. 检查方法不当，每处扣0.5分 3. 操作不规范、工具损坏，每项扣1分
	3.1	带电检查接线	用验电笔测相线、中线是否接对，外壳、零线端子应无电压	2	
	3.2	观察电能表运行情况	空载检查电能表是否潜动，带负载检查电能表圆盘是否正转及转速，检查电子式电能表脉冲数	2	
	3.3	安全文明生产	按安规操作，工作完毕后交还操作工具并无损坏	2	

编　　号	C54A015	行为领域		e	鉴定范围	
考试时限	30min	题　型		A	题　分	20

试题正文	使用抄表卡片抄读居民用户电量
其他需要 说明的问题 和要求	1. 抄读十户居民用户电量 2. 其中有两块表计度器反转 [填写违（窃）通知书]，一块表卡字（填换表申请单）
工具、材料、 设备、场地	单相电能表十块、抄表卡片、电量电费通知单、换表申请单、违（窃）通知单、钢笔、手电筒

	序号	项目名称	质量要求	满分	扣　　分
评 分 标 准	1	工作前准备			漏、错检，每项扣1分
	1.1	抄表用具	抄表卡片、钢笔、手电筒、通知书、申请单	1	
	1.2	检查抄表用具	检查方法正确	1	
	2	工作过程			1. 未检查，每项扣1分 2. 电量抄读错误，每户扣1分 3. 电费计算错误，每户扣1分 4. 漏写或写错每户扣1分
	2.1	核对各项参数	核对用户地址、户名及电能表参数是否正确	2	
	2.2	抄读电量	电能表示数抄读要准确	5	
	2.3	电费计算	电费计算正确	5	
	2.4	通知单	正确填写电量电费通知单、换表申请单、违（窃）通知单	3	
	3	工作终结验收			1. 抄表卡片有涂抹，每处扣0.5分 2. 抄表不注意文明用语，扣1分
	3.1	卡片文字	抄表卡片及通知书字迹工整、清晰，不能有涂抹痕迹	2	
	3.2	安全文明生产	按程序抄表，注意文明用语	1	

行业：电力工程　　　　工种：农网配电营业工　　　　等级：初/中

编　号	C54A016	行为领域		e	鉴定范围	
考试时限	30min	题　型		A	题　分	20
试题正文	使用抄表器抄读居民用户电量					
其他需要说明的问题和要求	1. 抄读二十户居民用户电量 2. 其中一块烧表（填换表申请单），一块表窃电［填写违（窃）通知书］，一块表空转（填换表申请单）					
工具、材料、设备、场地	单相电能表二十块、抄表器、电量电费通知单、换表申请单、违（窃）通知单、钢笔、手电筒					

	序号	项目名称	质量要求	满分	扣　分
评 分 标 准	1	工作前准备			漏、错检一项，扣1分
	1.1	抄表用具	抄表器、钢笔、手电筒、通知书、申请单	1	
	1.2	检查抄表用具	检查方法正确	1	
	2	工作过程			1. 不会开机、不能进入抄表菜单，各扣1分 2. 未检查此项，扣1分 3. 电量抄读错误，每户扣0.5分；不会设置，每处扣1分 4. 电费计算错误，每户扣0.5分 5. 漏写或写错，每户扣1分
	2.1	开机	开机，观察抄表器显示是否正常	1	
	2.2	核对各项参数	核对用户地址、户名及电能表参数是否正确	1	
	2.3	抄读电量	电能表示数抄读要准确	5	
			正确设置抄表器异常状态	3	
	2.4	电费计算	电费计算正确	3	
	2.5	通知单	正确填写电量电费通知单、换表申请单、违（窃）通知单	3	
	3	工作终结验收			1. 字迹涂抹，每处扣0.5分 2. 有不文明用语，扣1分
	3.1	文字书写	通知书及申请单字迹工整、清晰	1	
	3.2	安全文明生产	按程序抄表，注意文明用语	1	

编　　号	C54A017	行为领域	e	鉴定范围	
考试时限	30min	题　型	A	题　分	20
试题正文	单相电能表窃电电路设置				
其他需要说明的问题和要求	采用分流电路窃电				
工具、材料、设备、场地	螺丝刀、剥线钳、钳子、验电笔，单股铜线、绝缘线				

	序号	项目名称	质量要求	满分	扣　分
评分标准	1	工作前准备			漏、错检一项，扣1分
	1.1	必备工具	螺丝刀、剥线钳、钳子、验电笔、绝缘线	1	
	1.2	检查工具	检查方法正确	1	
	2	工作过程			1. 未检查此项，扣1分 2. 不会接线，此题为0分
	2.1	检查电路	已接入电路中电能表接线要正确	2	
	2.2	设置分流电路	非常隐蔽地接入短路线	6	
	3	工作终结验收			1. 一项不检查，扣1分 2. 不记录电量，扣4分 3. 有违反安规现象，扣1分；工具损坏或未交还，扣1分
	3.1	带电检查接线	用验电笔测相线、中线是否接对，外壳、零线端子应无电压	4	
	3.2	带负载检查	电能表记录电量要少，但不能不记录电量	4	
	3.3	安全文明生产	规范操作，工作完毕后交还工具并无损坏	2	

行业：电力工程　　　工种：农网配电营业工　　　等级：初/中

编　号	C54A018	行为领域	e	鉴定范围	
考试时限	30min	题　型	A	题　分	20
试题正文	单相电能表错误接线查找				
其他需要说明的问题和要求	窃电类型：在电能表电流线圈上接分流线				
工具、材料、设备、场地	螺丝刀、剥线钳、钳子、验电笔，万用表，单股铜线、绝缘线				

	序号	项目名称	质量要求	满分	扣　分
评 分 标 准	1	工作前准备			漏、错检一项，扣1分
	1.1	必备工具	螺丝刀、剥线钳、钳子、验电笔，绝缘线	1	
	1.2	检查工具	检查方法正确	1	
	2	工作过程			1. 盲目检查每一处，扣1～2分；故障点未查出，此题为0分 2. 故障名称模糊扣1～2分 3. 恢复接线不对，每处扣1分
	2.1	检查电路	检查方法要正确 1. 电源侧检查 2. 电能表接线检查（也可带负载观察表运行情况）	7	
	2.2	判断错误点	准确地写出故障名称	2	
	2.3	恢复接线	将电能表正确地接入电路中	4	
	3	工作终结验收			1. 一项不检查，扣1分 2. 有违反安规现象，扣1分；工具损坏或未交还，扣1分
	3.1	带电检查接线	用验电笔测相线、中线是否接对，外壳、零线端子应无电压	3	
	3.2	安全文明生产	规范操作，工作完毕后交还操作工具并无损坏	2	

行业：电力工程　　　　工种：农网配电营业工　　　　等级：初/中

编　　号	C54A019	行为领域	e	鉴定范围	
考试时限	20min	题　　型	A	题　　分	20
试题正文	常用绳扣绑扎				
其他需要说明的问题和要求	1. 操作者独立完成 2. 根据题意选择工作所需工器具及材料				
工具、材料、设备、场地	1. 绳索 2. 带有木杠、铁环等物件的操作台				

	序号	项目名称	质量要求	满分	扣　分
评 分 标 准	1	工作前准备			漏、错一项，扣1分
	1.1	着装	穿工作服、戴手套、穿绝缘鞋	1	
	1.2	选择材料	符合工作要求	1	
	2	工作过程			错误扣对应项分数
	2.1	直扣（十字结、平结）的系绑	系法正确	1.5	
	2.2	活扣的系绑	系法正确	1.5	
	2.3	紧线扣的系绑	系法正确	1.5	
	2.4	猪蹄扣（梯形结）的系绑	系法正确	1.5	
	2.5	台扣的系绑	系法正确	1.5	
	2.6	倒扣的系绑	系法正确	1.5	
	2.7	背扣的系绑	系法正确	1.5	
	2.8	倒背扣的系绑	系法正确	1.5	
	2.9	拴马扣的系绑	系法正确	1.5	
	2.10	绳索终端处理	会眼式插接法和反插法	2.5	
	3	安全文明生产	无违反安规现象，清理现场，物品摆放整齐	2	有违反安规现象，扣1分；未清理或摆放凌乱，扣1分

行业：电力工程　　　　工种：农网配电营业工　　　　等级：初/中

编　号	C54A020	行为领域	e	鉴定范围	
考试时限	20min	题　型	A	题　分	20
试题正文	在绝缘子上绑扎导线				
其他需要说明的问题和要求	1. 操作者独立完成 2. 根据题意选择工作所需工器具及材料				
工具、材料、设备、场地	1. 绝缘子、导线、绑线 2. 带有配电线路常用绝缘子的操作台				

	序号	项目名称	质量要求	满分	扣　分
评 分 标 准	1	工作前准备			漏、错一项，扣1分
	1.1	着装	穿工作服、戴手套、穿绝缘鞋	1	
	1.2	选择材料	符合工作要求	1	
	2	工作过程			1. 绑扎方法错误，扣5分；绑扎不牢固，扣3分；不紧密，扣2分
	2.1	在直线杆上针式绝缘子的绑扎（顶扎法）	绑扎方法正确，绑扎牢固、紧密	5	
	2.2	在直通转角杆上针式绝缘子的绑扎	绑扎方法正确，绑扎牢固、紧密	5	2. 绑扎方法错误，扣5分；绑扎不牢固，扣3分；不紧密，扣2分
	2.3	在碟式绝缘子的绑扎	绑扎方法正确，绑扎牢固、紧密	6	3. 绑扎方法错误，扣6分；绑扎不牢固，扣3分；绑扎不紧密，扣3分
	3	安全文明生产	无违反安规现象，清理现场，物品摆放整齐	2	有违反安规现象，扣1分；未清理或摆放凌乱，扣1分

328

行业：电力工程　　　工种：农网配电营业工　　　等级：初/中

编　　号	C54A021	行为领域	e	鉴定范围	
考试时限	40min	题　　型	A	题　　分	20
试题正文	承力三联铁桩锚的安装				
其他需要说明的问题和要求	1．根据受力方向的要求，独立布置安装 2．派人协助扶桩，并听从应试人员的安排				
工具、材料、设备、场地	1．电工常用工具，1.5m角铁桩3根，花蓝螺栓式联板扣2副（附钢丝绳或8号镀锌铁丝扣），大锤1把 2．实训场地或现场				

	序号	项目名称	质量要求	满分	扣　分
评分标准	1	工作前准备			1．选择出错一次，扣1分；未检查，扣1分 2．不着工作服，扣1分；不带安全帽，扣1分
	1.1	选择工器具并检查	工器具、材料满足工作要求	2	
			检查锤把及锤头安装是否牢固安全	1	
	1.2	着装	穿工作服、绝缘鞋，不准戴手套	2	
	2	工作过程			
	2.1	第1桩安装	定准角铁桩安装方向	1	1．方向有误，扣1分；未提出安装点要求，扣1分，未提出角度要求，扣1分；操作位置有误，扣1分，站在对面进行操作，扣1分；打空一次，扣1分 2．第2桩位置出错，扣1分
			要求协助人员根据工作需要扶好角铁桩	1	
			操作位置与协助人员位置正确，符合安全要求，严禁站在对面操作	1	
			大锤抢打准确，不能打空，抢打中大锤与角铁桩顶部平面接触平稳，承力均衡，锤击应保持力度	1	
	2.2	第2桩安装	根据花篮螺栓式联板扣及绳扣的长度，定出第2角铁桩位置	1	
			重复操作，将第2角铁桩打入土中	1	

329

	序号	项目名称	质量要求	满分	扣分
评分标准	2.3	花篮螺栓连接	将花篮联板扣装上，前桩靠顶部安装，后桩靠根部安装	1	3. 安装不当，扣1分 4. 连接不当，扣1分
	2.4	第3桩安装	根据要求，重复操作，将第3根角铁桩打入土中，并连接安装	1	
	3	工作终结验收			
	3.1	三联桩布置	方向要切实对准，后两桩之间连线的中心点与前桩及受力方向成一线，三联角铁桩锚呈正三角形排列	1	1. 方向未对准，未成一线，三桩未呈正三角形排列，扣1分；角铁桩与地面夹角超范围，扣1分；角铁桩入土深度不够，扣1分 2. 联板受力不良，螺杆无调节裕度，连接装置在角铁桩上滑动，扣1分 3. 操作中有违章，扣1分；未交还工器具，未清理现场，扣1分
			角铁桩与地面夹角应该在70°~80°之间	1	
			角铁桩入土深度一般为角铁桩长度的60%左右	1	
	3.2	花篮螺栓连接	花篮螺栓式联板受力良好。螺杆必须有调节裕度，连接装置不能在角铁桩上滑动	1	
	3.3	安全文明生产	操作中无违章发生，工作完毕后拆除锚桩交还工器具，清理现场	2	

行业：电力工程　　　　工种：农网配电营业工　　　　等级：初/中

编　　号	C54A022	行为领域	e	鉴定范围	
考试时限	50min	题　　型	A	题　　分	20

试题正文	安装避雷器和引下线
其他需要 说明的问 题和要求	1. 单独操作专人监护 2. 避雷器支架、高压线及接地引线均已安装就位 3. 利用培训线路，线路上安全措施已完成
工具、材料、 设备、场地	FS—10型避雷器或其他型号避雷器、2500V兆欧表、登杆工具、 电工工具、吊物绳、安全用具，各种规格连接线、螺栓、垫片等

	序号	项目名称	质量要求	满分	扣　分
评 分 标 准	1	工作前准备			1. 每漏、错选 一项，扣1分 2. 每漏、错检 一项，扣1分 3. 着装不符合 要求，扣2分
	1.1	选择所需材料 工器具	符合工作需要	1	
	1.2	检查避雷器的 质量	对避雷器进行外部检查 （表面干净、无裂缝、烧伤 痕迹、胶合及密封良好、 接线螺栓无锈蚀）；用 2500MΩ兆欧表测量绝缘电 阻（其值应在1000Ω以上）	2	
	1.3	着装	穿工作服、戴手套、安 全帽、安全带、绝缘鞋	2	
	2	工作过程			1. 未检查，扣1 分 2. 未试验，扣1 分 3. 不规范、熟 练，扣1分 4. 站位不当， 扣1分；固定不 当，扣1分 5. 不符合规范， 扣3分；距离不 当，扣2分；接线 不牢固，扣4分； 不美观，扣1分
	2.1	登杆前检查	检查杆根和拉线，应牢 固	1	
	2.2	登杆工具试验	登杆前对登杆工具进行 冲击试验	1	
	2.3	登杆	登杆动作规范、熟练	1	
	2.4	工作位置确定	杆上操作位置选择正确、 适当安全带，吊物绳绑 固定规范	2	
	2.5	避雷器安装	避雷器安装符合有关规 定（整齐一致，相间距离 不小于350mm） 避雷器与横担连接牢固 避雷器与各种部件引线 安装美观，牢靠，符合有 关规定	8	
	3	安全文明生产	操作过程中无工具损伤， 工作时无物件跌落，杆上 无遗留物，工作完毕应清 理现场，交还工器具	2	工具损伤，扣1 分；跌落物，扣1分； 遗留物，扣1分；未 清理未交换，扣1分

行业：电力工程　　　　工种：农网配电营业工　　　　等级：初/中

编　号	C54A023	行为领域	e	鉴定范围	
考试时限	60min	题　型	A	题　分	20

试题正文	安装一组 10kV 跌落式熔断器

其他需要说明的问题和要求	1. 单独操作专人监护 2. 利用培训线路变台，跌落式熔断器支架安装就位 3. 线路上安全措施已完成

工具、材料、设备、场地	10kV 跌落式熔断器一组（规格与被控制变压器匹配）；熔丝 3 根（规格与跌落式熔断器匹配）；常用电工工具：吊物绳、安全带、安全帽、登杆工具

	序号	项目名称	质量要求	满分	扣　分
评 分 标 准	1	工作前准备			1. 漏、错检，扣 1 分 2. 不匹配扣 1 分 3. 有误扣 1 分 4. 着装缺少扣 1 分
	1.1	工具器选择、检查	满足工作需要，质量好	1	
	1.2	熔断器选择	与被控制的变压器匹配	1	
	1.3	熔丝选择	与选用的熔断器匹配	1	
	1.4	着装	穿工作服、戴手套、安全帽、安全带、绝缘鞋	1	
	2	工作过程			1. 未检查，扣 1 分 2. 未试验，扣 1 分 3. 不熟练，扣 1 分 4. 站位不当，扣 1 分；系绑不当，扣 1 分
	2.1	登杆前检查	检查杆根和拉线应牢固	1	
	2.2	登杆工具的检查	登杆工具进行冲击试验	1	
	2.3	登杆	登杆动作规范、熟练	1	
	2.4	杆上工作位置确定	站位合适，安全带（绳）系绑正确	2	

	序号	项目名称	质 量 要 求	满分	扣　　分
评分标准	2.5	跌落式熔断器安装	操作熟练、工具使用正确。跌落式熔断器安装符合规程规定：夹角 15° ~ 30°，相间水平间距不小于 500mm，排列整齐，安装牢固。熔断器与各部引线连接牢固、形状美观	6	5. 操作不熟练，扣 1 分；工具使用不当，每件扣 1 分；夹角不合格每相扣 0.5 分；间距不够，每处扣 1 分；排列不整齐、不美观、安装不牢固，每处扣 0.5 分
	2.6	熔丝安装	松紧适当	1	6. 松紧不当，扣 1 分
	2.7	拉合实验	动作熟练，一次成功	1	7. 未做实验，扣 1 分
	3	安全文明生产	杆上无遗留物及跌落物等失误，工器具、设备无损伤。清理现场，工器具材料摆放有序	2 1	有落物，扣 1 分 损伤一件，扣 1 分 失误一次，扣 5 分 未清理，扣 0.5 分 未交还，扣 0.5 分

行业：电力工程　　　工种：农网配电营业工　　　等级：初/中

编　号	C54A024	行为领域	e	鉴定范围	
考试时限	40min	题　型	A	题　分	20
试题正文	单相电能表经电流互感器接入电器				
其他需要说明的问题和要求	电能表接入电路前要进行导通测试和绝缘电阻测试，采用穿心式电流互感器，变比为100/5，互感器使用前要做极性试验				
工具、材料、设备、场地	螺丝刀、剥线钳、钳子，单股铜芯绝缘线若干米，万用表、验电笔、兆欧表、单相电能表、穿心式电流互感器、实训用电能计量盘				

	序号	项目名称	质量要求	满分	扣　　分
评分标准	1	工作前准备			漏、错检一项，扣1分
	1.1	选择工具、材料和设备	螺丝刀、剥线钳、绝缘线、电能表、万用表、验电笔、兆欧表等	1	
	1.2	电能表导通和绝缘测试	检查方法正确	2	
	1.3	互感器极性试验	检查方法正确	1	
	2	工作过程			1. 未检查，扣2分 2. 错一项，扣2分 3. 接线不正确，此题为0分 4. 布线、工具使用不合理、导线连接不牢固，每处扣1分
	2.1	电路检查	检查电源侧开关是否断开	2	
	2.2	一次电路接线	一次电路接线和电流互感器穿心匝数要正确	3	
	2.3	电能表接线	接线正确	5	
	2.4	操作工艺	布线合理、规范，工艺好，导线连接牢固，工具使用得当，步骤合理	3	
	3	工作终结验收			1.不检查，每项扣1分 2.不检查，每项扣1分 3.工具损坏扣1分
	3.1	带电检查接线	用验电笔测相线、中线是否接对，外壳、零线端子应无电压	1	
	3.2	观察电能表运行情况	空载检查电能表是否潜动，带负载检查电能表圆盘是否正转及转速，检查电子式电能表脉冲数	1	
	3.3	安全文明生产	按规程规范操作，工作完毕后交还操作工具并无损坏	1	

行业：电力工程　　　工种：农网配电营业工　　　等级：初/中

编　　号	C54A025	行为领域		e	鉴定范围	
考试时限	40min	题　　型		A	题　　分	20
试题正文	安装两块单相电能表计量380V单相负载					
其他需要说明的问题和要求	电能表接入电路前要进行导通测试和绝缘电阻测试					
工具、材料、设备、场地	螺丝刀、剥线钳、钳子、验电笔，4mm²铜芯绝缘线、万用表、兆欧表、单相感应式电能表、实训用电能计量盘					

	序号	项目名称	质量要求	满分	扣　分
评 分 标 准	1	工作前准备			漏、错检一项扣1分
	1.1	选择工具、材料和设备	螺丝刀、剥线钳、绝缘线、电能表、万用表、兆欧表等	1	
	1.2	导通和绝缘测试	检查方法正确	2	
	2	工作过程			1.未检查，扣1分 2.电能表接线不正确，此题为0分 3.布线不合理，每处扣1分
	2.1	电路检查	检查电源侧开关是否断开	1	
	2.2	一次电路接线	接线正确	1	
		电能表接线	接线正确	6	
	2.3	操作工艺	布线合理、规范，工艺好。各部分螺丝拧紧	4	
	3	工作终结验收			1.不检查，每项扣1分 2.不检查，每项扣1分 3.工具损坏，扣1分
	3.1	带电检查接线	用验电笔测相线、中线是否接对，外壳、零线端子应无电压	2	
	3.2	观察电能表运行情况	空载检查电能表是否潜动，带负载检查电能表圆盘是否正转及转速	2	
	3.3	安全文明生产	按规程规范操作，工作完毕后交还操作工具并无损坏	1	

行业：电力工程　　　工种：农网配电营业工　　　等级：中

编　号	C04A026	行为领域	e	鉴定范围	
考试时限	30min	题　型	A	题　分	20
试题正文	低压动力回路停电故障的查找和排除				
其他需要说明的问题和要求	1. 在多支路动力回路开关及导线接点设置故障2~3处 2. 应在停电状态下查找、排除故障。填低压工作票				
工具、材料、设备、场地	组合电工工具、合格低压验电器、绝缘手套、标示牌、万用表、绝缘胶带、绝缘导线等				

	序号	项目名称	质量要求	满分	扣　分
评分标准	1	工作前准备			1. 漏、错一项，扣1分 2. 着装不当，扣1分 3. 工作票内容错误、不完整，扣2分
	1.1	选择安全用具、工具及仪表	选择的安全用具、工具及仪表应完好	1	
	1.2	着装	穿工作服、穿绝缘鞋、戴手套	1	
	1.3	填写低压工作票	内容正确、完整	1	
	2	工作过程			1. 故障现象未发现，填写不对，扣1~2分 2. 停、送电顺序不正确，扣1~2分，未验电，扣2分 3. 未挂标志牌或错挂，扣1~2分 4. 故障点未查出，每一处扣2~3分 5. 故障未处理或工艺不满足要求，每处扣2~3分 6. 记录内容不正确、不完整，扣1分
	2.1	观察故障现象并记录	故障现象叙述正确、填写规范	2	
	2.2	逐级停电到户内总开关、挂标志牌	停电顺序正确、标志牌位置正确、验明无电后开始查找	2	
	2.3	查找故障点	查找故障点正确、未损坏其他设备	3	
	2.4	处理故障	处理规范、工艺满足要求	2	
	2.5	恢复送电	顺序正确。不成功可调试一次	2	
	2.6	填写记录	内容正确、完整	1	
	3	工作终结验收			1. 处理不当，扣1~3分 2. 有不安全现象，扣2分；未清理未交还，扣2分
	3.1	故障点处理	未损坏其他设备，导线连接满足要求，绝缘恢复良好	3	
	3.2	安全文明生产	无跌落物、未发生不安全现象，工作完毕清理现场、交还工器具	2	

行业：电力工程　　　　工种：农网配电营业工　　　　等级：中

编　　号	C04A027	行为领域	e	鉴定范围	
考试时限	60min	题　　型	A	题　　分	20
试题正文	配电箱安装				
其他需要说明的问题和要求	1. 严格执行有关规程、规范 2. 配电箱包括2条动力380V回路和2条照明220V回路 3. 本配电箱有负荷开关控制、单相电压和电流测量功能即可 4. 每条动力回路负荷为30kW，每条照明回路负荷为2kW				
工具、材料、设备、场地	1. 配电箱安装板 2. 检修间或训练基地等 3. 组合电工工具、万用表、兆欧表 4. 负荷开关、熔断器、电流互感器、电压表、电流表、导线、胶布等				

	序号	项目名称	质量要求	满分	扣　分
评 分 标 准	1	准备	1. 工具选择正确，元器件选择正确 2. 导线选择正确 3. 测试、检查各元器件性能方法正确	4	1. 工具、元器件选择不当，扣1分 2. 导线选择不当，扣1分 3. 未检测，扣1分；测试方法不当，扣1分
	2	安装	1. 检查元器件安装是否不牢，必要时需进行紧固 2. 元器件布置合理 3. 接线正确，供电回路不得出现短路或断路 4. 回路的跨越方法正确 5. 导线接头方法正确	13	1. 未紧固，扣1分 2. 不合理，扣1分 3. 出现短路或断线，扣2分；检查后重新接线仍短路或断路，本题0分 4. 跨越方法不当，扣1分 5. 接头方法不当，扣2分

	序号	项目名称	质量要求	满分	扣分
评分标准	2	安装	6. 布线工艺符合要求 7. 熔断器的熔丝选择正确 8. 电流互感器变比选择正确 9. 互感器极性判断正确 10. 接头绝缘包扎方法正确 11. 试运行，检查调试各元件，检查方法正确 12. 仪表指示正确	13	6. 布线工艺不当，扣1分 7. 熔丝选择不当，扣2分 8. 变比选择不当，扣2分 9. 极性选择错，扣2分 10. 接头绝缘包扎方法不当，扣2分 11. 检查调试方法不当，扣2分 12. 指示错误，扣2分
	3	安全文明生产	1. 遵守安全工作规程 2. 现场清洁，工具、材料、设备摆放整齐	3	1. 违章作业，每次扣1分 2. 不清洁，扣1分；摆放凌乱，扣1分

行业：电力工程　　　　工种：**农网配电营业工**　　　　等级：中

编　　号	C04A028	行为领域	e	鉴定范围	
考试时限	90min	题　　型	A	题　　分	20
试题正文	电动机可逆旋转控制回路安装				
其他需要说明的问题和要求	1. 严格执行有关规程、规范 2. 要求有热继电器保护 3. 机械闭锁方式或电气闭锁方式即可				
工具、材料、设备、场地	1. 电动机及控制回路安装盘 2. 检修间、训练基地等 3. 组合电工工具、万用表、兆欧表 4. 电动机控制回路零部件、导线				

	序号	项目名称	质量要求	满分	扣　　分
评分标准	1	准备	1. 工具选择正确，元器件选择正确 2. 导线选择正确 3. 测试、检查各元器件性能方法正确	4	1. 工具、元器件选择不当，各扣1分 2. 导线选择不当，扣1分 3. 未检测，扣2分；测试方法不当，扣1分
	2	安装	1. 元器件安装牢固，布置合理 2. 接线正确，供电回路不得出现短路或断路 3. 导线回路的跨越方法正确	13	1. 元器件安装不牢固，布置不合理，每处扣1分 2. 接线不当，供电回路出现短路或断路，扣5分 3. 导线回路的跨越方法不当，每处扣1分

	序号	项 目 名 称	质 量 要 求	满分	扣 分
评 分 标 准	2	安装	4. 布线工艺符合要求，导线接头方法正确	13	4. 布线工艺差，接头方法不当，每处扣1分
			5. 熔断器的熔丝选择正确		5. 熔断器的熔丝选择不当，扣2分
			6. 闭锁回路安装正确		6. 闭锁回路安装错误，扣3分
			7. 试运行，检查调试各元件，检查方法正确		7. 未试运行，扣3分，检查调试方法不当，扣2分
			8. 试运行，一次启停不成功可以调试一次		8. 一次启停未成功，扣5分；再次启停不成功，本题0分
	3	安全文明生产	1. 严格遵守安规	3	1. 违章作业，每次扣1分
			2. 现场清洁，工具、材料、设备摆放整齐		2. 不清洁，工具、材料、设备摆放凌乱，扣2分

行业：电力工程　　　　工种：**农网配电营业工**　　　　等级：**中**

编　　号	C04A029	行为领域	e	鉴定范围	
考试时限	60min	题　　型	A	题　　分	20
试题正文	使用兆欧表测量变压器绝缘电阻及吸收比				
其他需要说明的问题和要求	1. 严格执行有关规程、规范 2. 现场以10kV的变压器为例，容量根据各地条件自选 3. 现场由1名检修工协助完成，考前准备试验记录单				
工具、材料、设备、场地	1. 变压器1台，容量根据各地条件自选 2. 检修间或检修现场 3.ZC—30型兆欧表、组合电工工具、活动扳手，温湿度计等 4.BVR1.5mm² 测量导线、TJR16mm² 软铜绞织短路线、清洁布块				

	序号	项 目 名 称	质 量 要 求	满分	扣　　分
评分标准	1	准备	1. 测试前将试品与其他电源可靠断开 2. 将仪表水平放置，防止剧烈振动 3. 空试兆欧表，指针指示∞，在低速转动，瞬间短接测试线，指针应指示0值 4. 将高、低压侧套管擦净，短接A、B、C相和a、b、c相	4	1. 未对其他电源断开，扣1分 2. 仪表未平置，扣1分 3. 未检测，扣1分 4. 套管未擦净或未短接，每项扣2分
	2	高低压侧绝缘测试	1. 将L端接在高压侧接线柱上；将E端接在低压侧接线柱上；将G端缠绕接在高压套管上 2. 记录测试温度；摇动手柄达到120r/min的速度时，接上被试设备并计时，读取15s及60s的绝缘电阻值	11	1. 未按试验要求接线，扣2分 2. 未记录温度，扣1分；仪表转速不接近120r/min，扣3分

341

	序号	项目名称	质量要求	满分	扣分
评分标准	2	高低压侧绝缘测试	3. 测试后将高、低压端短接充分放电	11	3. 未放电，扣3分
			4. 将 60s 绝缘电阻值，换算到出厂试验时取同一温度值并进行比较，判断是否合格。阻值不应低于出厂的 70%		4. 绝缘电阻值未换算进行比较，扣2分
			5. 计算 $R60/R15$ 比值，判断吸收比是否合格。35kV 及以下设备应不小于 1.3，60kV 及以上设备应不小于 1.5		5. 判断结论错误，扣10分
	3	安全文明生产	1. 严格遵守规程、规范；	3	1. 违章作业，每次扣1分
			2. 现场清洁，工具材料摆放整齐		2. 不清洁，扣1分；工具、材料摆放凌乱，扣1分
	4	填写记录	1. 内容齐全、准确	2	1. 内容不全、不准确，每项扣1分
			2. 字迹工整		2. 字迹潦乱，扣1分

行业：电力工程　　　　工种：农网配电营业工　　　　等级：中

编　号	C04A030	行为领域	e	鉴定范围	
考试时限	30min	题　型	A	题　分	20
试题正文	使用抄表卡片抄读低压动力用户电量				
其他需要说明的问题和要求	1. 抄读十户低压动力用户电量 2. 其中有两块表计度器反转，一块表卡字（填换表申请单），两块表窃电［填写违（窃）通知书］，一块表灯、力分比不符（填写调查登记书）				
工具、材料、设备、场地	低压三相四线电能表十块、抄表卡片、钢笔、手电筒、通知书等				

	序号	项 目 名 称	质 量 要 求	满分	扣　分
评分标准	1	工作前准备			漏、错检一项，扣1分
	1.1	抄表用具	抄表卡片、钢笔、手电筒	1	
	1.2	检查抄表用具	检查方法正确	1	
	2	工作过程			1. 未检查此项，扣1分 2. 示数抄错，每户扣1分 3. 电量错误，每户扣1分
	2.1	核对各项参数	核对用户地址、户名、电能表参数是否正确	2	
	2.2	抄表	电能表示数抄读要准确	2	
	2.3	电量计算	倍率及电量计算正确	10	
	3	工作终结验收			1. 字迹涂抹，每处扣1分 2. 程序错，扣1分；抄表时不注意文明用语，扣1分
	3.1	填写抄表卡片和通知书	卡片和通知书等字迹工整、清晰	2	
	3.2	安全文明生产	按程序抄表，注意文明用语	2	

行业：电力工程　　　　工种：农网配电营业工　　　　等级：中/高

编　　号	C43A031	行为领域	e	鉴定范围	
考试时限	40min	题　型	A	题　分	20

试题正文	配电线路耐张杆更换绝缘子（一相）

其他需要说明的问题和要求	1. 工作时设专人监护 2. 在培训专用线路上进行 3. 线下无电力线及弱电线路

工具、材料、设备、场地	兆欧表、紧线器、卸扣、专用卡线器、X—3C型绝缘子或 XP—4型绝缘子2片；个人常用电工工具、吊物绳、登杆工具及安全带（帽）等

	序号	项目名称	质量要求	满分	扣　分
评 分 标 准	1	工作前准备			1. 漏、错检一项，扣1分 2. 一处有误，扣1分 3. 错误一次扣2.5分
	1.1	选择工器具、材料	选择工器具及材料满足工作需要	1	
	1.2	着装	穿工作服、戴手套、安全帽、安全带、绝缘鞋	1	
	1.3	测试绝缘子	兆欧表选择正确，测试方法正确	1	
	2	工作过程			1. 未作检查，扣1分 2. 未作试验，扣1分 3. 不规范，扣1分；不熟练，扣1分 4. 站位不当，扣1分 5. 使用方法错误，扣2分；顺序不正确，扣1～2分；绳结不正确，扣2分 6. 位置朝向错，扣1分；不牢固，扣1分；穿向不正确一次，扣1分；开口角度不合要求，扣1分
	2.1	登杆前检查	登杆前检查杆根及拉线	1	
	2.2	登杆工具检查	对登杆工具进行冲击试验	1	
	2.3	登杆	登杆动作规范、熟练	2	
	2.4	工作位置确定	站位合适，安全带系绑正确	1	
	2.5	绝缘子更换	1. 工具使用方法正确，操作方法正确 2. 旧绝缘子吊下、绳结操作正确	2 2 2	
	2.6	绝缘子安装	1. 位置正确，销口穿向正确 2. 各部分连接紧固，螺栓穿向正确 3. 开口销到位并分开30°～60°	1 2 1	
	3	安全文明生产	操作过程中无跌落物；工作完毕后清理现场，交还工器具	1 1	发生一次跌落，扣1分；未清理未交还，扣1分

344

编　　号	C43A032	行为领域	e	鉴定范围	
考试时限	30min	题　型	A	题　　分	20
试题正文	10kV 配电线路导线弧垂调整				
其他需要说明的问题和要求	1. 工作时设专人监护；雷雨、大雾、大风天气不宜进行工作 2. 在培训用线路上进行，架空线下无交叉跨越弱电及电力线路 3. 考核以导线 LGJ—35 型为例进行实施				
工具、材料、设备、场地	绝缘操作棒（3m 长）、绝缘手套、绝缘鞋、验电器（10kV）、接地线、登杆工具、安全带、安全帽、吊物绳、常用电工工具、卡线器、紧线器、铝包带等				

	序号	项 目 名 称	质 量 要 求	满分	扣　　分
评 分 标 准	1	工作前准备			
	1.1	准备安全防护装置	配备齐全，逐一检查	1	1. 漏、错检，一项扣 0.5 分 2. 漏、错检，一项扣 0.5 分 3. 穿着不按规定，扣 1 分
	1.2	准备工具	满足工作需要，并作外观检查	1	
	1.3	着装	穿工作服、戴好手套、安全帽、安全带、绝缘鞋	1	
	2	工作过程			1. 漏检一项，扣 1 分 2. 不作试验，扣 1 分 3. 动作不规范、不熟练，扣 0.5～1 分 4. 站位不当，扣 1 分；系绑错，扣 1 分
	2.1	登杆前的检查	检查杆根及拉线	1	
	2.2	对登杆工具的试验	登杆前对登杆工具进行冲击试验	1	
	2.3	登杆	登杆动作规范、熟练	1	
	2.4	工作位置确定	站位合适，安全带系绑正确	1	

	序号	项 目 名 称	质 量 要 求	满分	扣 分
评 分 标 准	2.5	安全措施实施	方法和顺序正确	1	5. 安措不当,扣2分 6. 安装不正确,扣1分 7. 距离不当,扣1分 8. 方法不正确,扣1分 9. 绳结错,扣1分 10. 错一处,扣1分
	2.6	紧线器安装	紧线器安装在横担上	1	
	2.7	卡线器安装	离耐张线夹外距离合适	1	
	2.8	弧垂调整	方法正确	2	
	2.9	工具传递	绳扣系绑正确牢固	1	
	2.10	撤除安全措施	方法和顺序正确	1	
	3	工作终结验收检查			1. 松动,扣1分 2. 不符合规范,扣2分 3. 损伤,扣1分
	3.1	耐张线夹检查	坚固、无松动	1	
	3.2	弧垂	符合10kV配电线路运行规范	2	
	3.3	导线外观检查	无损伤	1	
	4	安全文明生产	遵守安规,杆上无遗留物,无跌落物,清理现场	2	违章,扣2分;杆上遗留物,扣1分;高空跌落物,扣1分;不清理,扣1分

编　号	C43A033	行为领域		e	鉴定范围	
考试时限	20min	题　型		A	题　分	20
试题正文	配电变压器接地电阻的测量					
其他需要说明的问题和要求	1.告知接地体形式 2.提供接地形式图纸					
工具、材料、设备、场地	ZC—8型接地绝缘电阻表、接地极、电工工具、锤子、活动扳手等					

	序号	项目名称	质量要求	满分	扣　分
评 分 标 准	1	工作前准备			1.漏、错选，扣1分 2.检查方法错误，扣1~2分
	1.1	选择仪器、工具	接地电阻测试仪、接地极、电工工具、锤子、扳手	1	
	1.2	检查仪器、工具	选用所需测量工具正确；静态调零，动态调零	2	
	2	工作过程			1.未查看，扣2分 2.未断开，扣1分 3.错误一项，扣1分 4.深度不够，扣1分；接触不好，扣1分
	2.1	确定接地形式	查看有关图纸资料，了解接地形式及接地体长度	2	
	2.2	断开接地装置	断开接地装置与变压器零线的连接	1	
	2.3	接线	接地极 E'、电位探针 P'、电流探针 C'三点在一直线，彼此距离为20m	3	
	2.4	接线棒敷设	接地棒打入土中的深度不小于接地棒长度3/4并与土壤接触良好	2	

347

	序号	项目名称	质量要求	满分	扣分
评分标准	2.5	测量	表上接线正确，将接地极清理干净，将接线连接好，将表平稳放于平坦处，转速为120r/min，适当选用倍率并转动转盘使指针指向零位并平稳加速使指针稳定的指向零位	3	5. 接线不正确，扣3分；发现错误后调整仍然不对，此题0分；其他每错一项，扣1分 6. 读数错，扣5分；少摇一次，扣2分；计算错误，扣5分
	2.6	读数、计算电阻值	直视表盘正确读数，再遥测一次，要求两次测量读数基本一致，相差较大要查明原因。读数值乘以倍率计算出电阻值	2	
	3	工作终结验收			
	3.1	拆除仪表、恢复接地	拆除仪表及连线恢复变压器与接地装置连接地	2	1. 拆法错，扣1分；未恢复，扣2分 2. 未交，扣1分，损坏1件，扣5分
	3.2	安全文明生产	能按有关规定进行操作，工作完毕后交还工器具、仪表并无损坏	2	

行业：电力工程　　　　工种：农网配电营业工　　　　等级：中/高

编　号	C43A034	行为领域	e	鉴定范围	
考试时限	30min	题　型	A	题　分	20

试题正文	制作钢丝绳套

其他需要说明的问题和要求	1. 操作者独立完成 2. 根据题意选择工器具及材料，钢丝绳型号各地可自选

工具、材料、设备、场地	1. 断线钳、錾子、铁锤、木锤、扎丝、黑胶布、垫木、抹布、穿插工具（专用插锥、大号螺丝刀）、卷尺、红铅笔、常用电工工具 2. φ13mm 的钢丝绳若干

	序号	项目名称	质量要求	满分	扣　分
评 分 标 准	1	工作前准备			1. 漏、错，每项扣1分 2. 漏、错，每项扣1分 3. 着装不符合要求，扣1分
	1.1	选择工器具	满足工作需要且摆放有序	1	
	1.2	选择材料	能满足工作需要	1	
	1.3	着装	穿工作服、绝缘鞋，戴手套	1	
	2	工作过程			1. 未绑扎，扣1分 2. 长度不对，扣1分 3. 拆股方法错，扣1分 4. 有间隙一处，扣1分 5. 浸油线芯过长、过短，均扣1分 6. 顺序方法不正确扣2分；股端不紧，扣1分
	2.1	剪切钢丝绳	断头处两端绑扎小铁丝	1	
	2.2	量取钢丝绳套回头拆散长度	45~48倍的钢丝绳直径长	1	
	2.3	拆散钢丝绳股	拆开分成2组	1	
	2.4	回头组合	回头组合时外观无间隙，与原钢丝绳外观无异	1	
	2.5	剪浸油线芯、绳股端部处理	浸油线芯剪切长度合适，钢丝绳股端部用黑胶布缠紧	1	
	2.6	钢丝绳套穿插	穿插顺序方法正确，每次穿插，股绳要用钢丝钳抽紧	4	

349

	序号	项目名称	质量要求	满分	扣分
评分标准	3	工作终结验收			1. 绳套长度不符合，扣1分 2. 穿插长度不符合，扣1分 3. 少插，扣1分 4. 外观未修整，扣1分 5. 方法不当，读数不对，扣1~2分；试验不合格，扣0分 6. 损伤一处，扣1分；未清理、未交还，扣1分
	3.1	绳套长度	长度符合13~24倍钢丝绳直径的要求	1	
	3.2	穿插长度	穿插长度符合20~24倍钢丝绳直径的要求	1	
	3.3	穿插回数	穿插回数不少于4回	1	
	3.4	外观检查	用木榔头修整，表面均匀平整，剩余钢丝绳股端部处理	1	
	3.5	拉力试验	试验方法和读数正确；达到125%超负荷试验为合格	2	
	3.6	安全文明生产	工作中合理使用工器具、钢丝绳完好无损，工作完毕后清理现场，交还工器具	2	

行业：电力工程　　　　工种：农网配电营业工　　　　等级：中/高

编　　号	C43A035	行为领域	e	鉴定范围	
考试时限	30min	题　型	A	题　分	20
试题正文	10kV终端耐张杆的备料				
其他需要说明的问题和要求	1. 由考生在库房任选，选用材料外观检查合格 2. 如库房内没有或太笨重材料只要说明其名称、规格及数量和质量要求 3. 各地区可参照执行				
工具、材料、设备、场地	1. 在库房内操作 2. 材料如下文所示，可多些种类供考生选择使用				

	序号	项目名称	质量要求	满分	扣　分
评分标准	1	工作前准备			1. 遗漏一种，扣0.5分 2. 不整洁，扣1分 3. 着装不符合要求，扣1分
	1.1	列出材料计划表	规格符合工作需要无遗漏	3	
	1.2	摆放场地	场地整洁	1	
	1.3	着装	穿工作服、绝缘鞋、戴手套	1	
	2	工作过程			
	2.1	水泥拔梢杆	10m一根	0.5	
	2.2	角铁横担	L63×6×1500，2套	0.5	
	2.3	扁铁抱箍	R=75，2副	0.5	
	2.4	镀锌螺栓	M16×80，4只	0.5	
	2.5	镀锌螺栓	M16×120，4只	0.5	
	2.6	直角挂板	Z—7，3只	0.5	
	2.7	碗头挂板	W—7B，3只	0.5	
	2.8	悬式绝缘子	X—3C或XP—4，6片	0.5	
	2.9	球头挂环	Q—7，3只	0.5	
	2.10	耐张张夹	NLD—1（与导线配套），3只	0.5	缺一项扣0.5分
	2.11	导线	LGJ—35（或其他型号），若干	0.5	
	2.12	钢绞线和10号和20号铁线	GJ—35，15m、10号和20号铁线若干	0.5	
	2.13	延长环	YH—6，1只	0.5	
	2.14	UT线夹	UT—1，1只	0.5	
	2.15	楔型线夹	NX—1，1只	0.5	
	2.16	拉棒	$\phi16×1800$，1根	0.5	
	2.17	U型连板螺丝	$\phi20$，1副	0.5	
	2.18	拉线盘	20×40×800或其他型号1块	0.5	
	3	工作终结验收			1. 摆放凌乱，扣3分 2. 损坏每件，扣1分；未交还、回归、未清理，扣2分
	3.1	材料摆放	摆放有序，便于察看	3	
	3.2	安全文明生产	材料无损坏，交还材料，归回原位，清理现场	3	

行业：电力工程　　　　工种：农网配电营业工　　　　等级：中/高

编　号	C43A036	行为领域		e	鉴定范围	
考试时限	40min	题　型		A	题　分	20

试题正文	钳压法接续导线
其他需要说明的问题和要求	1. 操作者独立完成 2. 根据题意选择工作所需工器具及材料；也可结合各地实际情况选择导线截面
工具、材料、设备、场地	压接钳、断线钳、钢丝刷、游标卡尺、钢卷尺、木锤、LGJ—35型导线、铁丝、汽油、钢锯、油盘、JT—35型接续管、钢模、木板、钢锉刀、红蓝铅笔，电力复合脂、电工工具

	序号	项目名称	质量要求	满分	扣　分
评 分 标 准	1	工作前准备			1. 型号不匹配，扣1分 2. 除污方法不正确，扣1分 3. 内部处理不当，扣2分 4. 未涂电力复合脂，扣1分 5. 绑扎不正确，扣2分 6. 穿管长度不合格，扣1分
	1.1	工器具材料选择	选择并作检查，型号匹配	1	
	1.2	导线连接部分表面除污	表面除污方法正确	1	
	1.3	接续管选择	型号符合接续要求	1	
	1.4	接续管外观检查及内部处理	外观符合规范要求，内部清刷方法处理正确，涂电力复合脂	2	
	1.5	导线端绑扎及穿管	绑扎符合工艺要求，穿管后露出长度为30~50mm	2	
	2	工作过程			1. 选择安装不当，扣1分；顺序出错，扣2分 2. 不作停留，一次扣1分
	2.1	钢模选择、安装	规格符合接续导线的型号	1	
	2.2	压接导线	从一侧至另一侧，每压接一模后应停留30~60s，再进行第二模	4	

	序号	项目名称	质量要求	满分	扣分
评分标准	3	工作终结验收			1. 尺寸错一项，扣1分 2. 压坑不够，扣1分 3. 露出长度，每少1mm扣1分；弯曲超2%，扣1分；明显弯曲不校直，扣1分；有裂纹，扣1分，校直后有裂纹，扣1分 4. 有抽筋，扣1分；有灯笼，扣1分 5. 未作涂刷，扣1分；不清理，扣1分
	3.1	钳压部分尺寸合格	$a_1 = 54mm$ $a_2 = 61.5mm$ $a_3 = 142.5mm$ D尺寸应达到29mm	1 1 1 1	
	3.2	压坑数符合要求	压坑数应为20个	1	
	3.3	外观检查	1. 导线露出长度≤20mm 2. 压接后接续管弯曲不应大于管长的2%，否则应修整 3. 压接或校直后的接线管不应有裂纹 4. 接续管两端导线不应有抽筋、灯笼等现象 5. 压接后接续管两端出口处、合缝处及外露部分应涂刷电力复合脂	1 1 1 1	
	3.4	清理现场	符合文明生产要求	1	

行业：电力工程　　　　工种：农网配电营业工　　　　等级：中/高

编　　号	C43A037	行为领域		e	鉴定范围	
考试时限	40min	题　型		A	题　分	20
试题正文	液压法接续导线					
其他需要说明的问题和要求	1. 操作者独立完成 2. 根据题意选择工作所需工器具及材料，也可结合各地实际情况选择导线截面					
工具、材料、设备、场地	液压钳、断线钳、钢锯、红铅笔、钢丝刷、游标卡尺、钢卷尺、木锤、汽油、油盘、绑扎线、电力复合脂、LGJ—240 型导线、JY—240J 型接续管、锉刀、常用电工工具					

<table>
<tr><td rowspan="11">评

分

标

准</td><td>序号</td><td>项 目 名 称</td><td>质 量 要 求</td><td>满分</td><td>扣　　分</td></tr>
<tr><td>1</td><td>工作前准备</td><td></td><td></td><td rowspan="4">1. 漏、错选，一项扣1分
2. 漏、错选，一项扣1分
3. 方法不当，扣1分</td></tr>
<tr><td>1.1</td><td>选择工器具</td><td>符合工作要求</td><td>1</td></tr>
<tr><td>1.2</td><td>选择材料</td><td>符合工作要求</td><td>1</td></tr>
<tr><td>1.3</td><td>液压机械检查</td><td>检查方法正确</td><td>1</td></tr>
<tr><td>2</td><td>工作过程</td><td></td><td></td><td rowspan="4"></td></tr>
<tr><td>2.1</td><td>导线锯拆</td><td>导线铝股线松开长度为钢接续管长度的 1/2L + 10mm，尺寸量取、划印及扎线方法正确，锯割铝股线方法及长度符合要求</td><td>2</td><td>1. 尺寸误差 ± 2mm，扣 1 分；操作方法不当，扣1分；锯割尺寸不对，扣1分</td></tr>
<tr><td>2.2</td><td>导线氧化膜处理</td><td>用汽油清除表面油垢，涂电力复合脂后用钢丝刷沿铝绞线轴线方向擦刷、长度达到要求</td><td>2</td><td>2. 未清除，扣1分；方法不当，扣1分；涂刷尺寸不对，扣1分</td></tr>
<tr><td>2.3</td><td>钢接续管套入</td><td>钢绞线端头向内 1/2 钢接续管长处画印，套入钢接续管顺序、方向、位置正确</td><td>2</td><td>3. 顺序、方向、位置错一次，扣0.5分</td></tr>
</table>

序号	项目名称	质量要求	满分	扣分
2.4	钢接续管压接	钢模选择正确 压接顺序正确	2	4. 选择不当，扣1分 5. 尺寸出错，扣0.5分；顺序错误一次，扣0.5分 6. 尺寸误差1mm，扣1分；不留间隙，一次扣1分
2.5	铝接续管压接	铝接续管套在钢接续管上的位置应两侧相等，铝接续管压接自重叠部分两端各留出 10mm 处分别向两端进行，压完一端再压另一端	2	
2.6	液压钳（机）操作	液压时操作，相邻两模应重叠 5~8mm 液压时，钢模闭合时应留有间隙	3	
3	工作竣工验收			1. 每个不为六角形的压痕，扣0.5分；超过对边范围，每处扣0.5分；有扭曲及弯曲现象，扣0.5分；校直后出现裂缝，扣1分；毛刺飞边不作处理，扣0.5分；未打印，扣1分 2. 少一项，扣1分
3.1	接续管外观检查	接续管压后的压痕应为六角形，六角形对边尺寸为接续管外径 D 的 0.866 倍，最大允许误差 $S = 0.866 \times 0.933D + 0.2mm$；三个对边只允许有一个达到最大值 接续管液压后不应有肉眼看出的扭曲现象，校直后不应出现裂缝，应锉掉飞边、毛刺；工作结束，接续管上打印	3	
3.2	安全文明生产	清理现场，交还工器具	1	

行业：电力工程　　　　工种：农网配电营业工　　　　等级：中/高

编　　号	C43A038	行为领域		e	鉴定范围	
考试时限	30min	题　型		A	题　分	20
试题正文	线路绝缘电阻测量					
其他需要说明的问题和要求	1. 采用兆欧表测量 2. 利用培训线路，电压等级：10kV；断开线路与各种电气设备的引线 3. 派一人与操作者配合					
工具、材料、设备、场地	2500～5000V 兆欧表，测量用导线					

	序号	项目名称	质量要求	满分	扣　　分
评 分 标 准	1	工作前准备			
	1.1	选择兆欧表及配套导线	选择正确符合工作需要	1	1.选择不当，扣1分 2.检测方法不对，扣2分
	1.2	兆欧表使用前检查	检查兆欧表是否良好。轻轻摇动，检测兆欧表短接时指针是否指向"0"；转速为120r/min时，检测断路时指针是否指向"∞"；如果指针不指"0"，应调整表上的调零装置	2	
	2	工作过程			1.未断电、验电，扣9分 2.接线错误，扣2分 3.测量方法错误，扣5分；读数不准，扣1～3分
	2.1	断开电气设备的电路	方法正确、安全，验明线路确无电压	2	
	2.2	兆欧表接线	兆欧表"E"端钮接地，"L"端通过引线与线路连接	2	
	2.3	测量与读数	确认线路上无人时，开始测量：摇动手柄，转速从低速慢慢增高到120r/min左右，并维持5min后读数；依次测量另两相绝缘	5	
	3	工作终结验收			1.撤除方法、顺序错误扣2分 2.未放电，扣2分 3.判断不准确，扣1～2分 4.触及导线，扣1分；未清理场地，扣1～2分
	3.1	兆欧表撤除	工作结束后，应先断开"L"端钮的引线，再停止摇动手柄，防止线路电容电流向兆欧表放电	2	
	3.2	放电	利用引线将导线对地放电	2	
	3.3	结果分析	应根据线路状况及测量时天气情况，综合分析，判断作出结论	2	
	3.4	安全文明生产	手与其他部分均不得触及导线和接线端钮，工作结束，清理现场，交还工器具	2	

356

编　　号	C43A039	行为领域	e	鉴定范围	
考试时限	20min	题　型	A	题　分	20
试题正文	三相四线电能表窃电电路设置（电压、电流共用式）				
其他需要说明的问题和要求	窃电方法：A（或B或C）相电压线圈连片断开				
工具、材料、设备、场地	螺丝刀、剥线钳、钳子、验电笔，相序表、秒表，单股铜线、绝缘线等				

	序号	项目名称	质量要求	满分	扣　分
评分标准	1	工作前准备			
	1.1	必备工具	螺丝刀、剥线钳、钳子、验电笔、相序表、秒表、绝缘线	1	漏、错检一项，扣1分
	1.2	检查工具	检查方法正确	1	
	2	工作过程			1. 未检查，每项扣2.5分；检查方法不当，扣1~2分 2. 不会接线，此题为0分
	2.1	检查电路	1. 检查电源相序 2. 检查已接入电路中三相四线电能表接线是否正确	5	
	2.2	设置窃电电路	A（或B或C）相电压线圈连片非常隐蔽地断开	12	
	3	工作终结验收			1. 一项不检查，扣1分 2. 不检查，此项扣2分 3. 工具损坏，扣1分
	3.1	带电检查接线	用验电笔测相线、中线是否接对，外壳、零线端子应无电压	2	
	3.2	带负载检查	用秒表记录观察，电能表大约少1/3电量	2	
	3.3	安全文明生产	规范操作，工作完毕后交还操作工具并无损坏	1	

行业：电力工程　　　　　工种：农网配电营业工　　　　　等级：中/高

编　　号	C43A040	行为领域	e	鉴定范围	
考试时限	20min	题　型	A	题　　分	20
试题正文	三相四线电能表错误接线查找				
其他需要说明的问题和要求	窃电类型：A（或B或C）相电压线圈连片断开				
工具、材料、设备、场地	螺丝刀、剥线钳、钳子、验电笔，万用表、相序表，绝缘线				

评分标准	序号	项目名称	质量要求	满分	扣　分
	1	工作前准备			漏、错检一项，扣1分
	1.1	必备工具	螺丝刀、剥线钳、钳子、验电笔，相序表、绝缘线	1	
	1.2	检查工具	检查方法正确	1	
	2	工作过程			1.盲目检查，扣2分 2.故障点查错，此题为0分 3.恢复接线不对，每处扣2分
	2.1	检查电路	检查方法要正确 1.电源相序检查 2.电能表电压、电流回路检查	2	
	2.2	判断错误点	准确地写出故障名称	8	
	2.3	恢复接线	将电能表正确地接入电路中	5	
	3	工作终结验收			1.一项不检查，扣1分 2.工具损坏，扣1分
	3.1	带电检查接线	用验电笔测相线、中线是否接对，外壳、零线端子应无电压	2	
	3.2	安全文明生产	规范操作，工作完毕后交还操作工具并无损坏	1	

358

行业：电力工程　　　　工种：农网配电营业工　　　　等级：中/高

编　　号	C43A041	行为领域	e	鉴定范围	
考试时限	40min	题　　型	A	题　分	20

试题正文	配电变压器高低压引线安装

其他需要说明的问题和要求	1. 避雷器、跌落式熔断器、变压器、接地引线、低压横担、绝缘子等均已安装好 2. 工作时设专人监护

工具、材料、设备、场地	1. 根据题意选择材料 2. 在培训场地变台操作

评分标准	序号	项目名称	质量要求	满分	扣　　分
	1	工作前准备			
	1.1	选择材料	选择与变压器容量相匹配的高低压导线，设备线夹等	0.5	1. 选择不匹配，扣0.5分 2. 缺工具，扣0.5分 3. 着装不符合要求，扣1分
	1.2	选择工器具	带好所需的个人工具	0.5	
	1.3	着装	穿戴好安全帽、工作服、绝缘鞋、安全带等	1	
	2	工作过程			1. 未检查，扣1分； 未做冲击试验，扣0.5分 2. 位置不合适，扣0.5分；动作不熟练、不规范，扣0.5分
	2.1	登杆前检查	检查杆根和拉线应牢固	1	
		登杆工具检查	对登杆工具进行人体冲击试验	1	
	2.2	登杆	登杆选择位置合适，动作熟练、规范	1	

359

	序号	项目名称	质量要求	满分	扣分
评分标准	2.3	接线安装	1. 变压器高压引线与跌落式熔断器下端头连接牢靠 2. 变压器低压侧零线与避雷器下端头连接牢靠	2 2	3. 连接不牢，扣2分；连接不牢，扣2分
	2.4	导线固定	1. 高压引线与高压绝缘子绑扎方法正确 2. 低压引线与低压绝缘子绑扎方法正确 3. 变压器低压侧零线桩头引线与接地引线连接牢靠	2 2 2	4. 绑扎方法不正确，扣2分；绑扎方法不正确，扣2分；连接不牢，扣2分
	3	工作终结验收			
	3.1	引线检查	1. 引线连接操作程序正确 2. 布线均匀美观、松紧适度；电气间隙符合规定	1 2	1. 程序不正确扣1分；布线过松过紧扣1分，电气间隙不符合规定扣1分
	3.2	安全文明生产	杆上无遗留及跌落物 工作完毕交还工器具，清理现场	2	2. 遗留、跌落扣1分，未交、未清理扣1分

行业：电力工程　　　工种：农网配电营业工　　　等级：高

编　号	C03A042	行为领域	e	鉴定范围	
考试时限	30min	·题　型	A	题　分	20

试题正文	缠绕及用预绞丝补修导线

其他需要说明的问题和要求	1. 要求单独操作 2. 导线两端固定（地面上操作） 3. 导线两处损伤，一处作缠绕处理，一处作补修预绞丝处理

工具、材料、设备、场地	1. 个人常用电工工具、钢卷尺、记号笔 2. 配套的顶绞丝及铝单丝，破布、油盘、汽油等

	序号	项目名称	质量要求	满分	扣　分
评 分 标 准	1	工作前准备			1. 漏、错检一项，扣0.5分 2. 着装不当，每项扣0.5分
	1.1	选择所需材料、工器具等	满足工作要求	1	
	1.2	着装	穿戴工作服、绝缘鞋	1	
	2	工作过程			1. 不符合，扣1分 2. 方法不当，扣1~2分 3. 方向错误，扣1分 4. 不紧密，扣1分，有间隙，扣1分 5. 线端不绞，扣0.5分；端部不紧靠导线，扣0.5分
	2.1	缠绕处理			
	2.1.1	缠绕铝单丝处理	铝单丝圈成直径约150mm的线圈，不能扭转成死角，保持平滑弧度	1	
	2.1.2	铝单丝端部处理	平行导线方向平压一段单丝，再缠绕，缠绕时压紧	2	
	2.1.3	缠绕方向确定	缠绕方向与外层铝股绞方向一致	1	
	2.1.4	缠绕操作	缠绕时铝单丝圈垂直导线，紧密无间隙	2	
	2.1.5	缠绕线端部处理	缠绕完毕铝单丝两端互绞并压平紧靠导线	1	

	序号	项目名称	质量要求	满分	扣 分
评 分 标 准	2.2	预绞丝补修处理			1. 不符合，扣1分 2. 清理不当，扣1分 3. 平整不当，扣1分 4. 未做记号，扣1分 5. 中心每偏5mm，扣0.5分；未做记号，扣0.5分 6. 端部不平，每处扣1分
	2.2.1	预绞丝规格选择	符合导线补修条件	1	
	2.2.2	预绞丝清洗	合理选择清洗方法及材料	1	
	2.2.3	导线受损伤处理	清洗、外表平整	1	
	2.2.4	判断导线受损最严重处	严重处作以记号	1	
	2.2.5	量取预绞丝长度	尺寸正确，导线上预绞丝端头位置确定并做记号	1	
	2.2.6	预绞丝安装	一根一根安装，端部平整	2	
	3	工作终结验收			1. 中心偏移，扣1分；未覆盖，扣1分；长度不够，扣1分 2. 中心偏移，扣0.5分；变形，扣0.5分；接触不良，扣0.5分；未覆盖，扣0.5分
	3.1	缠绕补修导线	缠绕中心应位于损伤最严重处，缠绕补修应将受伤部分全部覆盖，缠绕长度不得小于100mm	2	
	3.2	预绞丝补修导线	补修预绞丝中心应位于损伤最严重处，预绞丝不能变形，与导线接触紧密，预绞丝端头应对齐，预绞丝应将损伤部位覆盖	2	

行业：电力工程　　　　工种：农网配电营业工　　　　等级：高

编　　号	C03A043	行为领域		e	鉴定范围	
考试时限	40min	题　　型		A	题　　分	20
试题正文	配电变压器台架备料					
其他需要说明的问题和要求	1. 由考生在库房任选，选用材料外观检查合格 2. 如库房内没有或太笨重材料只要说明其名称、规格及数量即可 3. 以 12 + 10m 直线型双杆变压器台架为例 4. 提供空白材料计划表					
工具、材料、设备、场地	1. 在库房内操作 2. 材料如下文所示，可多些种类供考生选择使用					

	序号	项 目 名 称	质 量 要 求	满分	扣　　分
评 分 标 准	1	工作前准备			1. 着装不正确，扣0.5分 2. 清理不整洁，扣0.5分
	1.1	着装	穿戴工作服、手套	0.5	
	1.2	清理场地以便摆放	满足摆放要求	0.5	
	2	工作过程			
	2.1	列出材料计划表	水泥杆 12 + 10 双杆；800 底盘 2 块；700mm 头铁 1 根；头铁抱箍 1 副；1900mm 高压引线横担 1 根；2 号 U 型抱箍 1 副；830mm 支铁 1 根；2 号支铁抱箍；T 型横担 1 套；熔断器横担 1 根；母线横担 2A、2B、3A、3B 各 1 根；830mm 母线横担支铁 4 根；支铁抱箍 4 号、3 号各 1 副；低压开关横担 1 根；变台横梁 1 套；变台横担 2A、2B 各 1 根；变台背铁 2A、2B 各 1 根；830mm 支铁 2 根；支铁抱箍 4 号、3 号各 1 副；脚踏板 1 套；1 号低压引线横担 2 根；U 型抱箍 2 号、3 号各 1 副；螺栓 M16 规格若干	9	1. 不符合规格，一项扣 0.5 分；遗漏一种，扣 1 分 2. 选错规格，一项扣 0.5 分；缺一项，扣 1 分；损坏，一件扣 1 分；未检查，一项扣 0.5 分；摆放凌乱，扣 1 分
	2.2	按材料计划表挑选材料	材料品种、规格正确，检查材料质量是否满足要求摆放有序，便于察看	9	
	3	安全文明生产	无违规。交还材料，归回原位，清理现场	1	违反规程，扣 1 分；未归还，扣 0.5 分；未清理，扣 0.5 分

行业：电力工程　　　　工种：农网配电营业工　　　　等级：高

编　　号	C03A044		行为领域		e	鉴定范围	
考试时限	30min		题　型		A	题　分	20
试题正文	使用抄表卡片抄读高压用户电量						
其他需要说明的问题和要求	1. 抄读五户高压用户电量，考核前准备抄表卡片 2. 电能表电压互感器变比 10000/100、电流互感器变比 200/5						
工具、材料、设备、场地	高压电能表五块、抄表卡片、钢笔、手电筒、抄表卡片						

	序号	项目名称	质量要求	满分	扣　分
评 分 标 准	1	工作前准备			漏、错检一项，扣1分
	1.1	抄表用具	抄表卡片、钢笔、手电筒	1	
	1.2	检查抄表用具	检查方法正确	1	
	2	工作过程			1. 未检查，此项扣1分；漏核对，每项扣0.5分 2. 表示数漏、错，每项扣1分 3. 倍率错误，扣2分；总电量与分时电量不符，扣2分；总电量错误，此题为0分。 无功电量错误，扣4分 功率因数计算错误，扣2分
	2.1	核对各项参数	核对用户地址、户名、电能表、互感器参数和变比是否正确	2	
	2.2	抄表	电能表示数抄读要准确	4	
	2.3	电量抄读	倍率计算正确，电量计算正确	4	
		无功电量计算	无功电量计算正确	4	
		功率因数	功率因数计算正确	2	
	3	工作终结验收			1. 抄表卡片有涂抹，每处扣0.5分 2. 抄表时不注意文明用语，扣1分
	3.1	抄表卡片	抄表卡片字迹工整、清晰	1	
	3.2	安全文明生产	按程序抄表，注意文明用语	1	

编　　号	C03A045	行为领域	e	鉴定范围	
考试时限	20min	题　型	A	题　分	20
试题正文	用户故障表计更换处理				
其他需要说明的问题和要求	1. 模拟已故障的电能表（如表计烧毁） 2. 根据故障现象填写调查报告单、换表申请单或相应记录单				
工具、材料、设备、场地	故障电能表、调查报告单、换表申请单或相应记录单				

	序号	项 目 名 称	质 量 要 求	满分	扣　　分
评 分 标 准	1	工作前准备			漏、错检一项，扣1分
	1.1	必备用品	调查报告单、换表申请单或相应记录单	1	
	2	工作过程			
	2.1	检查电路	正确分析判断表计故障原因	6	1. 不能分析故障原因，此题为0分 2. 填写错误，每项扣2分 3. 计算错误，每项扣2分
	2.2	调查记录	1. 故障原因填写在调查报告单 2. 填写换表申请单 3. 抄录故障表计示数	5	
	2.3	追补电量	1. 计算追补电量或根据历史数据与用户协商电量 2. 追补电费	5	
	3	工作终结验收			1. 有涂抹，每处扣0.5分 2. 服务不规范，扣1分；不注意文明用语，扣1分
	3.1	单据填写	字迹工整、清晰	2	
	3.2	安全文明生产	按客户服务标准，注意文明用语	1	

编　　号	C32A046	行为领域	e	鉴定范围	
考试时限	20min	题　　型	A	题　　分	20
试题正文	核算电流互感器变比错误追补电量				
其他需要说明的问题和要求	某新装用户三相四线电能表经 50/5 电流互感器接入电路，2 个月共计电量 1000kWh，现抄表员发现有一相电流互感器变比错装为 150/5				
工具、材料、设备、场地	1. 上述电能计量装置一套　2. 考试用纸、笔、计算器、调查报告单				

	序号	项目名称	质量要求	满分	扣　　分
评分标准	1	工作前准备			漏、错，扣 1 分
	1.1	必备用品	纸、笔、计算器、调查报告单	1	
	2	工作过程			1. 不能分析故障原因，此题为 0 分 2. 填写错误，每项扣 2 分 3. 未列公式，扣 5 分；计算错误，此题 0 分
	2.1	检查电路	1. 检查计量装置错误接线类型 2. 记录电能表示数	6	
	2.2	调查记录	1. 填写调查报告单 2. 填写换表申请单 3. 抄录电能表示数	5	
	2.3	追补电量	1. 求更正系数 2. 计算追补电费	5	
	3	工作终结验收			1. 有涂抹，每处扣 0.5 分 2. 服务不规范，扣 1 分
	3.1	单据填写	字迹工整、清晰	2	
	3.2	安全文明生产	按客户服务标准，注意文明用语	1	

行业：电力工程　　工种：农网配电营业工　　等级：技师

编　号	C02A047	行为领域		e	鉴定范围	
考试时限	30min	题　型		A	题　分	20

试题正文	动力用户电能表的配置

其他需要说明的问题和要求	口试 某动力用户使用 380V 电动机 5 台，其总功率为 22kW。功率因数 $\cos\varphi = 0.8$

工具、材料、设备、场地	提供纸、笔、计算器

<table>
<tr><td rowspan="11">评

分

标

准</td><td>序号</td><td>项 目 名 称</td><td>质 量 要 求</td><td>满分</td><td>扣　分</td></tr>
<tr><td>1</td><td>必备用品</td><td>纸、笔、计算器</td><td></td><td rowspan="4">1. 公式写错，扣 5 分
计算错误，扣 5 分
2. 电能表选择不合理，此题 0 分</td></tr>
<tr><td>2</td><td>计算过程</td><td></td><td></td></tr>
<tr><td>2.1</td><td>计算公式</td><td>1. $P = \sqrt{3}\,UI\cos\varphi$
2. $I = \dfrac{20000}{\sqrt{3}\times380\times0.8} = $
42A</td><td>10</td></tr>
<tr><td>2.2</td><td>电能表配置</td><td>宜选用三相四线 50A 电能表</td><td>4</td></tr>
<tr><td>3</td><td>工作终结验收</td><td></td><td></td><td rowspan="3">1. 有涂抹，每处扣 1 分
2. 有违纪，此题为 0 分</td></tr>
<tr><td>3.1</td><td>试卷</td><td>字迹工整、清晰</td><td>4</td></tr>
<tr><td>3.2</td><td>独立完成</td><td>不能看资料或抄袭他人试卷</td><td>2</td></tr>
</table>

4.2.2 多项操作

编　号	C05B048	行为领域		d	鉴定范围	
考试时限	40min	题　型		B	题　分	30
试题正文	常用电工工具的使用					
其他需要说明的问题和要求	1．严格执行有关规程、规范 2．高压验电必须有监护人					
工具、材料、设备、场地	1．10kV电源、在线配电盘 2．检修车间、训练基地等 3．配电笔、高压验电器、螺钉旋具、钢丝钳、尖嘴钳、剥线钳、电工刀、活扳手、安全帽、绝缘手套、绝缘垫或绝缘靴 4．各种线径导线					

评分标准	序号	项目名称	质量要求	满分	扣　分
	1	验电笔的使用	1．握笔姿势正确 2．先到确实有电的带电体上验电，检查验电笔是否良好 3．检测未知带电体是否有电 4．再次到确实有电点的带电体上验电，以检查验电结果的可靠性	4	1．姿势错误，扣1分 2．未检查，扣1分 3．检测不对，扣1分 4．未检查，扣1分

	序号	项目名称	质量要求	满分	扣分
评分标准	2	高压验电器的使用	1. 穿戴好工作服、安全帽、绝缘手套，绝缘靴或准备好绝缘垫 2. 手握姿势正确，与带电体保持0.7m以上的安全距离 3. 先到确实有电的带电体上检查验电器是否良好 4. 检测未知带电体是否有电。要逐渐靠近被测物体，直至氖管发光或发声 5. 再次到确实有点的带电体上验电，以检查验电结果的可靠性	5	1. 未使用安全用具，扣1分 2. 姿势不当、安全距离超标，扣1分 3. 未检查，扣1分 4. 检测方法不对，扣1分 5. 未检查，扣1分
	3	螺钉旋具的使用	1. 手握姿势正确 2. 拧入时用力适当，不伤顶头	2	1. 姿势不当，扣1分 2. 用力不当使顶头损伤，扣1分
	4	钢丝钳的使用	1. 口述用法口诀：剪切导线用刀口，剪切钢丝用侧口，扳旋螺母用齿口，弯绞导线用钳口 2. 检查绝缘柄是否良好 3. 手握姿势是否正确 4. 剪切导线方法正确 5. 剥削导线绝缘层方法正确	5	1. 不能口述，扣1分 2. 未检查，扣1分 3. 姿势不当，扣1分 4. 方法不当，扣1分 5. 方法不当，扣1分

	序号	项 目 名 称	质 量 要 求	满分	扣 分
评分标准	5	尖嘴钳的使用	1.手握姿势正确 2.弯绞导线端环	2	1. 姿势不当，扣1分 2. 弯绞导线端方法不当，扣1分
	6	剥线钳的使用	1.手握姿势正确 2.剥削长度量准例：30mm、50mm长 3.剥线方法正确 4.导线无损伤	4	1. 姿势不当，扣1分 2. 量度超差较大，扣1分 3. 剥线方法不当，扣1分 4. 有损伤，扣1分
	7	电工刀的使用	1.手握姿势正确 2.刨削长度量准例：30、50mm长 3.刨削方法正确 4.导线无损伤	4	1. 姿势不当，扣1分 2. 量度超差较大，扣1分 3. 刨削方法不当，扣1分 4. 有损伤，扣1分
	8	活扳手的使用	1.手握姿势正确 2.调整扳口开度方法正确 3.拧紧或拆卸大螺母方法正确 4.拧紧或拆卸小螺母方法正确	4	1. 姿势不当，扣1分 2. 方法不当，扣1分 3. 方法不当，扣1分 4. 方法不当，扣1分

编　　号	C54B049	行为领域	e	鉴定范围	
考试时限	60min	题　　型	B	题　分	30
试题正文	拉线制作				
其他需要说明的问题和要求	1. 要求单独完成，测量绞线长度和挂拉线可以由他人配合 2. 建议采用 GJ—35 型钢绞线				
工具、材料、设备、场地	钢卷尺、扳手、木锤、钢丝钳、紧线器、铁丝、绑线、断线钳、NX—1 楔型线夹一套、UT—1 型线夹、GJ—35 型钢绞线				

	序号	项目名称	质量要求	满分	扣　　分
评 分 标 准	1	工作前准备			1. 漏、错选择和检查，扣1分 2. 着装不当，扣1分
	1.1	选择、检查工器具	选择并检查扳手、木锤、钢丝钳、铁丝、断线钳、钢卷尺、紧线器等	1	
	1.2	选择检查材料	NX—1 楔型线夹一套、UT—1 线夹、GJ—35 型钢绞线、拉线绝缘子、铁丝、绑线及其他金具	1	
	1.3	着装	穿工作服、绝缘鞋、戴手套	1	
	2	工作过程			1. 长度计算不对，扣2分 2. 量取长度不对，扣1分 绑扎不牢固，扣1分 不能一次剪断钢绞线，扣1分
	2.1	计算拉线长度	根据杆高计算出拉线长度后，确定拉线长度（上把和下把） $L = 1.414H + 2 - 0.5$	2	
	2.2	量取上把和下把拉线	1. 量出上把和下把拉线长度，画印；上把不宜过长，保证拉线断时绝缘子离地面不小于 2.5m 2. 钢绞线剪断处用绑线牢固绑扎，拧紧 3. 用断线钳剪断钢绞线，一次剪断，钢绞线无松股	3	

	序号	项 目 名 称	质 量 要 求	满分	扣　　分
评 分 标 准	2.3	制作上把拉线	1. 将 NX—1 型线夹套入钢绞线 2. 量出弯曲部位 3. 弯曲钢绞线，尾线与主线成开口销形状 4. 放入楔子并拉紧，用木锤敲冲牢固，紧凑无缝隙 5. 距线夹 200～350mm 处绑扎钢绞线回头，不少于 10 匝，叫紧绑线拧 3 个小辫压靠，匝间无缝隙 6. 另端穿入拉线绝缘子，距绝缘子 200～350mm 处绑扎钢绞线回头，不少于 10 匝，叫紧绑线拧 3 个小辫，余线剪掉后压靠，匝间无缝隙	6	
	2.4	制作下把拉线	1. 量出弯曲部位 2. 弯曲钢绞线，尾线与主线成开口销形状 3. 一端穿入拉线绝缘子，距绝缘子 200～350mm 处绑扎钢绞线回头，不少于 10 匝，叫紧绑线拧 3 个小辫压靠，匝间无缝隙 4. 在 T 形槽中放入楔子并拉紧，用木锤敲冲牢固，紧凑无缝隙 5. 在横担下 200mm 处挂拉线 6. 安装 UT 线夹 7. 安装紧线器，收紧钢绞线，带上双螺母初步拧紧 8. 距线夹 300～450mm 处绑扎钢绞线回头，不少于 10 匝，叫紧绑线拧 3 个小辫，余线剪掉后压靠，匝间无缝隙 9. 双螺母并紧，拉线松紧适当 10. 取下紧线器	9	3. 制作上把每步不当，扣 1 分 4. 制作下把每步不当，扣 1 分

372

	序号	项 目 名 称	质 量 要 求	满分	扣 分
评 分 标 准	3	工作终结验收			1. 不在凸肚侧，扣1分 2. 长度不对，扣1分 3. 结合不紧密，扣0.5分；缝隙超1mm，扣0.5分 4. 绑扎长度不够，扣0.5分；不牢，扣0.5分 5. 小辫少于3个，扣0.5分；未弯进压平，扣0.5分 6. 出丝长度不当，扣0.5分；长短不一，扣0.5分
	3.1	绝缘子穿插和回头尾线位置	上把和下把穿插绝缘子应交叉；尾线应在凸肚侧，端部不破股	1	
	3.2	回头留取长度	1. 上把两端 300～450mm 2. 下把上端 300～450mm，下端 350～500mm	1	
	3.3	钢绞线与楔子半圆弯曲结合	结合处不得有死角和空隙	1	
	3.4	端头绑扎尺寸及强度	距线头 50～80mm 处绑扎 长度为 40～80mm	1	
	3.5	铁丝绞合端处理	铁丝绞合3个小辫，端部弯进2股钢绞线缝间，并靠压平	1	
	3.6	UT 线夹双螺母出丝长度	UT 线夹双螺母出丝长度不大于 1/2 螺纹长	1	
	4	安全文明生产要求	遵守安规，清理现场，收回工具、材料	1	违规，扣1分；未清理，扣1分

行业：电力工程　　　　工种：农网配电营业工　　　　等级：中

编　　号	C04B050		行为领域		鉴定范围	
考试时限	40min		题　　型	B	题　　分	30
试题正文	低压配电线路直线杆四线横担及绝缘子的安装					
其他需要说明的问题和要求	1. 地面设一人配合工作 2. 所需材料规格根据现场锥型电杆规格配备					
工具、材料、设备、场地	1. 直线杆四线横担一副、U型抱箍一副、拉板一副、针式绝缘子4个、登杆工具、安全带（帽）、吊物绳及常用电工工具 2. 低压配电线路实习场地					

	序号	项目名称	质量要求	满分	扣　　分
评分标准	1	工作前准备			
	1.1	选择材料	选择材料规格相匹配	1	1. 漏、错选择和检查一项，扣1分 2. 不按规定穿着，扣1分
	1.2	选择工器具	满足工作需要，并作检查	1	
	1.3	着装	穿戴好安全帽、工作服、绝缘鞋、安全带等	1	
	2	工作过程			
	2.1	登杆前检查	检查杆根、拉线，应牢固	2	1. 未检查，扣2分 2. 未试验，扣2分 3. 不规范不熟练，扣1~2分 4. 站位不当，扣2分
	2.2	登杆工具检查	对登杆工具进行冲击试验	2	
	2.3	登杆	登杆动作规范、熟练	2	
	2.4	工作位置确定	站位合适，安全带系绑正确	2	

374

	序号	项目名称	质量要求	满分	扣分
评分标准	2.5	横担安装	方法正确，横担与线路方向垂直，横担距杆顶距离符合要求，横担两端处于水平位置，U型螺丝紧固，并用双螺母并紧	7	5.方法不当，扣1分；横担与线路不垂直、不水平，扣2~4分；不牢固，扣2分
	2.6	抱箍、拉板安装	应水平，安装方法正确	4	6.不水平，扣2分；方法不当，扣2分
	2.7	针式绝缘子安装	型号符合要求，绝缘子顶槽与线路平行，各绝缘子安装垂直牢固，螺母紧固	4	7.型号不符，扣1分；不水平，扣2分；不用双螺母，扣2分
	3	工作终结验收			
	3.1	工艺、顺序	工艺达标，操作顺序正确，动作熟练，方法正确	2	1.出错一项，扣2分 2.有遗留物、跌落物，扣2分；未清理、未交还，扣1分
	3.2	安全文明生产	操作过程中无遗留物、跌落物，工作完毕作现场清理，交还工器具	2	

编　　号	C04B051	行为领域		鉴定范围	
考试时限	40min	题　　型	B	题　分	30
试题正文	低压配电线路终端杆横担及绝缘子的安装				
其他需要说明的问题和要求	1. 地面设一人配合工作 2. 所需材料规格根据现场锥型电杆规格配备				
工具、材料、设备、场地	1. 终端杆四线横担一副、U型抱箍一副、拉板一副、蝶式绝缘子及挂板4套、登杆工具、安全带（帽）吊物绳及常用电工工具 2. 低压配电线路实习场地				

	序号	项目名称	质量要求	满分	扣　分
评 分 标 准	1	工作前准备			
	1.1	选择材料	选择材料规格相匹配	1	1. 漏、错选择和检查，一项扣1分 2. 着装不当，扣1分
	1.2	选择工器具	满足工作需要，并作检查	1	
	1.3	着装	穿戴工作服、胶鞋、安全帽、手套	1	
	2	工作过程			
	2.1	登杆前检查	检查杆根及拉线是否能登杆	2	1. 未检查，扣2分 2. 未试验，扣2分 3. 不规范、不熟练，扣1~2分 4. 站位不当，扣2分
	2.2	登杆工具检查	对登杆工具进行冲击试验	2	
	2.3	登杆	登杆动作规范、熟练	2	
	2.4	工作位置确定	站位合适，安全带系绑正确，杆上转位不得脱离安全带保护	2	

	序号	项目名称	质量要求	满分	扣分
评分标准	2.5	横担安装	方法正确，横担方向正确，横担与线路方向垂直，横担距杆顶距离符合要求，横担两端处于水平位置，U型螺丝紧固，并用双螺母并紧	7	5. 方法不当，扣1分；横担与线路不垂直、不水平，扣2～4分；不牢固，扣2分；不用双螺母，扣2分
	2.6	抱箍、拉板安装	安装方法正确，应水平	4	6. 方法不当，扣2分；不水平，扣2分
	2.7	蝶式绝缘子安装	安装方法正确、螺母紧固	4	7. 方法不当，扣2分；未紧固，扣2分
	3	工作终结验收			
	3.1	工艺、顺序	工艺达标，操作顺序正确，动作熟练，方法正确	2	1. 不达标、顺序错、不熟练，扣2分
	3.2	安全文明生产	操作过程中无跌落物，工作完毕作场现场清理，交还工器具	2	2. 遗留物、跌落物，扣2分；未清理，扣2分

行业：电力工程　　　　工种：农网配电营业工　　　　　　等级：中

编　号	C04B052	行为领域	e	鉴定范围	
考试时限	60min	题　型	B	题　分	30
试题正文	低压接户线的安装				
其他需要说明的问题和要求	1. 地面设一人配合工作 2. 所需材料规格根据现场锥型电杆规格配备				
工具、材料、设备、场地	直线杆接户线横担一副、墙壁接户横担一副、拉板4副、蝶式绝缘子4个、BLV—35型导线一捆、登杆工具、梯子、安全带、吊物绳及常用电工工具				

	序号	项目名称	质量要求	满分	扣　分
评分标准	1	工作前准备			
	1.1	选择材料	选择材料规格相匹配	1	1. 漏、错选择和检查，一项扣1分 2. 着装不当，扣1分
	1.2	选择工器具	满足工作需要，并作检查	1	
	1.3	着装	穿戴工作服、胶鞋、安全帽、手套	1	
	2	工作过程			1. 未检查，扣1分 2. 未试验，扣1分 3. 不规范、不熟练，扣1分 4. 站位不当，扣1分；方法不当，扣2分
	2.1	登杆前检查	检查杆根是否牢固	1	
	2.2	登杆工具检查	对登杆工具进行冲击试验	1	
	2.3	登杆	登杆动作规范、熟练	1	
	2.4	工作位置确定	站位合适，安全带系绑正确	1	

	序号	项目名称	质量要求	满分	扣分
评分标准	2.5	直线杆接户线横担安装	方法正确，横担与接户线方向垂直，横担位置符合要求，横担两端处于水平位置，U型螺丝紧固，并用双螺母并紧	7	5. 横担与线路不垂直、不水平，扣2分；不牢固，扣2分；不用双螺母，扣2分 6. 2.6～2.11条，方法不当，扣1～2分
	2.6	拉板、蝶式绝缘子安装	安装方法正确	2	
	2.7	接户线绑扎	安装方法正确、螺母紧固	2	
	2.8	墙壁接户横担安装	安装方法正确、横担水平	2	
	2.9	拉板、蝶式绝缘子安装	安装方法正确	2	
	2.10	接户线紧线、绑扎	安装方法正确、工艺符合要求	2	
	2.11	接户线过引	安装方法正确、工艺符合要求	2	
	3	工作终结验收			1. 未达标、顺序错、不熟练，扣2分 2. 遗留物、跌落物，扣2分；未清理扣2分
	3.1	工艺、顺序	工艺达标，操作顺序正确，动作熟练，方法正确	2	
	3.2	安全文明生产	操作过程中无跌落物，工作完毕作现场清理，交还工器具	2	

行业：电力工程　　　　工种：农网配电营业工　　　　等级：中

编　号	C04B053	行为领域		e		鉴定范围	
考试时限	20min	题　　型		B		题　分	30
试题正文	配电线路直线杆、杆顶支架及绝缘子的安装						
其他需要说明的问题和要求	1. 地面设一人配合工作 2. 所需材料规格根据现场锥型电杆规格配备						
工具、材料、设备、场地	1. 杆顶支架一副（配螺帽）、直线杆横担一副、U型抱箍一副、针式绝缘子（矮脚各2个、高脚1个）、登杆工具、安全带、吊物绳及电工工具 2. 配电线路实习场地						

	序号	项目名称	质量要求	满分	扣　分		
评 分 标 准	1	工作前准备			1. 漏、错选择和检查，一项扣1分 2. 着装不当，扣1分		
	1.1	选择材料	选择材料规格相匹配	1			
	1.2	选择工器具	满足工作需要，并作检查	1			
	1.3	着装	穿戴工作服、胶鞋、安全帽、手套	1			
	2	工作过程			1. 未检查，扣2分 2. 未试验，扣2分 3. 不规范、不熟练，扣1~2分；站位不当，扣2分		
	2.1	登杆前检查	检查杆根和拉线是否牢固	2			
	2.2	登杆工具检查	对登杆工具进行冲击试验	2			
	2.3	登杆	登杆动作规范、熟练	2			

	序号	项 目 名 称	质 量 要 求	满分	扣 分
评分标准	2.4	工作位置确定	站位合适，安全带系绑正确	2	4. 方法不当，扣2分 5. 横担与线路不垂直、不水平，扣2分；距离不当，扣2分；不紧固，扣2分；不用双螺母，扣2分 6. 方法不当，扣1～2分；不牢固，扣2分；不垂直，扣2分；距离不当，扣1分 7. 方法不当，扣1～2分；不垂直，扣1分；不牢固，扣1分
	2.5	横担安装	安装方法正确，横担与线路方向垂直，横担距杆顶距离符合要求，横担两端处于水平位置，U型抱箍螺丝紧固，并用双螺母并紧	8	
	2.6	杆顶支架安装	安装方法正确，支架安装紧固，直担与线路垂直，距离符合要求	6	
	2.7	针式绝缘子安装	安装方法正确，垂直，牢固	3	
	3	安全文明生产	操作过程中无跌落物，无遗留物，工作完毕作现场清理，交还工器具	2	跌落物，扣2分；遗留物，扣2分；未清理、未交还，扣2分

行业：电力工程　　　　工种：农网配电营业工　　　　等级：中/高

编　号	C43B054	行为领域	e	鉴定范围	
考试时限	90min	题　型	B	题　分	30
试题正文	低压电缆头制作				
其他需要说明的问题和要求	1. 独立进行 VLV22—3×185+70 电力电缆干包头制作 2. 0.4/1kV 电缆为例				
工具、材料、设备、场地	电缆 VLV22—3×185+70 若干、塑料带若干、钢锯、锯条、喷灯、万用表、兆欧表、线鼻子 70、95、185mm² 若干、压接钳、接地编织带				

	序号	项 目 名 称	质 量 要 求	满分	扣　分
评 分 标 准	1	工作前准备			1. 选择错一项，扣1分 2. 着装不当，扣1分
	1.1	选择工器具	按电缆规格选择合适的工器具	1	
	1.2	选择材料	按操作内容，选择合适的材料	1	
	1.3	着装	穿戴工作服、手套	1	
	2	工作过程			1. 剖削长度不合适，扣2分；伤及内护层，扣2分 2. 除污方法错，扣2分 3. 焊接不当，扣5分 4. 剥除方法不当，扣2分；内护层保留长度超过±5mm，扣2分
	2.1	剖削外护层	根据需要剖削外塑料护层，根据剖削长度绑好扎线，锯好钢铠	2	
	2.2	钢铠除污	用小锉刀或锯条将钢铠表面除锈及除去氧化层	2	
	2.3	焊接地线	接地线与钢铠焊接，牢固、平整、无毛刺，面积达到 300mm²	2	
	2.4	内护层处理	内护层保留长度 60mm，余者剥除，分开线芯，除去填料	2	

	序号	项 目 名 称	质 量 要 求	满分	扣 分
评 分 标 准	2.5	线端绝缘层剖削	量好引线长度，剥去线芯端子绝缘层，长度比线鼻子内孔深度大5mm	2	5. 引线长度不符合要求，扣2分；剥层长度±5mm，扣2分
	2.6	安装卡箍	钢铠安装卡箍，正确牢固	2	6. 不牢固，扣2分
	2.7	电缆头制作	塑料带每周包缠压叠1/2带宽，层数符合要求；塑料带包缠密实度及外形符合要求；电缆头包缠密实度及外形符合要求	6	7. 压叠不合格，扣2分；层数不合格，扣2分；松软，扣2分；外观不符要求，扣2分
	2.8	线鼻子安装	线鼻子连接处线头的除污符合要求；线鼻子型号与线芯匹配；压接钳压模选择正确	3	8. 除污不当、型号不匹配、压模不匹配，各扣1分
	3	工作终结验收			1. 深度不符、坑数不对，各扣1分
	3.1	线鼻子连接	压接深度符合要求；压入深度及压坑数正确	2	
	3.2	绝缘恢复	外观检查要求接触良好，塑料带包缠均匀、平整，相色标志正确	2	2. 绝缘不合格，扣2分；色标错，扣2分
	4	安全文明生产	工作中无违章出现，工作完毕交还工器具，清理场地	2	违章，扣2分；不作清理，扣1分；工具损坏，一次扣1分

行业：电力工程　　　　工种：农网配电营业工　　　　等级：中/高

编　　号	C43B055	行为领域		e	鉴定范围	
考试时限	30min	题　　型		B	题　分	30

试题正文	设置耐张杆横担临时拉线

其他需要说明的问题和要求	1. 单独操作 2. 桩锚已安装好或使用现有拉棒作为桩锚

工具、材料、设备、场地	1. 钢丝绳1根、U型环或卸扣2只、紧线钳（双钩、棘轮紧线器均可）1把、10号铁丝或钢丝卡子若干 2. 配电线路实习场地

	序号	项目名称	质量要求	满分	扣　分
评 分 标 准	1	工作前准备			1. 漏、错选择和检查，一项扣1分 2. 不按规定穿着一项，扣1分
	1.1	选择材料和工器具	选择、检查所需工具及材料，带好个人工具，满足工作需要	2	
	1.2	安全着装	穿戴好安全帽、安全带、绝缘鞋、工作服等	2	
	2	工作过程			1. 未检查，扣1分 2. 未试验，扣1分 3. 不规范、不熟练，扣1~2分
	2.1	登杆前检查	检查杆根及拉线是否牢固	1	
	2.2	登杆工具检查	登杆工具进行冲击试验	1	
	2.3	登杆	登杆动作规范熟练	2	

384

続表

序号	项目名称	质量要求	满分	扣分
2.4	工作位置确定	工作位置选择正确，系好安全带	2	4. 站位不当，扣1~2分 5. 2.5各项不符合质量要求，各扣2~3分
2.5	临时拉线设置	吊钢丝绳动作熟练，吊绳与钢丝绳不缠绕	2	
		钢丝绳缠绕横担头正确，靠近挂线点，不妨碍紧线、挂线工作	2	
		用双钩紧线器或棘轮紧线器收紧钢丝绳使临时拉线比正常拉线紧一些	3	
		钢丝绳在锚桩上或拉棒上绑扎正确，绳尾在钢丝绳上最少要拆回2次	3	
		钢丝绳绑扎要拉紧，钢丝绳用扎丝扎牢或用钢丝卡子卡住	2	
		拆除紧线工具，使临时拉线受力	2	
		要求10号扎丝扎两处，每处缠扎长度不少于50mm，钢丝卡子不少于2只	2	
3	工作终结验收			1. 不牢固，扣2分 2. 遗留物、跌落物，扣2分；未清理，扣2分
3.1	临时拉线设置	符合工作需要且牢固，安全	2	
3.2	安全文明生产	杆上无遗留物、跌落物，工作完毕交还工器具，清理现场	2	

评分标准

385

4.2.3 综合操作

编　　号	C05C056	行为领域		e	鉴定范围	
考试时限	90min	题　　型		C	题　　分	50
试题正文	室内明管敷设、配线及照明配电箱、灯具安装					
其他需要说明的问题和要求	1. 在室内敷设PVC管，管内穿线，一人操作，一人配合 2. 安装照明配电箱、墙壁开关和灯具 3. 提供施工图					
工具、材料、设备、场地	1. PVC管、配电箱、穿线钢丝、BV—2.5导线、绝缘带、木螺丝或自攻丝、日光灯具、墙壁开关、常用电工工具：冲击电钻、万用表、500V兆欧表 2. 在实训场地操作					

	序号	项目名称	质量要求	满分	扣　　分
评 分 标 准	1	工作前准备			1. 漏、错选择和检查，扣2～4分 2. 看图水平差，扣2～4分 3. 着装不当，扣2分
	1.1	选择工器具和材料	满足工作需要，质量好	4	
	1.2	熟悉安装场地和施工图	能看懂施工图，并能与场地对应	4	
	1.3	着装	穿戴工作服、绝缘鞋、手套	2	
	2	工作过程			不符合相应要求，扣2～6分
	2.1	安装配电箱	安装方法正确、位置符合要求	6	
	2.2	敷设PVC管	安装方法正确、工艺质量和位置符合要求	4	

続表

序号	项目名称	质量要求	满分	扣分
	2.3	穿管配线	穿管方法正确，符合要求	2	
	2.4	导线连接	连接工艺、绝缘恢复符合要求	4	
	2.5	安装开关并接线	安装方法正确，符合要求	4	不符合相应要求，扣2~6分
评分标准	2.6	安装灯具	安装、接线方法正确，符合要求	4	
	2.7	检测绝缘电阻	检测方法正确，数据符合要求	4	
	2.8	通电检查	通电方法正确	4	
	3	工作竣工验收			
	3.1	开关、灯具位置及方向	位置合适、方向正确、美观	2	1. 不美观，扣1~2分 2. 动作不正常，扣4分 3. 未清理、未交还，扣2分
	3.2	电器动作情况	各电器工作正常	4	
	3.3	安全文明生产	工器具材料摆放有序，工器具、设备无损伤，清理现场，交还工器具及剩余材料	2	

387

行业：电力工程　　　　工种：农网配电营业工　　　　等级：初/中

编　　号	C54C057	行为领域		鉴定范围	
考试时限	20min	题　　型	C	题　　分	50
试题正文	配电线路定期巡视				
其他需要说明的问题和要求	现场模拟操作或考问				
工具、材料、设备、场地	运行线路或培训线路				

	序号	项目名称	质量要求	满分	扣　分
评分标准	1	沿线情况			
	1.1	道路及桥梁	巡线道路是否畅通，桥梁是否完好	1	
	1.2	线路防护区	1. 检查线路上是否悬挂树枝、风筝、金属物	1	
			2. 检查防护地带是否有堆放的杂物、杂草、木材、易燃易爆物	1	
			3. 检查防护区内的土建施工、开挖渠道、平整土地、植树造林等是否影响线路安全运行	1	每条不准确，扣0.5分；不正确，扣1分
	1.3	沿线其他工程	1. 检查建筑物、工棚、大型障碍物、机械施工设备、井架等是否影响线路安全运行	1	
			2. 检查工程爆破、打靶、土石方工程是否损伤线路	1	
			3. 检查通信、索道、管道架设、电缆敷设是否影响线路安全运行	1	
			4. 检查污染腐蚀线路的工厂对线路的影响	1	

	序号	项目名称	质量要求	满分	扣 分
评分标准	2	杆塔情况			每条不准确，扣0.5分；不正确，扣1分
	2.1	杆塔	1. 检查杆塔本身，各部件有无歪斜现象；电杆偏离线路中心线不应大于0.1m；倾斜度不应大于杆长的1.5%	1	
			2. 混凝土杆不应有纵向裂纹；横向裂纹不应超过1/3周长；裂纹宽度不应超过0.5mm	1	
			3. 检查杆塔基础周围土壤是否有突起或下沉，基础本身有无明显裂纹、损坏现象	1	
			4. 检查杆塔部件和固定情况，是否有缺少螺栓、螺母、螺丝松扣等情况	1	
			5. 查相序牌、标号牌等标志是否完整，杆塔上是否有鸟巢及其他外物，周围不应有妨碍工作的其他蔓藤类植物	1	
	2.2	横担	1. 检查是否锈蚀、变形、松动、严重歪斜	1	
			2. 铁横担面积不应超过1/2截面，木横担深度不应超过1/3，横担歪斜不应超过长度的2%	1	

	序号	项目名称	质量要求	满分	扣分
评分标准	3	导线、避雷线、金具、绝缘子			每条不准确，扣1~2分；不正确，扣2分
	3.1	磨损、断股	检查导线及避雷线是否有断股、磨损及闪络烧伤的痕迹	2	
	3.2	弧垂	弧垂是否有不平衡现象，导线对地、对交叉设施及其他物体距离是否正常	2	
	3.3	金具	1.检查金具是否有生锈、损坏、缺少开口销和弹簧销的情况	2	
			2.检查线夹有无锈蚀、缺少螺丝和垫圈，是否有螺母松扣、开口销丢失或脱出现象	2	
			3.检查各连接处如压接管、并沟线夹有无过热现象，如变色等情况，两端导线有无抽丝现象	2	
			4.检查引流线（或耐张跳线）是否有歪曲变形或距杆塔过近等现象	2	

	序号	项目名称	质量要求	满分	扣分
评分标准	3.4	绝缘子	1. 绝缘子的脏污情况，瓷质部分是否有裂纹或破碎现象 2. 瓷面是否有闪络痕迹，绝缘子串是否有严重偏斜	2 2	每条不准确，扣 1~2 分；不正确，扣 2 分
	4	拉线和接地线			
	4.1	拉线	1. 检查拉线基础是否有松动、土壤下沉、基础上拔等情况 2. 检查拉线是否松弛、锈蚀、断股 3. 地锚是否松动、缺土，土壤是否下沉 4. 拉线棒、楔型线夹、UT型线夹、抱箍等是否有锈蚀和松动 5.UT型线夹螺母是否丢失	1 1 1 1 1	每条不准确，扣 0.5 分；不正确，扣 1 分
	4.2	接地装置	1. 避雷线与引下线连接处是否缺少夹具 2. 接地引下线与接地装置连接线是否断线或松动 3. 接地螺母是否松动或丢失	1 1 1	

	序号	项目名称	质量要求	满分	扣分
评分标准	5	配电设备			每条不准确，扣 0.5 ~ 1 分；不正确，扣 1 ~ 2 分
	5.1	断路器、隔离开关、避雷器	1.检查断路器安装得是否牢固，有无变形 2.检查隔离开关动、静触头接触是否良好，有无松动和发热现象 3.检查断路器、隔离开关、避雷器的瓷件有无裂纹、破损和放电闪络痕迹	2 2 2	
	5.2	变压器	1.检查变压器台架是否下沉、倾斜、腐烂 2.检查变压器台架的编号、相位标志、警告标示牌是否齐全 3.检查变压器套管是否完好，有无脏污、裂纹和闪络放电痕迹	1 1 1	
	6	巡视记录	记录清楚明了	2	未回答，扣 1 分

行业：电力工程　　　　工种：农网配电营业工　　　　等级：中/高

编　号	C43C058	行为领域		e		鉴定范围	
考试时限	90min	题　型		C		题　分	50
试题正文	更换配电线路拉线						
其他需要说明的问题和要求	1. 要求拉临时拉线，在实习训练场地停电线路上操作 2. 两人一组，杆上、杆下交叉考核。另设安全监护人 3. 以更换 GJ—35 型拉线为例						
工具、材料、设备、场地	1. 停电线路或实习训练线路 2. 备好 GJ—35 型钢绞线及 NX—1、UT—1 型线夹等金具，直径 10mm 左右钢丝绳 3. 紧线器、断线钳、登杆工具、吊物绳、木锤、活扳子、组合电工工具						

	序号	项 目 名 称	质 量 要 求	满分	扣　　分
评 分 标 准	1	工作前准备			
	1.1	拉线金具	NX—1 型、UT—1 型	1	1. 每少一件，扣 1 分 2. 漏检查每次，扣 0.5 分
	1.2	钢绞线	GJ—35 型，长度足量	1	
	1.3	钢丝绳	长度足量	1	
	1.4	U 型环或卸扣	60kN	1	
	1.5	紧线器	双钩、棘轮等紧线器	1	
	1.6	检查工具	个人工具、登杆工具、绳及木锤等检查是否合格	1	
	1.7	断线钳	检查是否合格	1	
	1.8	绑扎铁丝	检查是否合格	1	
	1.9	着装	穿戴工作服、胶鞋、手套、安全帽		
	2	登杆操作			1. 未检查试验每件，扣 1 分 2. 动作不规范，站位不当，扣 1 分；系绑不当，扣 1 分
	2.1	登杆前检查	检查杆根和拉线是否牢固，检查、冲击试验登杆工具是否可靠	1	
	2.2	登杆	动作规范，站位正确，安全带系绑方法正确	2	

393

	序号	项 目 名 称	质 量 要 求	满分	扣 分
评分标准	3	装临时拉线			1.吊物绳缠绕钢丝绳，扣1分；方法不正确，扣1~2分 2.装法不当、不紧，影响正式拉线安装，扣1~2分
	3.1	杆上系绑钢丝绳	1.吊钢丝绳。要求吊物绳不与钢丝绳缠绕	1	
			2.钢丝绳缠绕电杆两圈、U型环螺丝拧紧	2	
	3.2	杆下系绑钢丝绳	拉线棒上装U型环，挂紧线器，收紧钢绞线，系绑临时拉线钢丝绳。要不影响正式拉线安装	2	
	4	拆除旧拉线			1.拆法不当，每次扣1分 2.吊物绳与旧拉线缠绕，扣2分
	4.1	拆除旧拉线下端	拆下原UT型线夹	1	
	4.2	拆除旧拉线上端	拆下原楔形线夹，吊物绳与旧拉线不能缠绕，将旧拉线吊下电杆	2	
	5	制作新拉线			1.方法不当，扣1~2分 2.工艺差，系绑不紧，缝隙超1mm，扣1分
	5.1	制作拉线上把	1.画印、绑线、断线、组装正确	2	
			2.制作工艺达到标准要求	2	
	5.2	制作拉线下把	1.画印、绑线、断线、组装正确	2	
			2.制作方法正确，工艺达到规范要求	2	

	序号	项目名称	质量要求	满分	扣　　分
	6	装新拉线			
评分标准	6.1	安装上把	1. 传递绳把上把吊上电杆，吊物绳与拉线不缠绕 2. 挂好上把，安装牢固	1 1	1. 方法不当，扣1分；缠绕，扣1分；不牢固，扣1分
	6.2	安装下把	1. 量取钢绞线长度准确画印 2. 安装UT型线夹 3. 安装紧线器，拉紧拉线使之正常受力 4. 安装拉线下把，将钢绞线回头尾线扎牢 5. 双螺母应并住拧紧，拉线受力适当，出丝长度适当	1 1 1 3 2	2. 量取不准，扣1分；安装不当，扣1分；安装不当、未拉紧，扣1分；安装不当，扣1分；未扎牢，扣2分；未拧紧，受力不当，扣2分；出丝长度超1/2，扣1分
	7	拆除临时拉线	先拆下把，后拆上把，用吊物绳放下	2	顺序错，扣1分；吊物绳与拉线缠绕，扣1分

序号	项目名称	质量要求	满分	扣分
8	工艺要求			
8.1	钢绞线出头位置正确	钢绞线出头应在线夹凸肚侧	2	1. 出线方向反，扣2分 2. 长度不当，扣1~2分 3. 未扎牢，扣2分；匝数少，扣1分；小辫少，扣1分；未压平，扣1分；有间隙，扣1分 4. 受力过紧或过松，扣1~2分 5. 长度超标，扣1分；未双螺母拧紧，扣1分
8.2	尾线长度检查	钢绞线回头长度正确为300~500mm	2	
8.3	尾线绑扎	钢绞线回头尾线扎牢。不少于10匝，绞紧绑线拧3个小辫，余线剪掉后压平，匝间无缝隙	2	
8.4	拉线受力	拉线受力适当	2	
8.5	UT型线夹出丝	螺母出丝长度小于1/2螺杆的罗纹长度。双螺母拧紧	1	
9	文明生产	1.遵守安规 2.整理工器具清理场地	1 1	违规，扣1分；未整理，扣1分

评分标准

行业：电力工程　　　　工种：农网配电营业工　　　　等级：高

编　　号	C03C059	行为领域		鉴定范围	
考试时限	20min	题　型	综合操作题	题　分	50
试题正文	组织指挥叉杆立杆				
其他需要说明的问题和要求	1. 以10m杆为例模拟操作（口述） 2. 各地可根据本地区实际情况参照使用				
工具、材料、设备、场地	叉杆3~4副、麻绳、1~1.3m顶板、2.5~3m滑板、铁锹、撬棍、常用工具等				

	序号	项目名称	质量要求	满分	扣　分
评 分 标 准	1	工作前准备			漏、错，各扣1~2分
	1.1	合理配置工器具	检查是否满足施工要求	2	
	1.2	人员分工	分工明确、责任到人、统一指挥	2	
	1.3	着装	着装符合安全要求	1	
	2	工作过程			1. 位置不对，扣3分；长度不够，扣2分 2. 滑板未立稳，扣2分；位置不对，扣3分 3. 电杆未放置到位，扣3分；未抵住滑板，扣2分 4. 人员就位未安排到位，扣3~10分
	2.1	施工现场布置			
	2.1.1	侧拉绳系绑	侧拉绳系在杆根以上7~8m位置，两侧绳长为电杆高的1.3倍以上，即13m以上	5	
	2.1.2	立滑板	滑板稳固地立在杆坑马道对面	5	
	2.1.3	电杆放置	将电杆顺线路方向在马道侧放置，杆根抵住滑板	5	
	2.1.4	人员就位	按分工，侧拉绳、叉杆、观察、抬杆梢的人员就位	5	

	序号	项目名称	质量要求	满分	扣　　分
评分标准	2.2	立杆工作			1. 起立工具使用顺序不对，扣2~5分 　2. 入坑后安排工序未到位，扣5~10分 　3. 调整夯实方法不对，扣2~5分
	2.2.1	起立	精力集中，统一指挥，指挥抬起杆梢，顶板顶起，先放小叉杆，再放长叉杆，逐步撑起	5	
	2.2.2	入坑直立	杆根滑入坑内，电杆未垂直立起前，将一副叉杆移到另一侧抵住电杆，将侧拉绳拉住防止左右倾斜，继续立杆至直立，两侧叉杆抵住	10	
	2.2.3	调整夯实	调整杆根至底盘中心，立直，装卡盘，回填土分层夯实	5	
	3	安全文明生产	注意安全事项，文明施工	5	指挥中未注意，扣2~5分

行业：电力工程　　　　工种：农网配电营业工　　　　等级：高/技师

编　　号	C32C060	行为领域	e	鉴定范围	
考试时限	30min	题　　型	C	题　　分	50
试题正文	更换导线				
其他需要说明的问题和要求	1. 模拟操作（口试） 2. 以一段耐张段为例，采用旧线拖引新线法更换导线				
工具、材料、设备、场地	机动绞磨、钢丝绳、麻绳、放线架（盘）、通信工具（对讲机）、导线、角铁桩、锤子、滑车等，常用电工工具				

	序号	项目名称	质量要求	满分	扣　分
评 分 标 准	1	工作前准备			1. 未制定方案，扣1分 2. 漏、错选一项，扣1分 3. 未办工作票，扣1分 4. 着装不当，扣1分
	1.1	制定施工方案	满足现场施工要求	1	
	1.2	选择工器具、材料	选择工器具、材料，满足施工要求	2	
	1.3	办理有关停电手续	办理第一种工作票有关手续	2	
	1.4	着装	工作服、绝缘鞋、手套、安全帽	1	
	2	工作过程			1. 未宣读，扣2分 2. 安全措施不当，扣2～3分 3. 未设临时拉线，扣3分 4. 未拆，扣3分；未放滑车内，扣1分
	2.1	进入工作现场宣读工作票	由工作责任人宣读工作票	2	
	2.2	组织人员进行分工、交代安全注意事项	安排人员验电，挂接地线，挂标志牌设遮栏，指定安全监护人	3	
	2.3	临时拉线	在拆线后的耐张反向设临时拉线	3	
	2.4	拆旧线	拆除导线在绝缘子的扎线，将导线放入放线滑轮内	3	

399

续表

	序号	项目名称	质量要求	满分	扣分
评分标准	2.5	拆引流线	解开引流线并在受力反方向用拉绳固定在受力点上	3	5. 未解，扣3分；未固定，扣2分 6. 方法错，扣2～5分；顺序错，扣1～2分 7. 未连接，扣3分；接头大，扣1分 8. 未派人检查，扣3分；未通知，扣1分 9. 挂线方法不当，扣1～3分
	2.6	松旧线	在终端杆塔，先牵引导线耐张线夹，使绝缘子串松弛，由杆上作业人员脱去球头挂环后，再松放导线，使导线和绝缘子松弛落地	5	
	2.7	新旧线接续	将新线固定在旧线尾端连接牢固，接头要保证顺利穿过滑轮	3	
	2.8	放线	派人检查导线展放过程中有无卡阻现象，确定后可通知收旧线	3	
	2.9	挂线	拖完旧线将同时到达的新线放入耐张线夹内连同绝缘子串一起装设在杆塔横担上	3	

	序号	项目名称	质量要求	满分	扣分
评分标准	2.10	紧线	牵引端接到通知后即可进行紧线，指定专人观察弧垂；如有交叉跨越，应按规定搭好跨越架；护线员应监视导线的完好程序，确定是否需要补修	5	10. 紧线方法不当，扣2～5分；未检查修补，扣2分 11. 固定方法不当，扣2～5分
	2.11	导线固定	弧垂合格后停止紧线，在耐张杆塔上锚固；逐一在直线杆上将导线固定在绝缘子上	5	
	3	工作竣工验收			
	3.1	检查验收	对现场进行全面检查，无异常后，通知有关人员拆除接地线。通知有关人员可恢复送电	2	1. 未检查，扣2分；未拆接地线，扣2分；未通知，扣1分 2. 未清点并撤出，扣2分
	3.2	清理现场	清点工器具、材料及换下的旧导线，将带入现场的施工器械、设备及材料撤出现场	2	
	4	安全文明生产	遵守安规，文明施工，清理现场，交换工器具	2	违章，扣2分；未清理并交还，扣1分

行业：电力工程　　　　工种：农网配电营业工　　　　等级：高/技师

编　号	C32C061	行为领域	e	鉴定范围	
考试时限	30min	题　型	C	题　分	50
试题正文	更换耐张杆				
其他需要说明的问题和要求	以10m杆为例模拟操作（口答）				
工具、材料、设备、场地	紧线器、卡线器、钢丝绳、麻绳、电杆、绝缘子、横担、角铁桩、榔头、挖勺、滑车、绞磨、抱杆等				

	序号	项目名称	质量要求	满分	扣　分
评分标准	1	工作前准备			1. 无方案，扣1分 2. 漏、错选择，扣1~2分 3. 未办理，扣2分 4. 着装不当，扣1分
	1.1	制定施工方案	满足现场施工要求	1	
	1.2	选择工器具、材料	选择工器具、材料满足施工要求	2	
	1.3	办理停电手续	办理有关停电手续（接到线路第一种工作票）	2	
	1.4	着装	工作服、绝缘鞋、手套、安全帽	1	
	2	工作过程			1. 未宣读，扣2分 2. 未分工，扣2分 3. 未安排，扣3分；安全措施不全面，扣1~2分 4. 未装设，扣3分
	2.1	宣读工作票	进入工作现场由工作责任人宣读工作票	2	
	2.2	人员分工	安排成员分工，任务到人，责任到人	2	
	2.3	安全措施	安排人员验电，挂接地线，挂标志牌设遮栏，指定安全监护人，交代安全注意事项	3	
	2.4	装临时拉线	在两侧的电杆上装设临时拉线	3	

402

	序号	项目名称	质量要求	满分	扣分
评分标准	2.5	拆旧杆	1. 用紧线器松放导线，拆除电杆上引流搭头、横担、拉线及绝缘子串 2. 钢丝绳绑在杆重心之上，拔除电杆	8	5. 未拆除，扣8分；不全面，每项扣2~6分
	2.6	立杆	1. 在原处挖掘基坑到原深度 2. 按叉杆法立杆，也可用吊车立杆 3. 装设原拉线	9	6. 未立杆，扣9分；不全面，每项扣2~6分 7. 未架设，扣6分；不全面，扣2~4分 8. 未拆除，扣2分；顺序错，扣1分
	2.7	架设导线	组装杆上横担及绝缘子串；将导线收紧挂好，恢复引流线连接	6	
	2.8	拆除两侧临时拉线	先拆下端后拆上端	2	
	3	工作终结验收			
	3.1	现场检查	1. 电杆埋设牢固，不偏不斜 2. 弧垂符合运行规范规定 3. 拉线松紧适度 4. 对现场进行全面检查，无异常后，通知有关人员拆除接地线并复核杆号；通知有关人员可恢复送电	5	1. 未检查，每项扣1~2分 2. 未清点并撤出，扣2分
	3.2	清理现场	清点工器具、材料及换下的旧电杆，将带入现场的施工器械、设备及材料撤出现场	2	
	4	安全文明生产	遵守安规，文明施工；清理现场，交还工具	2	违章，扣2分；未清理、未交还，扣1分

行业：电力工程　　　工种：农网配电营业工　　　等级：高/技师

编　号	C32C062	行为领域		e	鉴定范围	
考试时限	20min	题　型		C	题　分	50
试题正文	变压器的安装与检查试验					
其他需要说明的问题和要求	可根据题意进行模拟操作（口试）					
工具、材料、设备、场地	工具：撬棍、滑轮、成套扳手、水平尺、钢丝绳、直管漏斗、双臂电桥、兆欧表 材料：变压器油、油桶、方木、薄木板、铁垫片、棕绳 设备：配电变压器					

	序号	项目名称	质量要求	满分	扣　　分
评 分 标 准	1	安装前的准备			1. 漏、错选，扣1～2分 2. 台架漏检查，每一项扣2～3分
	1.1	工具、材料准备	选择工器具、材料满足施工要求	2	
	1.2	着装	工作服、手套、绝缘鞋、安全帽	2	
	1.3	变压器台架的检查	1. 预埋件质量符合强度要求，尺寸符合设计图纸，基础水平度符合要求 2. 台架安装牢固，尺寸符合有关规定：高2.5～3m，两杆中心距2.5～3m，倾斜度不大于台高的1%	5	
	2	变压器安装			1. 漏查，一项扣2分
	2.1	变压器安装前的外观检查	型号符合安装设计要求，瓷套管无损伤、各部位连接螺栓牢靠，各接口处无渗漏油、外表无机械损伤和锈蚀，油漆完好	5	

404

	序号	项目名称	质量要求	满分	扣分
评分标准	2.2	检查变压器安装方向和位置	摆好方向，靠近安装位置	2	2. 未检查安装方向，扣2分 3. 水平调整有误，扣2~3分；碰伤撞坏器件，扣4分 4. 未连接引线，每处扣2分
	2.3	变压器的就位、调整	就位推进要平稳，调整水平方法正确，且满足要求，不碰伤或撞坏器件	4	
	2.4	连接高低压引线	高压侧引到跌落式熔断器并符合安全距离；低压侧引到低压线路并符合安全距离；中性点、外壳、避雷器接地点连接后引接到接地极	6	
	3	运行前的检查与试验			1. 漏查，扣1~2分 2. 未取样未送检，扣1~2分 3. 未作严密性试验，扣6分；不全面，扣2~4分
	3.1	检查油箱和套管	检查整体密封良好，油箱干净无杂物；套管完好无裂纹	2	
	3.2	取油样	1. 检查新油与原变压器油是否为同牌号 2. 取油样送试验室，做混油试验和耐压试验	2	
	3.3	注油并作严密性试验	关闭呼吸孔，从注油孔注入合格的变压器油，灌满油枕后持续15min；检查油枕、套管、防爆管、分接开关、温度计孔、油箱、散热器、阀门等处有无渗漏损坏	6	

	序号	项目名称	质量要求	满分	扣分
评 分 标 准	3.4	调节油面	严密性试验合格后，放油，把油面降到标准线处，然后打开呼吸孔	2	4. 未调节，扣2分 5. 未检查，扣2分 6. 未配合，扣2分 7. 未检查，扣2分 8. 未检查，扣2分 9. 未作冲击试验，扣2分
	3.5	检查分解开关	检查分接开关分接位置与调压要求是否相符	2	
	3.6	测量绕组直流电阻	配合试验人员接线	2	
	3.7	检查电气安全距离	检查各线间，线地间电气安全距离是否符合规范要求	2	
	3.8	检查系统阀门	检查油枕、散热器阀门，应位于打开位置，否则应预打开。检查防爆管应关闭，玻璃片完好	2	
	3.9	冲击试验	全电压合闸5次，第一次运行10min，应无异常声音和放电声；合格后第2次直到第5次。试验合格后可投入运行	2	
	4	安全文明生产	遵守安规，文明生产；清理现场，交还工器具	2	有违规，扣2分；未清理和交还，各扣1分

编　号	C02C063	行为领域		e	鉴定范围	
考试时限	30min	题　　型		C	题　　分	50

试题正文	编制线路施工方案

其他需要说明的问题和要求	1. 口试 2. 假设一个项目，并提出具体

工具、材料、设备、场地	教室

	序号	项目名称	质量要求	满分	扣　分
评 分 标 准	1	工作前的准备			
	1.1	编制说明	1. 编制依据 2. 本方案适用范围 3. 遵守的规章制度 4. 明确工日、工期	8	错一项，扣2分
	2	工作过程			
	2.1	组织措施	1. 成立组织机构，确定负责人	2	错一项，扣2分
			2. 明确各级机构、负责人的职权和职责	2	
			3. 本项目的主要工作量	2	
			4. 工作分工	2	

	序号	项目名称	质量要求	满分	扣分
评分标准	2.2	技术措施	1. 依据项目要求选择合理的施工方案	2	
			2. 施工的质量标准	2	
			3. 选择主要施工工器具的规格型号	2	
			4. 主要施工机器的强度校核	2	
	2.3	安全措施	1. 设备、材料运输的安全要求	2	错一项，扣2分
			2. 停送电联系程序	2	
			3. 现场安全技术措施的落实	2	
			4. 工器具检查和试验要求	2	
			5. 登高作业的安全注意事项	2	
			6. 大型操作项目的指挥，信号及工作人员的相互配合	2	
			7. 更换设备的安全注意事项	2	
			8. 出现异常情况时的处理程序	2	
	3	工作终结验收			
	3.1	竣工验收标准	参照有关条文执行叙述验收主要项目及标准	10	漏、错一项，扣2分

行业：电力工程　　　　工种：农网配电营业工　　　　等级：技师

编　号	C02C064	行为领域		e	鉴定范围	
考试时限	40min	题　型		C	题　分	50
试题正文	组织指挥用倒落式抱杆整体起吊钢筋混凝土电杆					
其他需要说明的问题和要求	1. 模拟操作（口述） 2. 各地可根据本地区实际情况参照使用					
工具、材料、设备、场地	绞磨、锚桩、抱杆、钢丝绳、麻绳、大锤、皮尺、卷尺、制动器、铁锹、撬棍、枕木、常用工具等					

	序号	项目名称	质量要求	满分	扣　分
评 分 标 准	1	工作前准备			漏、错一项，扣1~2分
	1.1	选择工器具	满足施工要求	1	
	1.2	制定施工方案	工作内容正确	2	
	1.3	人员分工	分工明确、责任到人、统一指挥	1	
	2	工作过程			错误一项，扣2~3分
	2.1	施工现场布置	主牵引地锚中心，电杆中心线，制动地锚中心及人字抱杆的顶点在同一垂直平面上，严禁偏移，保证在起吊过程中受力均匀	3	
	2.1.1	主牵引地锚布置	主牵引地锚与电杆基坑的距离为杆高的1.3~1.5倍。主牵引绳与地面夹角一般不大于30°	3	

	序号	项目名称	质量要求	满分	扣分
评分标准	2.1.2	制动绳地锚布置	制动绳子位置应与电杆中心平行，制动锚坑应与基坑的距离为电杆高的1.3倍，制动绳与制动锚之间应装制动器	3	错误一项，扣2~3分
	2.1.3	抱杆设定	抱杆有效高度的为电杆重心高度的0.8~1.1倍，抱杆根部距支点的距离一般为2~5m，抱杆的根开一般取2.5~5m，抱杆顶部的脱帽应能保证抱杆倒时顺利脱落	3	
	2.1.4	吊点选择	一般15m以下的杆塔、可采用单点方式起吊，各吊点的合力作用点，一般在电杆重心高度的1.1~1.5倍处（距离以杆根算起）	3	
	2.2	立杆工作			
	2.2.1	起吊立杆前检查	打好临时拉线，检查起吊绳索，应根据起吊的施工技术措施，按起吊现场的布置，检查各项措施及工器具是否合乎要求	3	

410

	序号	项目名称	质量要求	满分	扣分
评分标准	2.2.2	指挥立杆	1. 在电杆起立过程中要精力集中，注意整个过程的工作情况，及早发现异常情况，及时处理，使起吊工作顺利进行	3	错误一项，扣2～3分
			2. 当电杆起吊离开地面0.5～1m时，应停止起吊，检查各部受力情况及做振动试验	3	
			3. 电杆起吊到40°～50°时，应检查杆根是否对准底盘，如有偏斜应及时调正。在抱杆脱落前应使杆根进入底盘位置	3	
			4. 抱杆脱落时，应预先发出信号，电杆起吊暂停，要使抱杆缓缓落下，并注意各部受力情况有无异常	3	
			5. 电杆起立到约70°时要停止牵引，并收紧稳好四面拉线，特别是制动方向拉线，然后立直	3	
	2.2.3	整杆工作	杆立好后，应用经纬仪找正调整杆塔垂直至符合要求，装设卡盘，回填土，夯实。安装好拉线，然后拆除临时拉线及所有地面上立杆用的临时锚桩等	3	

序号	项目名称	质量要求	满分	扣分
3	工作终结验收			
3.1	电杆组立后杆位尺寸	顺线路方向尽量符合设计要求，杆位中心在垂直线路方向不得大于50mm，转角杆只允许向角的内侧移位，其最大位移不大于150mm。倾斜度不大于杆高的1%，转角杆应向线路转角外侧倾斜约2°~3°	6	1. 表述少一项，扣2分 2. 受力不均，扣2分；未用双螺母，扣1分 3. 错误，扣2分
3.2	拉线组合	受力均匀，UT型线夹处用双螺帽并紧	2	
3.3	安全文明生产	遵守安规，文明生产；清理现场，交还工器具	2	

评分标准

编　号	C02C065	行为领域	e	鉴定范围	
考试时限	50min	题　型	C	题　分	50
试题正文	三相四线有功、无功电能表经电流互感器接入电路				
其他需要说明的问题和要求	1. 电能表接入电路前要进行导通测试和绝缘电阻测试 2. 互感器变比 200/5 3. 提供联合接线图				
工具、材料、设备、场地	螺丝刀、剥线钳、钳子、验电笔，单股铜芯绝缘线，万用表、兆欧表、三相四线有功、无功电能表，电流互感器				

	序号	项目名称	质量要求	满分	扣　分
评分标准	1	工作前准备			
	1.1	选择工具、材料和设备	螺丝刀、剥线钳、绝缘线、电能表、互感器等	2	漏、错检一项，扣1分
	1.2	电能表导通和绝缘测试	检查方法正确	3	
	1.3	互感器极性试验	检查方法正确	3	
	2	工作过程			1. 未检查，扣1分
	2.1	电路检查	检查电源侧开关是否断开	2	2. 一次电路错，扣5分
	2.2	一次电路接线	一次电路接线、电流互感器配置要正确	5	3. 接线不正确，此题为0分
	2.3	电能表接线	接线正确	20	4. 布线、工具使用不合理、导线连接不牢固，每处扣1分
	2.4	布线工艺	布线合理、规范，工艺好，导线连接牢固，工具使用得当，步骤合理	8	

	序号	项目名称	质量要求	满分	扣分
评分标准	3	工作终结验收			
	3.1	带电检查接线	用验电笔测相线、中线是否接对，外壳、零线端子应无电压	2	1. 一项不检查，扣1分 2. 一项不检查，扣1分 3. 操作不规范、工具损坏，每项扣1分
	3.2	观察电能表运行情况	空载检查电能表是否潜动，带负载检查电能表圆盘是否正转及转速，检查电子式电能表脉冲数	3	
	3.3	安全文明生产	按规程、规范操作，工作完毕后交还操作工具并无损坏	2	

行业：电力工程　　　　工种：农网配电营业工　　　　等级：技师

编　号	C02C066	行为领域		e	鉴定范围	
考试时限	50min	题　型		C	题　分	30
试题正文	三相三线有功、无功电能表经电压互感器和电流互感器接入电路					
其他需要 说明的问 题和要求	1. 电能表接入电路前要进行导通测试和绝缘电阻测试 2. 电流互感器变比200/5，电压互感器变比10000/100 3. 提供联合接线图					
工具、材料、 设备、场地	螺丝刀、剥线钳、钳子、验电笔，单股铜芯绝缘线，万用表、兆 欧表、三相三线有功、无功电能表，电压互感器、电流互感器					

	序号	项目名称	质量要求	满分	扣　分
评 分 标 准	1	工作前准备			漏、错检一 项。扣1分
	1.1	选择工具、材 料和设备	螺丝刀、剥线钳、绝缘 线、电能表、互感器等	2	
	1.2	电能表导通和 绝缘测试	检查方法正确	3	
	1.3	互感器极性试 验	检查方法正确	3	
	2	工作过程			1. 未检查， 扣1分 2. 一次电路 错，扣4分 3. 接线不正 确，此题为0分 4. 布线、工 具使用不合理、 导线连接不牢 固，每处扣1分
	2.1	电路检查	检查电源侧开关是否断 开	2	
	2.2	一次电路接线	一次电路接线、电流互 感器配置要正确	5	
	2.3	电能表接线	接线正确	20	
	2.4	布线工艺	布线合理、规范，工艺 好，导线连接牢固，工具 使用得当，步骤合理	8	

	序号	项目名称	质量要求	满分	扣分
评分标准	3	工作终结验收			
	3.1	带电检查接线	用验电笔测相线、中线是否接对，外壳、零线端子应无电压	2	1. 一项不检查，扣1分 2. 一项不检查，扣1分 3. 操作不规范、工具损坏，每项扣1分
	3.2	观察电能表运行情况	空载检查电能表是否潜动，带负载检查电能表圆盘是否正转及转速，检查电子式电能表脉冲数	3	
	3.3	安全文明生产	按规程、规范操作，工作完毕后交还操作工具并无损坏	2	

试卷样例

国家职业技能鉴定统一试卷

农网配电营业工（中级）知识要求试卷

题号	一	二	三	四	五	六	总分	核分人
得分								

注意事项：1. 答卷前将装订线左边的项目填写清楚。

2. 答卷必须用蓝色或黑色钢笔、圆珠笔，不许用铅笔或红笔。

3. 本份试卷共 6 道大题，满分 100 分，考试时间 90 分钟。

中级农网配电营业工知识要求试卷

评卷人	得分

一、选择题 （下列各题中只有一个答案是正确的，请将正确答案的序号字母填在括号内，每题 1 分，共 25 题）

1. 线圈磁场方向的判断方法用（　　）。

（A）直导线右手定则；（B）右手螺旋定则；（C）左手定则；（D）右手发电机定则。

2. 正弦交流电的幅值就是（　　）。

（A）正弦交流电最大值的 2 倍；（B）正弦交弦电最大值；（C）正弦交流电波形正负振幅之和；（D）正弦交流电最大值的 $\sqrt{2}$ 倍。

3. 涡流是一种（　　）现象。

（A）电磁感应；（B）电流热效应；（C）化学效应；（D）电流化学效应。

4. 交流电阻和电感串联电路中，用（　　）表示电阻、电感及阻抗之间的关系。

（A）电压三角形；（B）功率三角形；（C）阻抗三角形；（D）电流三角形。

5. 纯电感电路的电压与电流频率相同，电流的相位滞后于外加电压 u 为（　　）。

（A）60°；（B）30°；（C）90°；（D）180°。

6. 纯电容电路的电压与电流频率相同，电流的相位超前于外加电压 u 为（　　）。

（A）$\pi/2$；（B）$\pi/3$；（C）$\pi/2f$；（D）$\pi/3f$。

7. 磁电系电压表扩大量程的办法是：与测量机构（　　）电阻。

（A）串联分流；（B）并联分流；（C）串联分压；（D）并联分压。

8. 兆欧表应根据被测电气设备的（　　）来选择。

（A）额定功率；（B）额定电压；（C）额定电阻；（D）额定电流。

9. 锥型杆的杆梢直径一般分为（　　）两种。

（A）130mm 和 170mm；（B）150mm 和 190mm；（C）170mm 和 210mm；（D）130mm 和 170mm。

10. 铜的比重比铝（　　）。

（A）大得多；（B）小得多；（C）差不多；（D）一样。

11. 低压架空线路导线最小允许截面积为（　　）mm^2。

（A）10；（B）16；（C）25；（D）35。

12. 针式绝缘子的表示符号为（　　）。

（A）CD10—1；（B）XP—7C；（C）ED—3；（D）P—15T。

13. 一般情况下拉线与电杆的夹角不应小于（　　）度。

（A）15；（B）45；（C）60；（D）30。

14. 配电线路要做到有序管理和维护，必须对线路和设备进行（　　）。

（A）命名和编号；（B）巡视和检查；（C）检查和试验；（D）维护和检修。

15. 电杆偏离线路中心线不应大于（　　）m。

（A）0.1；（B）0.2；（C）0.25；（D）0.3。

16. 可按（　　）倍电动机的额定电流来选择单台电动机熔丝或熔体的额定电流。

（A）0.5~0.6；（B）0.6~1.0；（C）1.5~2.5；（D）2.5~3.5。

17. 感应式电能表可用于（　　）。

（A）直流电路；（B）交流电路；（C）交直流两用；（D）主要用于交流电路。

18. 配电系统电流互感器二次侧额定电流一般都是（　　）A。

（A）220；（B）5；（C）380；（D）100。

19. 变压器一次电流随二次电流的增加而（　　）。

（A）减少；（B）增加；（C）不变；（D）不能确定。

20. 一般工作场所移动照明用的行灯采用的电压是（　　）V。

（A）80；（B）50；（C）36；（D）75。

21. 在锅炉等金属容器内工作场所用的行灯采用（　　）V。

（A）36；（B）50；（C）36；（D）12。

22. 铜（导线）、铝（导线）之间的连接主要采用（　　）。

（A）直接缠绕连接；（B）铝过渡连接管压接；（C）铜铝过渡连接管压接；（D）铜过渡连接管压接。

23. 使用外线用压接钳每压完一个坑后持续压力（　　）min后再松开。

（A）4；（B）5；（C）1；（D）6。

24. 施工中最常用的观测弧垂的方法为（　　），对配电线路施工最为适用，容易掌握，而且观测精度较高。

（A）等长法；（B）异长法；（C）档内法；（D）档端法。

25. 测量500V以下线圈的绝缘电阻，选择兆欧表的额定电压应为（　　）V。

（A）500；（B）1000；（C）1500；（D）2500。

二、判断题（认为正确就在括号内打"√"，错就打"×"，每题1分，共25题）

1. 正弦量可以用相量表示，所以正弦量也等于相量。

（　）

2. 没有电压就没有电流，没有电流也就没有电压。（　）

3. 如果把一个24V的电源正极接地，则负极的电位是－24V。（　）

4. 在R－L串联电路中，总电压超前总电流的相位角就是阻抗角，也就是功率因数角。（　）

5. 三相负载作星形连接时，线电流等于相电流。（　）

6. 在对称三相电路中，负载作星形连接时，线电压是相电压的$\sqrt{3}$倍，线电压的相位超前相应的相电压30°。（　）

7. 钳型电流表在测量中选择量程要先张开铁心动臂，必须在铁心闭合情况下更换电流档位。（　）

8. 使用万用表时，红色表笔应插入有"＋"号的插孔，黑色表笔插入有"－"号的插孔，以避免测量时接反。（　）

9. 万用表使用前，应检查指针是否指在零位上，如不在零位，可调整表盖上的机械零位调整器，使指针恢复至零位。

（　）

10. 任何被测设备，当电源被切断后就可以立即进行绝缘测量了。（　）

11. 测量电容器绝缘电阻后，先停止摇动，然后取下测量引线。（　）

12. 居民用户的电能表能计量有功电能也能计量无功电能。

（　）

13. 最大需量的计算，以用户在15min内的月平均最大负荷为依据。（　）

14. 仪用互感器的变比是一次电压（电流）与二次电压（电

流）之比。　　　　　　　　　　　　　　　（　　　）

15．装、拆接地线的工作必须由两人进行。　　　（　　　）

16．触电急救一开始就要马上给吃镇痛药物。　　（　　　）

17．发现触电呼吸停止时，要采用仰头抬颏的方法保持触电者气道通畅。　　　　　　　　　　　　　　　　（　　　）

18．抄表员抄表时不必按例日抄表。　　　　　　（　　　）

19．应该用感应式电能表计量 380V 单相电焊机消耗的电量。

　　　　　　　　　　　　　　　　　　　　　（　　　）

20．电能表总线应为铜线，中间不得有接头。　　（　　　）

21．立杆时侧拉绳可取电杆高度的 1.2 ~ 1.5 倍。（　　　）

22．18m 电杆单点起吊时，由于预应力杆有时吊点处承受弯矩较大，因此必须采取加绑措施来加强吊点处的抗弯强度。

　　　　　　　　　　　　　　　　　　　　　（　　　）

23．配电箱盘后配线要横平竖直，排列整齐，绑扎成束，用卡钉固定牢固。　　　　　　　　　　　　　　　（　　　）

24．住宅电能表箱内开关的规格应与单相电能表的额定电流相匹配。　　　　　　　　　　　　　　　　　　（　　　）

25．使用喷灯时不能戴手套，在有火的地方加油。要防止喷射的火焰燃烧到易燃易爆物。　　　　　　　　　（　　　）

评卷人	得分

三、简答题（每题 5 分，共 4 题）

1．在纯电感电路中，电压与电流的关系是怎样的？

2．简述商业用电电价基本内容。

3．杆上安装横担的注意事项有哪些？

4．紧线时观测挡应如何选择？

评卷人	得分

四、计算题（每题 5 分，共 2 题）

1．右图所示，电源电动势 $E = 10V$，电源内阻 $R_0 = 2\Omega$，负

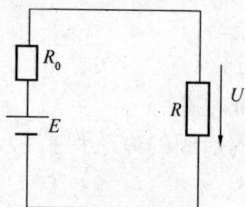

载电阻 $R = 18\Omega$，求：

（1）电路电流 I；

（2）电源输出端电压 U；

（3）电源输出功率 P；

（4）电源内阻消耗功率 P_0。

2. 有一台三相异步电动机，星形接线，功率因数为 0.85，效率以 1 计，功率为 20kW，电源线电压 $U = 380V$。当电动机在额定负荷下运行时，求电动机的线电流。

评卷人	得分

五、画图题（每题 5 分，共 2 题）

1. 画出三端钮接地电阻测量仪测量接地电阻的接线图。

2. 画出电费核算工作流程图。

评卷人	得分

六、论述题（每题 10 分，共 1 题）

挖坑的注意事项有哪些?

中级农网配电营业工知识要求试卷答案

一、选择题

1.（B）；2.（B）；3.（A）；4.（C）；5.（C）；6.（A）；7.（C）；8.（B）；9.（B）；10.（A）；11.（B）；12.（D）；13.（D）；14.（A）；15.（A）；16.（C）；17.（B）；18.（B）；19.（B）；20.（C）；21.（D）；22.（C）；23.（C）；24.（A）；25.（A）。

二、判断题

1.（×）；2.（×）；3.（√）；4.（√）；5.（√）；6.（√）；7.（×）；8.（√）；9.（√）；10.（×）；11.（×）；12.（×）；13.（√）；14.（√）；15.（√）；16.（×）；17.（√）；18.（×）；19.（√）；20.（√）；21.（√）；22.（√）；23.

（√）；24.（√）；25.（×）。

三、简答题

1．答：在纯电感电路中，电压与电流的关系是：

（1）纯电感电路的电压与电流频率相同；

（2）电流的相位滞后于外加电压 u 为 $\pi/2$（即 90°）；

（3）电压与电流有效值的关系也具有欧姆定律的形式。

2．答：凡从事商品交换或提供商业性、金融性、服务性的有偿服务所需的电力，不分容量大小，不分动力照明，均实行商业用电电价。

3．答：（1）安全带不宜拴得过长，也不宜过短。

（2）横担吊上后，应将传递绳整理利落；一般将另一端放在吊横担时身体的另一侧，随横担在一侧上升，传递绳在另一侧下降。

（3）不用的工具切记不要随意搁在横担上或杆顶上，以防不慎掉下伤人，应随时放在工具袋内。

（4）地面人员应随时注意杆上人员操作，除必须外，其他人员应远离作业区下方，以免杆上作业人员掉东西砸伤地面人员。

4．答：在耐张段的连续档中，应选择一个适当档距作为弧垂观测档，选择的条件宜为整个耐张段的中间或接近中间的较大档距，并且以悬挂点高差较小者作为观测档。

若一个耐张段的档数为 7～15 档时，应在两端分别选择两个观测档，15 档以上的耐张段，应分别选择三个观测档。

四、计算题

1．右图所示，电源电动势 $E = 10V$，电源内阻 $R_0 = 2\Omega$，负载电阻 $R = 18\Omega$，求：

（1）电路电流 I；

（2）电源输出端电压 U；

（3）电源输出功率 P；

（4）电源内阻消耗功率 P_0。

解：$I = \dfrac{E}{R_0 + R} = \dfrac{10}{2 + 18} = 0.5(A)$

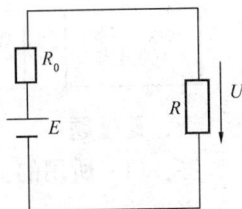

$$U = IR = 0.5 \times 18 = 9(\text{V})$$
$$P = IU = 0.5 \times 9 = 4.5(\text{W})$$
$$P_0 = I^2 R_0 = 0.5^2 \times 2 = 0.5(\text{W})$$

答：电路电流 $I = 0.5\text{A}$；电源输出端电压 $U = 9\text{V}$；电源输出功率 $P = 4.5\text{W}$；电源内阻消耗功率 $P_0 = 0.5\text{W}$。

2. 解：$I_1 = \dfrac{P}{\sqrt{3}\,U\cos\varphi} = \dfrac{20000}{\sqrt{3} \times 380 \times 0.85} = 35.75\,(\text{A})$

答：电动机的线电流为 35.75A。

五、画图题

1. 答：三端钮接地电阻测量仪测量接地电阻的接线图如图。

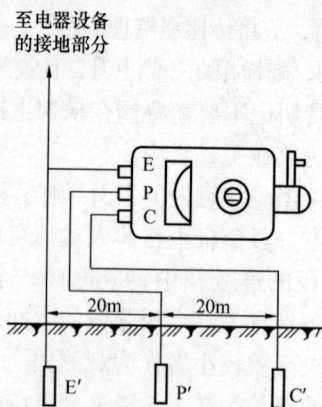

2. 画出电费核算工作流程图如图。

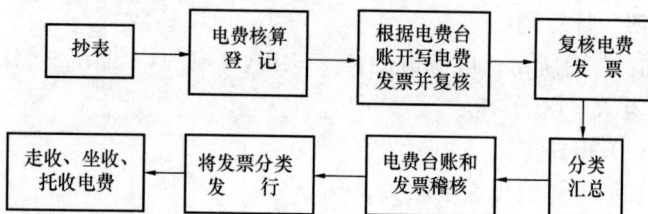

六、论述题

答：(1) 所用的工具，必须坚实牢固，并注意经常检查，以免发生事故。

（2）坑深超过 1.5m 时，坑内工作人员必须戴安全帽。当坑底超过 1.5m² 时，允许二人同时工作，但不得面对面或挨得太近。

（3）严禁用掏洞方法挖掘土方，不得在坑内坐下休息。

（4）挖坑时，坑边不应堆放重物，以防坑壁塌方。工器具禁止放在坑边，以免掉落坑内伤人。

（5）行人通过地区，当坑挖完不能马上立杆时，应设置围栏，在夜间要装设红色信号灯，以防行人跌入坑内。

（6）杆坑中心线必须与辅助标桩中心对正，顺线路方向的拉线坑中心必须与线路中心线对正。转角杆拉线坑中心必须与线路中心的垂直线对正，并对正杆坑中心。

（7）杆坑与拉线的深度不得大于或小于规定尺寸的 5%。

（8）在打板桩时，应用木头垫在木桩头部，以免打裂板桩。

中级农网配电营业工技能要求试卷

1. 使用抄表器抄读居民用户电量（20 分）
2. 低压配电线路终端杆横担及绝缘子的安装（30 分）
3. 更换配电线路拉线（50 分）

中级农网配电营业工技能要求试卷答案

1. 答：使用抄表器抄表读居民用户电量见下表。

行业：电力工程　　　　工种：农网配电营业工　　　　等级：初/中

编　　号	C54A016	行为领域		e	鉴定范围	
考试时限	30min	题　　型		A	题　分	20
试题正文	使用抄表器抄读居民用户电量					
其他需要说明的问题和要求	1. 抄读二十户居民用户电量 2. 其中一块烧表（填换表申请单），一块表窃电［填写违（窃）通知书］，一块表空转（填换表申请单）					
工具、材料设备、场地	单相电能表二十块、抄表器、电量电费通知单、换表申请单、违（窃）通知单、钢笔、手电筒					

	序号	项目名称	质量要求	满分	扣　分
评 分 标 准	1	工作前准备			漏、错检一项，扣1分
	1.1	抄表用具	抄表器、钢笔、手电筒、通知书、申请单	1	
	1.2	检查抄表用具	检查方法正确		
	2	工作过程			1. 不会开机，不能进入抄表菜单，各扣1分 2. 未检查此项，扣1分 3. 电量抄读错误，每户扣0.5分； 不会设置，每处扣1分 4. 电费计算错误，每户扣0.5分 5. 漏写或写错，每户扣1分
	2.1	开机	开机，观察抄表器显示是否正常	1	
	2.2	核对各项参数	核对用户地址、户名及电能表参数是否正确	1	
	2.3	抄读电量	电能表示数抄读要准确	5	
			正确设置抄表器异常状态	3	
	2.4	电费计算	电费计算正确	3	
	2.5	通知单	正确填写电量电费通知单、换表申请单、违（窃）通知单	3	
	3	工作终结验收			1. 字迹涂抹，每处扣0.5分 2. 有不文明用语，扣1分
	3.1	文字书写	通知书及申请单字迹工整、清晰	1	
	3.2	安全文明生产	按程序抄表，注意文明用语	1	

2. 低压配电线路终端杆横担及绝缘子的安装见下表。

行业：电力工程　　　　工种：农网配电营业工　　　　等级：中

编　　号	C04B051	行为领域		鉴定范围	
考试时限	40min	题　型	B	题　分	30
试题正文	低压配电线路终端杆横担及绝缘子的安装				
其他需要说明的问题和要求	1. 地面设一人配合工作 2. 所需材料规格根据现场锥型电杆规格配备				
工具、材料设备、场地	1. 终端杆四线横担一副、U型抱箍一副、拉板一副、蝶式绝缘子及挂板4套、登杆工具、安全带（帽）、吊物绳及常用电工工具 2. 低压配电线路实习场地				

	序号	项目名称	质量要求	满分	扣　分
评分标准	1	工作前准备			1. 漏、错选择，一项扣1分 2. 漏、错检查，一项扣1分 3. 着装不当，扣1分
	1.1	选择材料	选择材料规格相匹配	1	
	1.2	选择工器具	满足工作需要，并作检查	1	
	1.3	着装	穿戴工作服、胶鞋、安全帽、手套	1	
	2	工作过程			1. 未检查，扣2分 2. 未试验，扣2分 3. 不规范、不熟练，扣1~2分 4. 站位不当，扣2分 5. 方法不当；横担与线路不垂直、不水平，扣2~4分；不牢固，扣2分；不用双螺母，扣2分 6. 方法不当，扣2分；不水平，扣2分 7. 方法不当，扣2分，未紧固扣2分
	2.1	登杆前检查	检查杆根及拉线是否能登杆	2	
	2.2	登杆工具检查	对登杆工具进行冲击试验	2	
	2.3	登杆	登杆动作规范、熟练	2	
	2.4	工作位置确定	站位合适，安全带系绑正确，杆上转位不得脱离安全带保护	2	
	2.5	横担安装	方法正确，横担方向正确，横担与线路方向垂直，横担距杆顶距离符合要求，横担两端处于水平位置，U形螺丝紧固，并用双螺母并紧	7	
	2.6	抱箍、拉板安装	安装方法正确，应水平	4	
	2.7	蝶式绝缘子安装	安装方法正确、螺母紧固	4	
	3	工作终结验收			1. 不达标、顺序错、不熟练，扣2分 2. 遗留物、跌落物，扣2分；未清理，扣2分
	3.1	工艺、顺序	工艺达标，操作顺序正确，动作熟练，方法正确	2	
	3.2	安全文明生产	操作过程中无跌落物，工作完毕作现场清理，交还工器具	2	

行业：电力工程　　　　工种：农网配电营业工　　　　等级：中/高

编　号	C43C058	行为领域		e	鉴定范围	
考试时限	90min	题　型		C	题　分	50
试题正文	更换配电线路拉线					
其他需要说明的问题和要求	1. 要求拉临时拉线，在实习训练场地停电线路上操作 2. 两人一组，杆上、杆下交叉考核。另设安全监护人 3. 以更换 GJ—35 型拉线为例					
工具、材料、设备、场地	1. 停电线路或实习训练线路 2. 备好 GJ—35 型钢绞线及 NX—1、UT—1 线夹等金具，直径 10mm 左右钢丝绳 3. 紧线器、断线钳、登杆工具、吊物绳、木锤、活扳子、组合电工工具					

	序号	项目名称	质量要求	满分	扣　分
评分标准	1	工作前准备			每少一件，扣1分 漏检查，每次扣0.5分
	1.1	拉线金具	NX—1 型、UT—1 型	1	
	1.2	钢绞线	GJ—35 型，长度足量	1	
	1.3	钢丝绳	长度足量	1	
	1.4	U 形环或卸扣	60kN	1	
	1.5	紧线器	双钩、棘轮等紧线器	1	
	1.6	检查工具	个人工具、登杆工具、绳及木锤等检查是否合格	1	
	1.7	断线钳	检查是否合格	1	
	1.8	绑扎铁丝	检查是否合格	1	
	1.9	着装	穿戴工作服、胶鞋、手套、安全帽		
	2	登杆操作			
	2.1	登杆前检查	检查杆根和拉线是否牢固，检查、冲击试验登杆工具是否可靠	1	1. 未检查试验，每件扣1分 2. 动作不规范，站位不当，扣1分；系绑不当，扣1分
	2.2	登杆	动作规范，站位正确，安全带系绑方法正确	2	
	3	装临时拉线			1. 吊物绳缠绕钢丝绳，扣1分；方法不正确，扣1~2分 2. 装法不当、不紧，影响正式拉线安装，扣1~2分
	3.1	杆上系绑钢丝绳	1. 吊钢丝绳。要求吊物绳不与钢丝绳缠绕 2. 钢丝绳缠绕电杆两圈、U 形环螺丝拧紧	1 2	
	3.2	杆下系绑钢丝绳	拉线棒上装 U 形环，挂紧线器，收紧钢绞线，系绑临时拉线钢丝绳。要不影响正式拉线安装	2	

6 组卷方案

6.1 理论知识考试组卷方案

技能鉴定理论配电线路直线杆、杆顶支架及绝缘子的安装知识试卷每卷不应少于 5 种题型，其题量不少于 50 题，试卷的题型与题量分配见下表。

试卷的题型与题量分配表

题 型	鉴定工种等级		配 分	
	初级、中级	高级、技师	初级、中级	高级、技师
选择题	25（1分/题）	20（1分/题）	25	20
判断题	25（1分/题）	20（1分/题）	25	20
简答题	4（5分/题）	5（5分/题）	20	25
计算题	2（5分/题）	2（5分/题）	10	10
绘图题	2（5分/题）	2（5分/题）	10	10
论述题	1（10分/题）	2（7~8分/题）	10	15
总计	59	51	100	100

6.2 技能操作考核方案

在技能操作考核中，以专门技能为主进行考核，基本技能和相关技能在专门技能考核进程中进行。高级工及以上等级在技能考核中可结合考题实际情况穿插进行技术答辩。

技能操作考核由 2~3 名考评员按评分标准考核评分。当考评员之间对同一考生的技能分数相差过大（10 分及以上）时，由首席考评员裁决。